ELECTROTECNIA

Copyright © 2024 José Antonio Gascón Pérez

A mi mujer Celina, por estar siempre a mi lado apoyándome en todos mis proyectos, y a todos aquellos que hicieron posible que este libro vea la luz.

El autor

ÍNDICE

1. **CONCEPTOS GENERALES DE ELECTRICIDAD** 1

    1.1. Generación y consumo de electricidad 2
    1.2. Efectos de la electricidad 3
    1.3. Materiales aislantes, conductores y semiconductores 4
    1.4. Carga eléctrica 4
    1.5. Movimiento de cargas 6
    1.6. Circuito eléctrico 7
    1.7. Intensidad de corriente y su medida 8
    1.8. Tensión eléctrica, fuerza electromotriz y su medida 9
    1.9. Corriente continua y corriente alterna 10
    1.10. Actividades 11

2. **RESISTENCIA ELÉCTRICA** 13

    2.1. Resistencia eléctrica y su medida 14
    2.2. Ley de Ohm 15
    2.3. Resistencia de un conductor 16
    2.4. Resistencia interna de un generador 17
    2.5. Aislantes y rigidez dieléctrica 17
    2.6. Efecto térmico de la electricidad 19
    2.7. Ley de Joule 19
    2.8. Lámparas incandescentes 20
    2.9. Actividades 20

3. **POTENCIA Y ENERGÍA ELÉCTRICA** 23

    3.1. Potencia eléctrica 24
    3.2. Energía eléctrica 25
    3.3. Rendimiento eléctrico 26
    3.4. Cálculo de secciones en corriente continua 27
    3.5. Actividades 28

4. **ASOCIACIÓN DE RESISTENCIAS Y GENERADORES** 31

    4.1. Resistencias en serie 32
    4.2. Resistencias en paralelo 33
    4.3. Asociación mixta 35
    4.4. Generadores en serie 36
    4.5. Generadores en paralelo 36

4.6. Resolución de circuitos	37
4.7. Leyes de Kirchhoff	37
4.8. Teorema de Thevenin	40
4.9. Teorema de Norton	41
4.10. Transformación estrella triángulo	43
4.11. Actividades	45

5. PILAS Y ACUMULADORES 49

5.1. Efecto químico de la electricidad	50
5.2. Electrolisis	50
5.3. Pilas	51
5.4. Acumuladores	52
5.5. Actividades	54

6. EL CONDENSADOR 55

6.1. Características y funcionamiento	56
6.2. Capacidad y su medida	57
6.3. Carga y descarga del condensador	58
6.4. Asociación en serie de condensadores	59
6.5. Asociación en paralelo de condensadores	61
6.6. Asociación mixta de condensadores	61
6.7. Actividades	62

7. ELECTROMAGNETISMO 65

7.1. Magnetismo	66
7.2. Campo magnético creado por un imán	66
7.3. Campo magnético creado por una corriente eléctrica	66
7.4. Materiales magnéticos	67
7.5. Magnitudes magnéticas	68
7.6. Curvas de magnetización	70
7.7. Histéresis magnética	71
7.8. Circuitos magnéticos	72
7.9. Actividades	75

8. INTERACCIÓN ENTRE CAMPO MAGNÉTICO Y CORRIENTE ELÉCTRICA 77

8.1. Fuerzas sobre corrientes en el interior de campos magnéticos	78

8.2. Definición de amperio 79
8.3. Fuerza electromotriz inducida 79
8.4. Experiencia y ley de Faraday 79
8.5. Sentido de la f.e.m. y ley de Lenz 80
8.6. Corrientes de Foucault 81
8.7. Fuerza electromotriz autoinducida 81
8.8. Actividades 82

9. CORRIENTE ALTERNA MONOFÁSICA 85

9.1. Ventajas y su generación 86
9.2. Valores característicos 87
9.3. Comportamiento de una resistencia 89
9.4. Comportamiento de una bobina 91
9.5. Comportamiento de un condensador 93
9.6. Circuitos RLC 95
9.7. Potencia y factor de potencia 99
9.8. Acoplamiento de receptores en paralelo 102
9.9. Resonancia 104
9.10. Actividades…… 105

10. CIRCUITOS MONOFÁSICOS 109

10.1. Resolución de circuitos 110
10.2. Cálculo de instalaciones monofásicas 111
10.3. Cálculo de secciones según el REBT 114
10.4. Medidas de tensión, intensidad y potencia 118
10.5. Medida de energía, frecuencia y factor de potencia 119
10.6. Actividades 120

11. SISTEMAS TRIFÁSICOS 123

11.1. Ventajas frente a los monofásicos 124
11.2. Generación de corriente trifásica 124
11.3. Conexión de generadores trifásicos 125
11.4. Conexión de receptores trifásicos 127
11.5. Potencias en trifásica 129
11.6. Corrección del factor de potencia 131
11.7. Medidas de magnitudes en sistemas trifásicos 134
11.8. Cálculo de secciones según el REBT 136
11.9. Actividades 139

12. SEGURIDAD ELÉCTRICA 141

12.1. Riesgo eléctrico 142
12.2. Efectos de la corriente eléctrica y sus factores 143
12.3. Protecciones eléctricas de instalaciones y máquinas 146
12.4. Accidentes eléctricos 149
12.5. Contactos directos e indirectos 151
12.6. Esquemas del neutro 151
12.7. Actividades 153

13. TRANSFORMADORES 155

13.1. Principio de funcionamiento 156
13.2. Transformador monofásico 156
13.3. Ensayo en vacío y en cortocircuito 160
13.4. Caída de tensión 165
13.5. Rendimiento 166
13.6. Autotransformador 167
13.7. Transformador trifásico 168
13.8. Grupo de conexión 169
13.9. Acoplamiento de transformadores 172
13.10. Transformador de distribución 172
13.11. Actividades 176

14. MÁQUINAS ROTATIVAS DE CORRIENTE ALTERNA 179

14.1. Tipos y utilidad del alternador 180
14.2. Constitución del alternador trifásico 181
14.3. Principio de funcionamiento 182
14.4. Acoplamiento de alternadores 184
14.5. Constitución y tipos de motores asíncronos trifásicos 184
14.6. Principio de funcionamiento 187
14.7. Característica mecánica 189
14.8. Sistemas de arranque 190
14.9. Inversión del sentido de giro 195
14.10. Regulación de velocidad 195
14.11. Motores monofásicos 197
14.12. Motores especiales 201
14.13. Actividades 204

15. MÁQUINAS DE CORRIENTE CONTINUA 207

    15.1.   Constitución de la máquina de corriente continua 208
    15.2.   Funcionamiento como generador 209
    15.3.   Reacción del inducido 210
    15.4.   Tipos de excitación 212
    15.5.   Ensayos de la dinamo 214
    15.6.   Funcionamiento como motor 216
    15.7.   Par motor 218
    15.8.   Características mecánicas 219
    15.9.   Regulación de velocidad 224
    15.10. Inversión del sentido de giro 225
    15.11. Actividades 226

UNIDAD 1
CONCEPTOS GENERALES DE ELECTRICIDAD

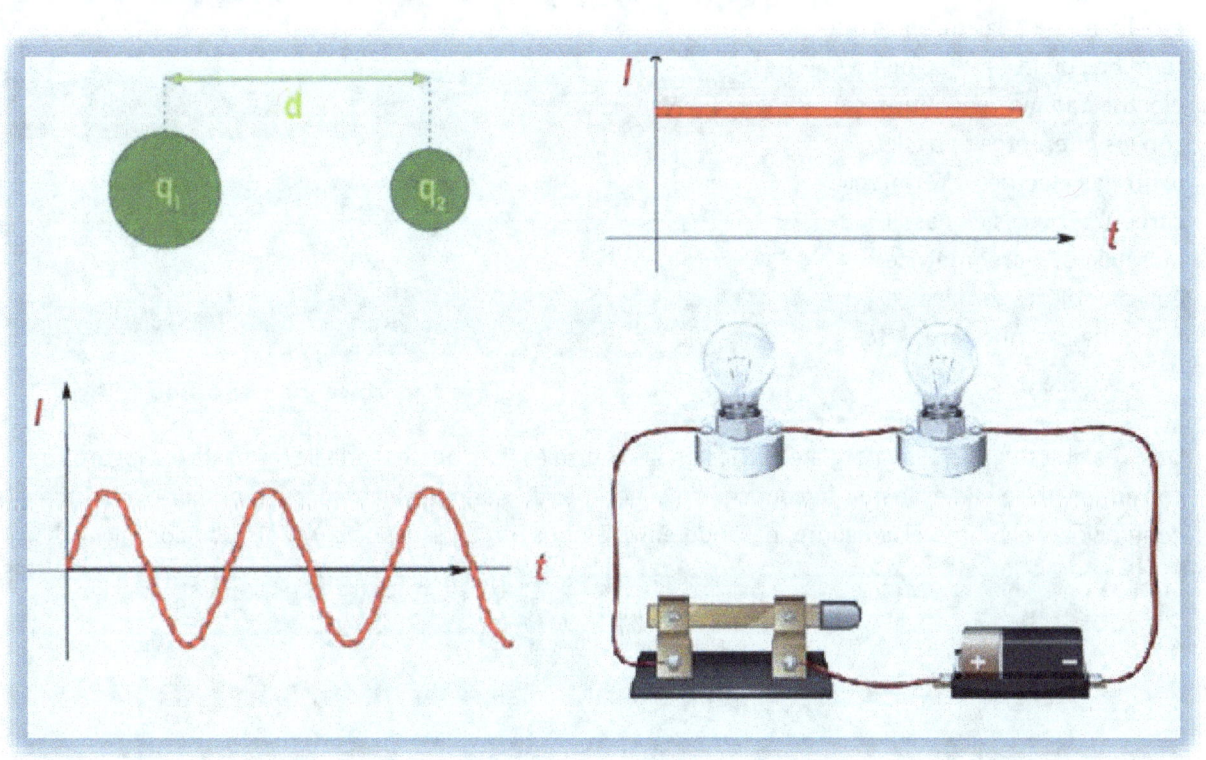

1. CONCEPTOS GENERALES DE ELECTRICIDAD

1.1. Generación y consumo de electricidad

A lo largo de este libro trataremos diferentes conceptos y temas relacionados con la electricidad. Comenzaremos partiendo de su generación, es decir, de dónde se produce, siendo principalmente en lo que se denominan centrales eléctricas.

Éstas básicamente están constituidas por elementos rotativos, turbinas y generadores. Las turbinas están compuestas de álabes que se hacen girar habitualmente con vapor o agua, y su eje va acoplado al generador transmitiéndole el giro y, que mediante las bobinas que hay en su interior que son atravesadas por un campo magnético, produce la energía eléctrica.

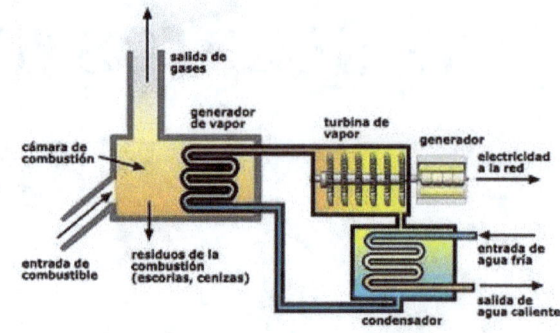

Esquema de una central convencional

Dependiendo de la energía utilizada para provocar el movimiento de las turbinas que termina con la generación de electricidad, nos encontramos con los diferentes tipos de centrales eléctricas: Térmicas de carbón, térmicas de gasoil, hidráulicas, mareomotrices, eólicas, solares térmicas, fotovoltaicas, nucleares, etc...

Diferentes tipos de centrales

Una vez que se genera la energía eléctrica en las centrales, hay que hacerla llegar hasta los lugares de consumo y todo ello es lo que se conoce con el nombre de sistema eléctrico, cuyo primer elemento es la generación y el último el consumo, pasando entre ambos por el transporte y la distribución.

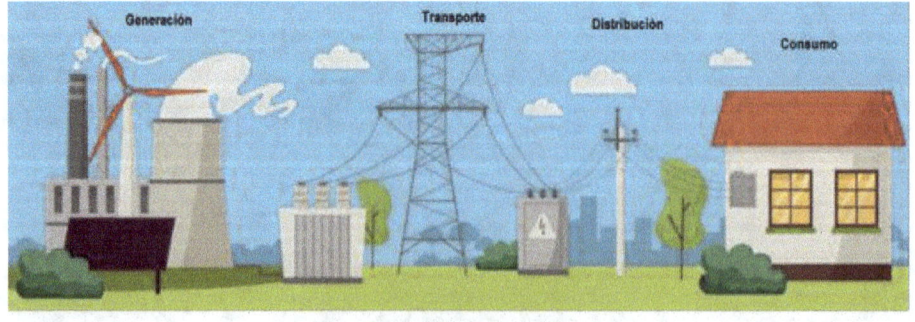

Fases del Sistema Eléctrico

La energía sale de la central a una tensión de decenas de miles de voltios y en la misma salida se eleva la tensión mediante transformadores para poderla transportar a grandes distancias. Una vez que nos vamos acercando a los centros de consumo se comienza a reducir la tensión paulatinamente a la vez que se van ramificando las líneas (distribución) para ir llegando a cada uno de los consumidores. Cuando ya estamos junto a estos últimos, la tensión se baja a su mínimo nivel (baja tensión) que es la que llega a los consumidores habituales. Cuando se trata de grandes consumidores como industrias o grandes superficies, la energía suele llegarles a tensiones más elevadas (del orden de 15 a 30 mil voltios) y son ellos los que se encargan de reducirla dentro de sus instalaciones a la baja tensión de consumo.

1.2. Efectos de la electricidad

La electricidad como tal no es algo que parezca tangible, que podamos ver, sino que se aprecia mejor mediante los efectos que puede producir y que son muy diversos. Veamos algunos de los más característicos:

- Efecto calorífico

Es aquel por el cual la electricidad es capaz de producir calor y le tenemos en numerosos elementos que lo producen al ser conectados a la red eléctrica como estufas, cocinas eléctricas, soldadores eléctricos, etc...

- Efecto luminoso

Mediante la electricidad podemos obtener luz, siendo el ejemplo más claro la que nos ofrecen las lámparas.

- Efecto magnético

Nos permite crear campos magnéticos cuando la corriente eléctrica atraviesa un conductor como podemos apreciar en los electroimanes.

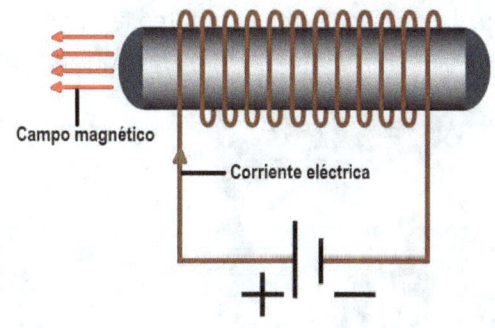

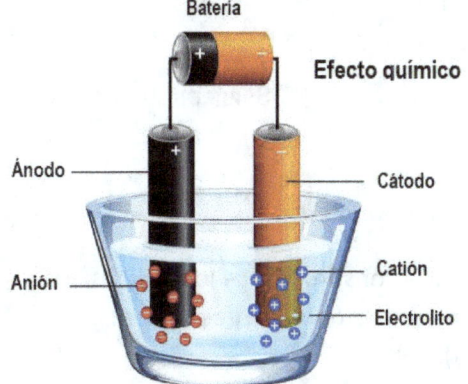

- Efecto químico

Cuando un electrolito es atravesado por la corriente eléctrica, se descompone en aniones y cationes, hecho que podemos aprovechar por ejemplo para realizar baños electrolíticos con metales.

- Efecto mecánico

Mediante la combinación de la electricidad y un campo magnético podemos obtener el movimiento, siendo el ejemplo más habitual el de los motores.

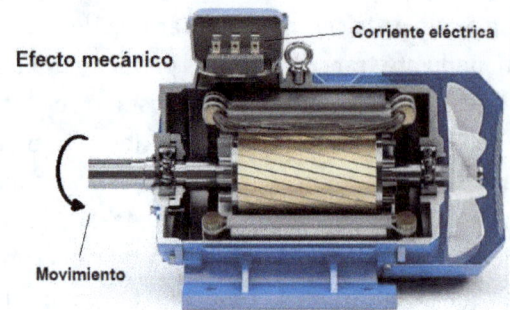

1.3. Materiales aislantes, conductores y semiconductores

Dependiendo del comportamiento de los materiales frente a la electricidad, estos se pueden clasificar en conductores, aislantes y semiconductores.

- Conductores

Son aquellos materiales que presentan facilidad a la circulación de la corriente eléctrica a través de ellos gracias a su estructura atómica interna que permite la circulación de electrones. Los más característicos son los metales y serán los habituales para la utilización en los circuitos eléctricos. También hay otros que facilitan el paso de la corriente como puede ser un ejemplo el agua salada.

- Aislantes

Son aquellos materiales que no permiten el paso de la electricidad (corriente eléctrica) a través de ellos debido a su estructura interna. Entre ellos podemos citar el vidrio, la cerámica, los materiales plásticos, la madera, el papel, etc...

- Semiconductores

Son aquellos materiales que permiten la circulación de la corriente eléctrica en un solo sentido y son habituales en los circuitos de tipo electrónico, siendo el material más habitual el silicio.

Conductor

Aislante

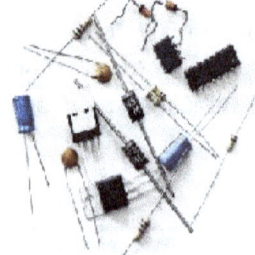
Semiconductor

1.4. Carga eléctrica

Para entender el concepto de carga eléctrica es necesario partir de la constitución de los átomos que forman la materia y que tienen tres tipos de elementos denominados protones (carga positiva), electrones (carga negativa) y neutrones (sin carga o carga neutra).

A su vez, protones y neutrones se encuentran en el núcleo del átomo, mientras los electrones se sitúan girando en órbitas alrededor del núcleo.

En su estado habitual un átomo tiene el mismo número de protones que de electrones y, por tanto, su carga es nula al compensarse la de protones (positiva) con la de electrones (negativa).

Los protones no pueden abandonar el núcleo, pero los electrones tienen la posibilidad de hacerlo si se ven afectados por algún tipo de energía externa y saltar de un átomo a otro.

Dicho todo esto se puede definir la carga eléctrica como el exceso o defecto de electrones que posee un cuerpo, siendo esta positiva cuando hay defecto de electrones y positiva cuando hay exceso.

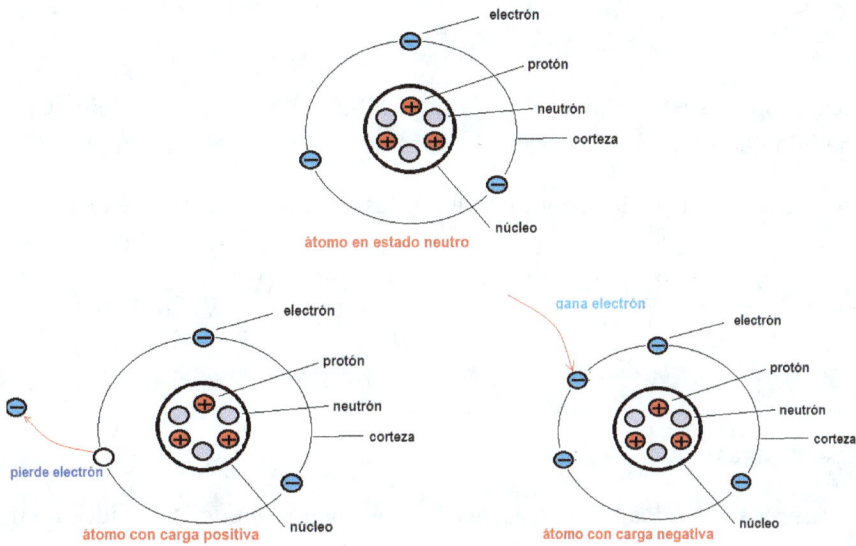

La carga eléctrica se representa con la letra Q y su unidad en el Sistema internacional es el culombio (C).

La unidad elemental de carga es el electrón e⁻, siendo su equivalencia con el culombio la siguiente:

$$1 \; culombio = 6{,}3 \cdot 10^{18} \; electrones$$

Alrededor de una carga eléctrica se genera un campo eléctrico radial de fuerzas que actúan sobre el resto de cargas que se encuentren inmersas en dicho campo, siendo la fórmula de dicho campo:

$$E = \frac{F}{q}$$

Expresándose la fuerza F en newton y la carga q en culombios.

Como consecuencia de estos campos generados por las cargas eléctricas, cuando se enfrentas dos cargas aparecen entre ellas fuerzas que serán de atracción si ambas tienen el mismo signo, positivo o negativo, y de repulsión si las cargas son de sentido contrario.

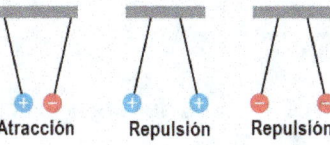

Este fenómeno viene reflejado por la denominada Ley de Coulomb que dice que la fuerza que aparece entre dos cargas eléctricas es directamente proporcional al producto de ambas cargas e inversamente proporcional al cuadrado de la distancia que las separa, y viene reflejada por la siguiente expresión:

$$F = K \cdot \frac{Q_1 \cdot Q_2}{d^2}$$

Ley de Coulomb

Donde K es la constante de proporcionalidad que para el sistema internacional tiene por valor

$$K = 9 \cdot 10^9 \text{ N·m}^2/\text{C}^2$$

Ejercicio resuelto:

Determinar la distancia a la que se encuentran dos cargas eléctricas de 8 y 13 miliculombios respectivamente sabiendo que entre ellas existe una fuerza de atracción de 15 newton.

Despejamos de la ley de coulomb la distancia y sustituimos los valores correspondientes:

$$d = \sqrt{\frac{K \cdot Q_1 \cdot Q_2}{F}} = \sqrt{\frac{9 \cdot 10^9 \cdot 8 \cdot 10^{-3} \cdot 13 \cdot 10^{-3}}{15}} = \sqrt{\frac{72000 \cdot 13}{15}} = \sqrt{62400} = 249,7999 \, m$$

1.5. Movimiento de cargas

Cuando tenemos dos cuerpos cargados con cargas de diferente signo, se puede producir un movimiento de cargas de uno a otro hasta que la carga de ambos quede equilibrada.

Las cargas que se pueden desplazar son los electrones, ya que son capaces de moverse de un átomo al otro, permaneciendo los protones inmóviles dentro de los núcleos de los átomos.

Para que se produzca ese flujo de electrones del cuerpo que tenga mayor número de ellos, es necesario que entre ambos cuerpos exista un elemento por el que se puedan desplazar dichos electrones, es decir, un elemento conductor de electricidad.

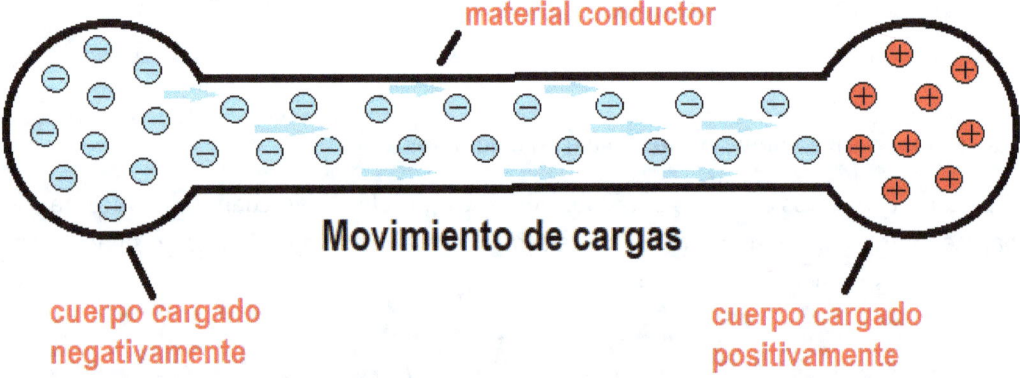

Una vez que en ambos cuerpos se iguala el número de cargas (electrones y protones), se interrumpiría la circulación de electrones.

1.6. Circuito eléctrico

Una vez que hemos visto lo que es la electricidad, tanto la estática como en movimiento, vamos a pasar a ver lo que se denomina circuito eléctrico.

Se puede considerar como un conjunto de elementos cuya función es por un lado generar una diferencia de cargas, por otro permitir que puedan ponerse en movimiento, y por último aprovechar la energía que transportan esas cargas en movimiento.

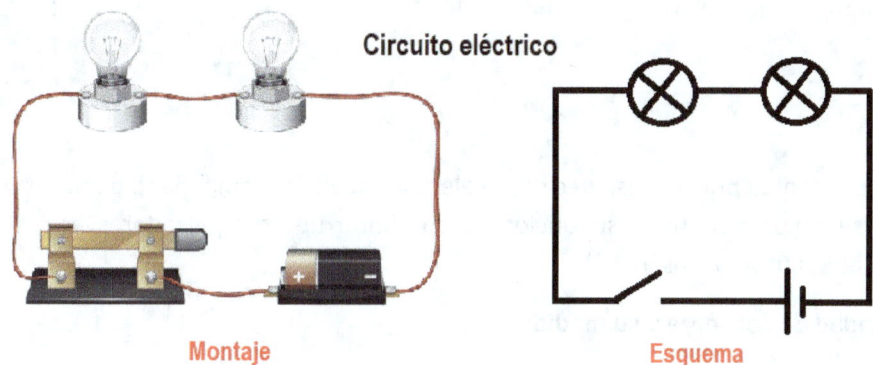

Par ello, necesitamos al menos tres elementos que serían:

- Generador

Es el encargado de producir esa diferencia de cargas entre dos puntos.

Hay diferentes tipos de generadores como pueden ser las pilas, dinamos, alternadores, etc...

- Conductor

Tiene como misión permitir el paso de la corriente eléctrica (electrones) a través de él.

Se utilizan materiales que permitan el paso de la corriente, fundamentalmente metales, destacando entre todos el cobre y el aluminio.

- Receptor

Transforma la energía que transportan los electrones en otro tipo de energía.

Hay múltiples tipos de receptores, dependiendo de la transformación que hagan de la energía que les aportan los electrones que los atraviesan (lámparas, estufas, motores, equipos de sonido, equipos de imagen, etc...)

Receptores

Además de los elementos principales, un circuito eléctrico suele ir acompañado de otro tipo de elementos que sirven para controlar su funcionamiento (interruptotes, pulsadores, etc...), o para protegerlo (fusibles, automáticos, etc...)

1.7. Intensidad de corriente y su medida

Podemos definir la intensidad de corriente como la cantidad de carga que atraviesa un circuito en la unidad de tiempo, siendo su unidad en el sistema internacional el Amperio.

Se puede representar como: $$I = \frac{Q}{t}$$

Siendo I la intensidad en amperios (A), Q la carga en culombios (C) y t el tiempo en segundos (s)

Es similar a lo que se denomina caudal en un circuito hidráulico, midiéndose en este en litros por unidad de tiempo.

Para realizar la medida de la intensidad se utiliza un aparato denominado amperímetro cuyo símbolo es:

Se conecta en serie con el circuito, lo que significa que por el pasará toda la corriente que circula por el mismo de forma que pueda medirla.

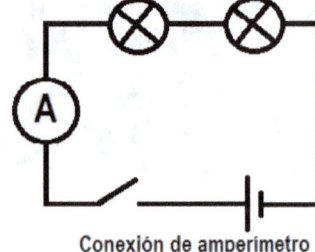
Conexión de amperímetro

Polímetro

Amperímetro

Pinza amperimétrica

En la vida real, lo que se suele utilizar es un polímetro, que puede realizar múltiples medidas, entre ellas la de la intensidad.

El problema que supone el uso del amperímetro y del polímetro es que para hacer la medida es necesario abrir el circuito para situarlo en serie con el mismo. Para evitar tener que hacerlo, en la práctica se utiliza la pinza amperimétrica, aparato que permite realizar la medida de la intensidad sin necesidad de cortar el circuito para intercalarlo en serie.

Hay que tener en cuenta que el sentido real de la corriente eléctrica en un circuito va del terminal negativo al positivo, ya que son los electrones los que se mueven, sin embargo, el sentido convencional con el que se suele trabajar a la hora de resolver circuitos y el que habitualmente se utiliza es al contrario, del terminal positivo al negativo.

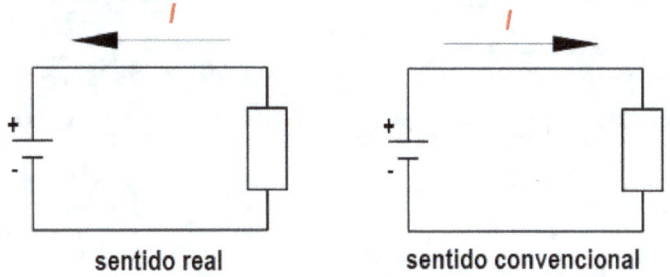

1.8. Tensión eléctrica, fuerza electromotriz y su medida

Para definir el concepto de tensión eléctrica hay que recordar el concepto de carga eléctrica.

Se define la tensión eléctrica como la diferencia de carga eléctrica que existe entre dos puntos, también se denomina diferencia de potencial (eléctrico).

La unidad de medida de la tensión eléctrica en el sistema internacional es el voltio V y se representa con una U.

Por otra parte, la fuerza electromotriz se define como la capacidad que tiene un generador para crear una diferencia de potencial entre sus bornes. Su unidad es la misma que la de la tensión, el voltio V y se representa con una E.

Cuando tenemos un circuito con una sola intensidad, podemos decir que la fuerza electromotriz que crea el generador coincide con la suma de todas las caídas de tensión que se producen en los elementos conectados en el circuito.

Para medir la tensión y la fuerza electromotriz se utiliza un aparato denominado voltímetro cuyo símbolo es:

Se conecta en paralelo entre los dos puntos cuya tensión queremos medir. De esta manera se evita que por él circule la totalidad de la corriente que atraviesa el circuito.

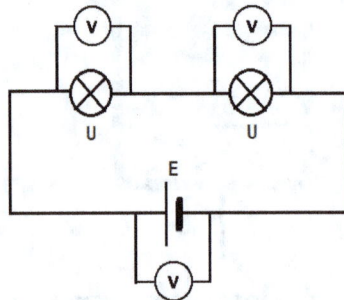

Al igual que ocurría con la intensidad, también se puede medir la tensión haciendo uso de un polímetro.

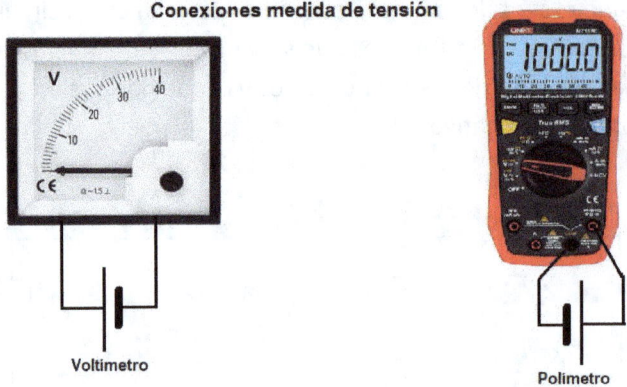

1.9. Corriente continua y corriente alterna

Dependiendo del tipo de generador que alimente a un circuito, podemos tener dos tipos fundamentales de corriente que son la continua y la alterna.

- Corriente continua

La corriente continua es aquella en que los electrones se mueven siempre en el mismo sentido, siendo su valor constante, es decir, sin variar su valor.

Los generadores habituales de corriente continua son las pilas, las baterías y las dinamos.

En la figura podemos observar como el valor permanece constante en el tiempo, yendo siempre en el mismo sentido (positivo).

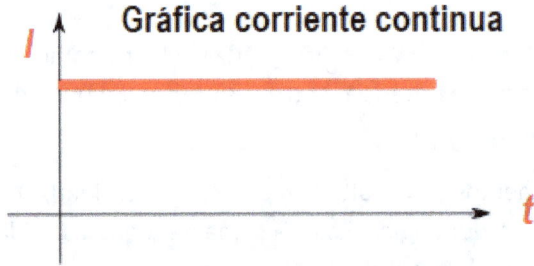

- Corriente alterna

Cuando tenemos corriente alterna, los electrones cambian de sentido en su movimiento de forma periódica y el valor de corriente va variando de forma senoidal.

El generador de corriente alterna se llama alternador y es el que tenemos en la mayoría de las centrales eléctricas.

Podemos observar en el gráfico como la corriente va cambiando de sentido con el tiempo, además de no tener siempre el mismo valor, sino que varía siguiendo una función senoidal.

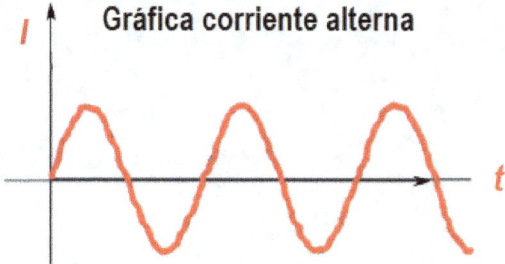

1.10. Actividades

- Cuestiones

1. Indica al menos cinco tipos diferentes de centrales eléctricas.

2. ¿Cuáles son las fases que constituyen el sistema eléctrico?

3. Indica cinco efectos que produce la electricidad.

4. Señala la diferencia entre materiales aislantes, conductores y semiconductores.

5. ¿Qué tres elementos son indispensables para poder tener un circuito eléctrico?

6. Indica los tres elementos que constituyen un átomo, indicando el tipo de carga que tiene cada uno de ellos.

7. Indica el nombre de los elementos que miden la corriente y la intensidad eléctrica, así como la manera en que se conectan en el circuito cada uno de ellos.

8. Señala la diferencia entre corriente continua y corriente alterna.

- Ejercicios

1. Que fuerza aparece entre dos cargas eléctricas de + 5 C y – 7 C si están separadas entre sí 800 km.

2. Tenemos tres cargas eléctricas iguales, todas ellas de + 10 μC, situadas en los vértices de un triángulo equilátero de 25 m de lado. Calcula la fuerza que aparece sobre cada una de ellas.

3. ¿Cuántos electrones pasan por segundo en un circuito por el que está circulando una intensidad de 30 mA?

4. Dibuja un circuito con un generador, un conductor y un receptor en el que haya conectados un amperímetro midiendo la corriente y un voltímetro midiendo la tensión en el receptor.

UNIDAD 2
RESISTENCIA ELÉCTRICA

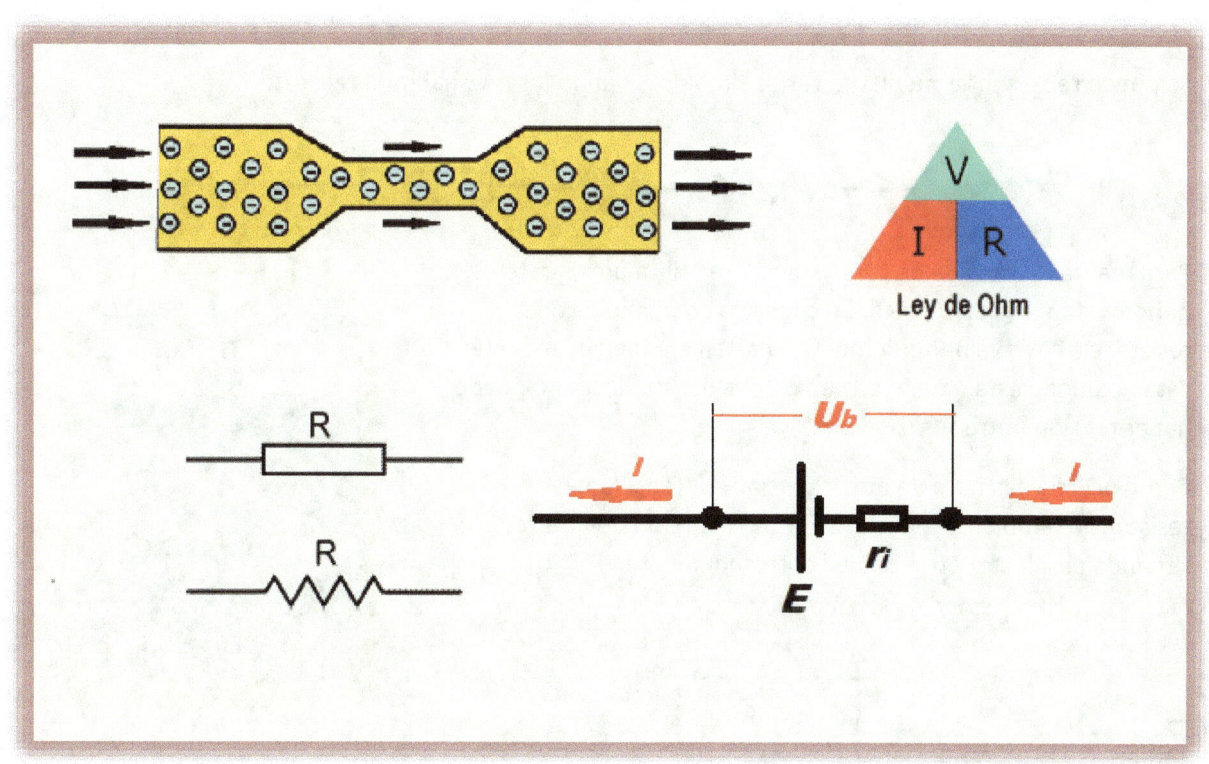

2. RESISTENCIA ELÉCTRICA

2.1. Resistencia eléctrica y su medida

Cuando circula la corriente eléctrica en un circuito su valor va a depender de la facilidad que presenten los elementos del circuito a su paso.

Se puede definir la resistencia eléctrica como la oposición que presenta un cuerpo al paso de la corriente eléctrica y se representa con una R, siendo su unidad el ohmio Ω.

Su valor va a depender del material que constituya el cuerpo, así como de sus características físicas.

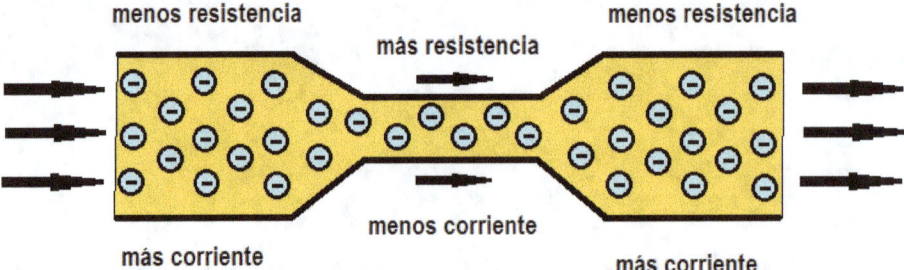

Se puede representar mediante varios símbolos, siendo los más habituales estos:

Para realizar la medida de la resistencia se utiliza un aparato denominado óhmetro y se debe conectar en paralelo con la resistencia cuyo valor queremos medir, teniendo en cuenta que esta no puede estar conectada en un circuito, es decir, no puede haber tensión entre sus extremos.

Como ocurría a la hora de medir tensión e intensidad, la resistencia también se puede medir mediante un polímetro, situando el selector en la unidad correspondiente.

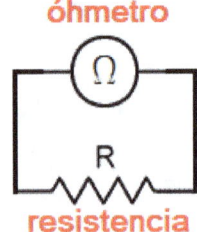

- Variación con la temperatura

Los valores de la resistencia eléctrica dependen de la temperatura, es decir, la variación de esta afecta al de la resistencia.

En los materiales metálicos (buenos conductores) la resistencia habitualmente aumenta con la temperatura, mientras que en los materiales aislantes suele ser al contrario y el valor de la resistencia disminuye al aumentar la temperatura.

Estas variaciones se pueden recoger mediante la siguiente expresión:

$$R_{t^o} = R_{20^oC} \cdot (1 + \alpha \cdot \Delta t^o)$$

R_t^o es la resistencia que queremos calcular a una temperatura t^o determinada en ohmios

R_{20^oC} es la resistencia a una temperatura de 20°C en ohmios

α es el coeficiente de temperatura del material en °C^{-1}

Δt^o es el incremento de temperatura desde los 20 °C hasta la temperatura t^o final

Podemos observar en la tabla los valores del coeficiente α para diferentes materiales.

Material	Coeficiente α en °C^{-1}
Cobre	0,00393
Aluminio	0,00407
Plata	0,0038
Hierro	0,0045
Plomo	0,0043
Acero	0,005
Wolframio	0,0045
Oro	0,0034
Platino	0,00393

Coeficientes de temperatura a 20°C

Ejemplo resuelto:

Se desea saber la resistencia que alcanza un bloque de hierro cuya resistencia a 20 °C es de 3kΩ si su temperatura se eleva hasta los 250 °C.

$R_{t^o} = R_{20^oC} \cdot (1 + \alpha \cdot \Delta t^o) = 3000 \cdot (1 + 0{,}0045 \cdot 250) = \mathbf{6375 \ \Omega = 6{,}375 \ k\Omega}$

2.2. Ley de Ohm

La intensidad que circula por un circuito es directamente proporcional a la tensión que hay aplicada en él e inversamente proporcional a la resistencia del mismo. Así se puede definir la Ley de Ohm que viene representada por la siguiente expresión:

$$I = \frac{U}{R}$$

Se puede escribir también despejando cada una de las magnitudes U y R:

$$U = I \cdot R \quad \text{o} \quad R = \frac{U}{I}$$

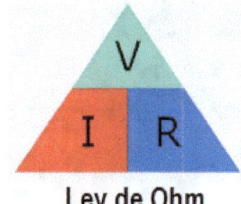

Ley de Ohm

Ejemplo resuelto:

Calcula la tensión a la que está sometida una resistencia de 5 kΩ sabiendo que es atravesada por una corriente de 200 mA.

$U = I \cdot R = 5 \cdot 10^3 \cdot 200 \cdot 10^{-3} = 1000\ V$

2.3. Resistencia de un conductor

Los elementos que se consideran conductores, como son los metales, se caracterizan por tener una resistencia pequeña.

Habitualmente son hilos o un conjunto de ellos que presentan una sección que suele ser circular.

El valor de la resistencia de un conductor depende en primer lugar del material del conductor, y también de sus características geométricas, es decir, su longitud y su sección.

Cuanto mayor longitud tiene, mayor será su resistencia, pues la corriente tarda más en recorrerlo.

Cuanto mayor sea su sección, menor será la resistencia, ya que la corriente tiene mayor facilidad para atravesarla.

La expresión de la resistencia de un conductor que tiene en cuenta todos estos aspectos es la siguiente:

$$R = \rho \cdot \frac{L}{S}$$

Donde:

R es el valor de la resistencia en ohmios Ω

ρ es el valor de la resistividad del material expresada en $\frac{\Omega \cdot mm^2}{m}$

L es la longitud del conductor en metros m

S es la sección del conductor en mm^2

Como ya se ha dicho, la resistividad depende del material, y es menor en aquellos que conducen mejor la electricidad, siendo mucho más elevada en los materiales que no la conducen bien.

Podemos ver en la tabla valores de resistividad de diferentes materiales.

Material	ρ a 20 °C en Ω·mm²/m
Cobre	0,01724
Aluminio	0,02857
Plata	0,0147
Hierro	0,0971
Plomo	0,02065
Acero	0,020
Wolframio	0,0565
Oro	0,0244
Platino	0,0106

Valores de resistividad

A veces, nos encontramos con que conocemos la conductividad del material γ, que es la inversa de la resistividad, es decir:

$$\gamma = \frac{1}{\rho}$$

Siendo sus unidades $\frac{m}{\Omega \cdot mm^2}$

2.4. Resistencia interna de un generador

Hemos definido un generador como aquel aparato que es capaz de generar una diferencia de potencial entre sus extremos, siendo esa capacidad lo que llamamos fuerza electromotriz, también medida en voltios.

Sin embargo, cuando el generador está conectado a un circuito se puede apreciar que la tensión que hay en sus bornes no coincide con la diferencia de potencial que genera.

Esto se debe a que tiene su propia resistencia interna y por tanto cuando circula la corriente, como consecuencia de la Ley de Ohm, en esa resistencia se pierden parte de los voltios que proporciona su fuerza electromotriz.

Todo esto queda establecido mediante la siguiente expresión:

$$U_b = E - I \cdot r_i$$

Donde:

U_b es la **tensión en bornas** del generador en V

E su **fuerza electromotriz** en V

I la **intensidad** en A

r_i su **resistencia interna** en Ω

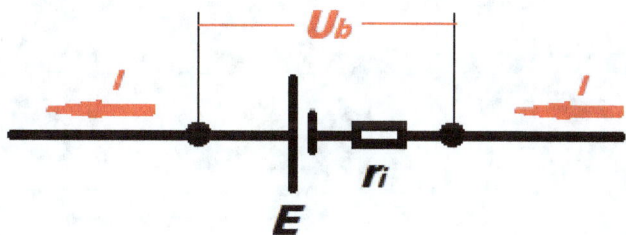

2.5. Aislantes y rigidez dieléctrica

Se sabe que los aislantes son aquellos cuerpos que no permiten paso de la corriente eléctrica a través de ellos, siendo también denominados dieléctricos.

Al contrario que los conductores, los aislantes presentan unos valores de resistividad muy elevados.

El aislamiento perfecto no existe y cualquier material puede llegar a conducir si se le somete a un campo eléctrico (tensión) suficiente.

Esto nos lleva al concepto de rigidez dieléctrica, que nos permite de alguna manera evaluar el máximo voltaje que puede soportar un aislante sin llegar a permitir la circulación de corriente a través de él.

Ese máximo voltaje es lo que se denomina la tensión de ruptura.

Hay una fórmula que se suele utilizar para medir esa rigidez y viene dada por la siguiente expresión:

$$r = \frac{U}{d}$$

Donde:

r es la **rigidez dieléctrica** en **V/cm**

U es la **tensión máxima** soportada en **V**

d es el **espesor** del material en **cm**

Para evaluar la rigidez de un material se le realiza un ensayo consistente en someterlo a una tensión cada vez mayor hasta que el material queda perforado, hecho que se aprecia al producirse un arco de corriente que normalmente destruye el material.

En el argot eléctrico, el aparato utilizado se denomina chispómetro, que está constituido por dos electrodos entre los cuales se sitúa un trozo de material de un espesor determinado.

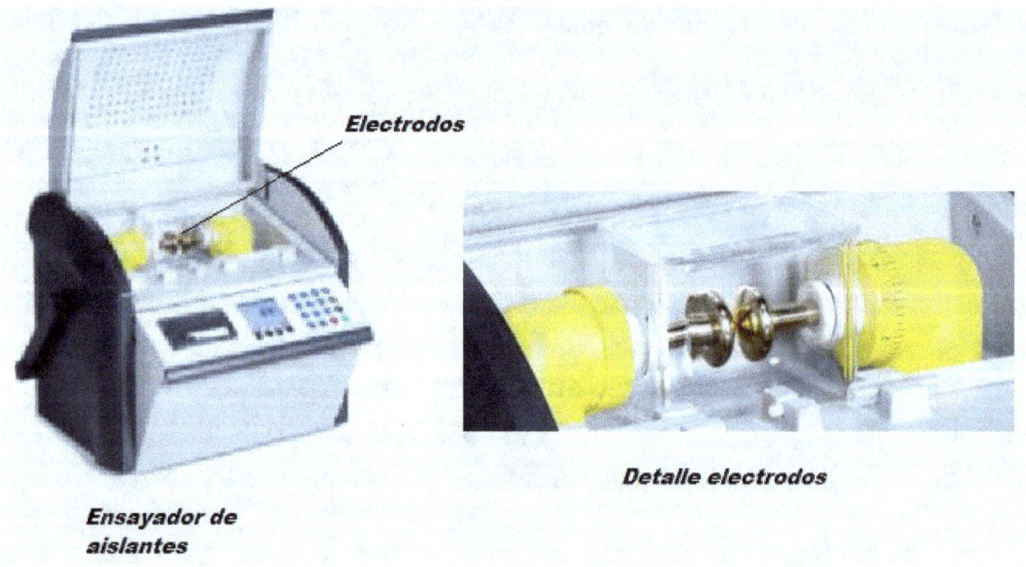

Ensayador de aislantes

Detalle electrodos

Sirve para ensayar tanto cuerpos sólidos como líquidos, siendo un ejemplo típico de estos últimos el aceite utilizado como aislante en los transformadores de distribución.

2.6. Efecto térmico de la electricidad

El paso de la corriente eléctrica por los cuerpos genera calor y eso se debe al rozamiento que se produce entre los electrones con los átomos cuando se desplazan a través de ellos.

Cuanto mayor sea este rozamiento mayor será en calor generado, cabiendo decir que este hecho está relacionado con la resistencia eléctrica pues cuando mayor es esta, mayor es el rozamiento que se produce y, por tanto, mayor el calor que se produce.

Este efecto térmico producido por la electricidad tiene efectos positivos o negativos dependiendo de si ese calor que se produce es aprovechable o, de lo contrario, se pierde siendo un efecto no deseable.

Elemenos de caldeo

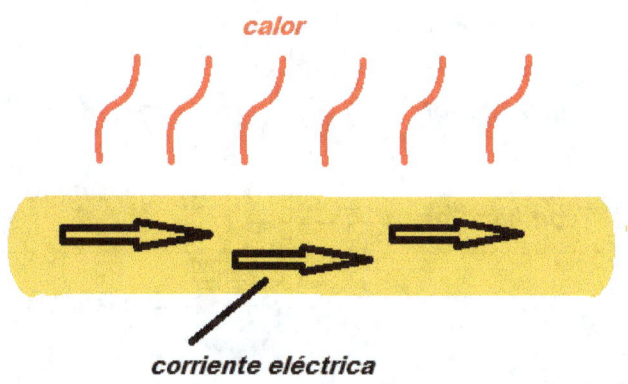

Todos aquellos receptores de caldeo (estufas, planchas, hornos eléctricos, etc...), es decir, destinados a porducir calor, son ejemplos del efecto térmico deseable de la electricidad.

Por otro lado, en los conductores eléctricos que transportan la energía eléctrica, el efecto térmico no es deseable, ya que el calor que se genera se pierde sin que sea aprovechado.

CALOR GENERADO POR UN CONDUCTOR ELÉCTRICO

2.7. Ley de Joule

El físico Joule estableció la relación entre el calor producido por un conductor y la corriente que circula por él, siendo su expresión:

$$Q = 0,24 \cdot I^2 \cdot R \cdot t$$

Siendo:

Q el calor producido en calorías

I la intensidad que circula en A

R la resistencia del conductor en Ω

t el tiempo en segundos s

Este efecto Joule explica también el efecto térmico de la electricidad y permite cuantificar su valor.

Se aprecia que el calor generado depende de la corriente que circula, de la resistencia del conductor y del tiempo que esté circulando.

Ejercicio resuelto:

Durante cuánto tiempo debe estar circulando una corriente de 3 A por un conductor cuya resistencia es de 2 Ω para que se genere un calor equivalente a 8 kcal.

Bastará con despejar de la ley de Joule el tiempo y tendremos:

$$t = \frac{Q}{0{,}24 \cdot I^2 \cdot R} = \frac{8000}{0{,}24 \cdot 3^2 \cdot 2} = 1851{,}85\ s = 30\ m\ 51{,}85\ s$$

2.8. Lámparas incandescentes

Dentro de los diferentes tipos de lámparas con que podemos encontrarnos, tenemos las incandescentes (hoy en día en desuso), fabricadas con un filamento de un material que aguanta bien las altas temperaturas (es usual utilizar tungsteno o wolframio) que se calienta por su elevada resistencia hasta ponerse incandescente y emitir la luz que nos proporciona la lámpara.

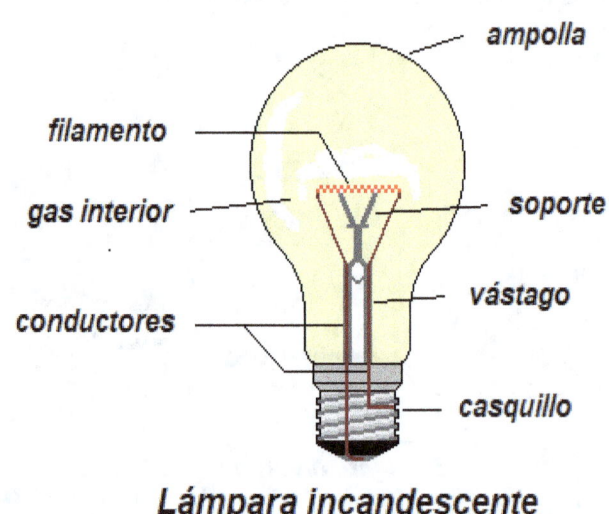

Lámpara incandescente

El problema de estas lámparas es que la mayor parte de la energía eléctrica que consumen se transforma en el calor generado por efecto Joule (el filamento alcanza temperaturas de miles de ºC), siendo mucho menor la que se transforma en la luz que emiten al ponerse incandescentes.

Los grandes y repetidos cambios de temperatura que experimenta el filamento provocan que termine por destruirse (decimos que la lámpara se ha fundido).

2.9. Actividades

- Cuestiones

1. Indica con qué aparato se mide la resistencia y como debe conectarse.

2. ¿Cómo afecta la variación de temperatura a los materiales conductores y a los aislantes?

3. Señala de que factores depende la resistencia de un conductor y cómo afectan a su valor.

4. Explica lo que es la rigidez dieléctrica y cómo se mide.

- Ejercicios

1. Calcula la temperatura que alcanzará el filamento de una lámpara incandescente sabiendo que es de wolframio, si su resistencia al estar apagada a 20 °C es de 350 Ω y cuando está encendida se mide en ella una tensión de 230 V y una corriente de 0,25 A.

2. Queremos saber los metros de cable que tiene una bobina de cobre de 1,5 mm2 se sección, sabiendo que al medir su resistencia con un óhmetro hemos obtenido un valor de 0,75 Ω.

3. Calcula la resistencia interna de un generador cuya fuerza electromotriz es de 100 V, sabiendo que proporciona una intensidad de 5 A y la tensión que se mide en bornas es de 99 V.

4. Queremos saber el espesor en mm que debe tener el aislante de un conductor sabiendo que es de neopreno y queremos que su tensión de aislamiento sea de 3 kV. Dato: rigidez dieléctrica del neopreno 250 kV/cm.

5. Tenemos una lámpara incandescente encendida durante 10 minutos y queremos saber la cantidad de calor que habrá generado, sabiendo que está conectada a 230 V y con una pinza amperimétrica hemos medido una intensidad de 0,35 A.

UNIDAD 3
POTENCIA Y ENERGÍA ELÉCTRICA

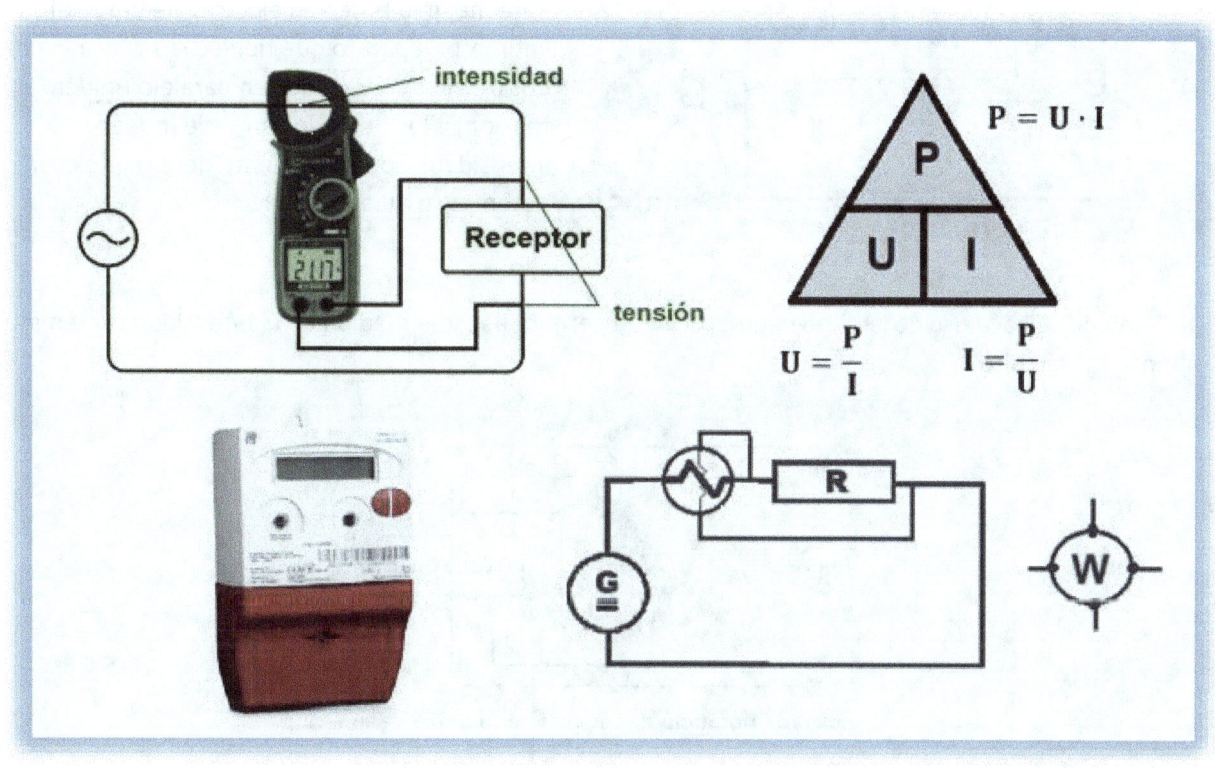

3. POTENCIA Y ENERGÍA ELÉCTRICA

3.1. Potencia eléctrica

Partiendo de la definición de que la potencia es la energía consumida en la unidad de tiempo, se puede decir que la potencia eléctrica determina la cantidad de energía eléctrica que se genera (generador) o se consume (receptor) en la unidad de tiempo.

La fórmula que permite calcular esta potencia eléctrica es:

$$P = U \cdot I$$

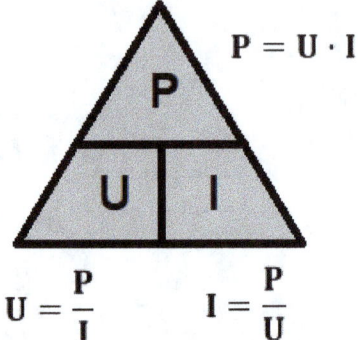

Donde la potencia P se mide en vatios (w), la tensión U en voltios (V) y la intensidad I en amperios (A).

En el caso de los receptores, esa energía eléctrica que se consume se va a transformar en otra, dependiendo del tipo de receptor.

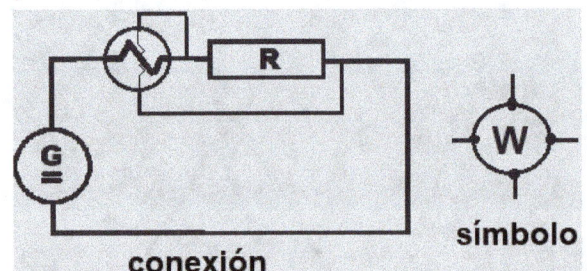

Para medir la potencia eléctrica se utiliza el vatímetro, aparato que tiene cuatro terminales, dos de ellos conectados en paralelo (miden tensión) y los otros dos en serie (miden intensidad), con el elemento del circuito cuya potencia se quiere medir.

También se hace uso de la pinza vatimétrica que permite hacer la medida de la intensidad sin tener que cortar el circuito.

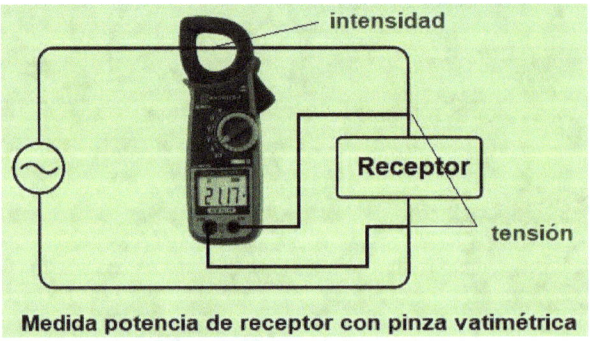

Medida potencia de receptor con pinza vatimétrica

- Pérdida de potencia

No toda la potencia eléctrica que llega a los receptores sirve para generar otro tipo de energía, sino que parte de ella se pierde en su interior.

Ello se debe a que todo receptor tiene un pequeño valor de resistencia que por efecto Joule provoca una pérdida de potencia en forma de calor.

La expresión que permite evaluar esa pérdida de potencia es la siguiente:

$$P_p = I^2 \cdot R$$

Se puede apreciar que esta pérdida aumenta de forma cuadrática con la intensidad, dependiendo del valor de la resistencia del receptor.

Este fenómeno también afecta a las líneas eléctricas y provoca que parte de la energía que se transporta por ellas no llegue a los usuarios finales ya que se pierde en forma de calor.

Ejercicio resuelto:

Calcular la potencia que se pierde en una línea eléctrica de dos conductores de cobre de 4 mm² de sección, sabiendo que tiene 300 m de longitud y que transporta una potencia de 10 kW a una tensión de 230 V.

Calculamos primero la intensidad que transporta la línea:

$$I = \frac{P}{U} = \frac{10000}{230} = 43{,}4782 \ A$$

A continuación, calculamos la resistencia de la línea teniendo en cuenta la resistividad del cobre y que la longitud total de conductor es dos veces la de la línea al ser de dos conductores:

$$R_L = \rho \cdot \frac{L}{S} = 0{,}01724 \cdot \frac{2 \cdot 300}{4} = 2{,}586 \ \Omega$$

Por último, calculamos la potencia perdida en la línea:

$$P_p = I^2 \cdot R_L = 43{,}4782^{\ 2} \cdot 2{,}856 = 4888{,}45 \ w$$

3.2. Energía eléctrica

La energía eléctrica se produce en las centrales y la terminan consumiendo los receptores para transformarla en otro tipo de energía.

El valor de esa energía dependerá de la potencia que tenga la central y del tiempo que esté funcionando, siendo su expresión:

$$E = P \cdot t$$

Si nos atenemos al Sistema Internacional de Unidades, la potencia vendría expresada en vatios y el tiempo en segundos, para venir la energía en julios.

Tratándose de energía eléctrica, el julio resulta una unidad muy pequeña y habría que utilizar números demasiado elevados. Por ello, para cuantificar la energía eléctrica se suele emplear como unidad el kilovatio·hora (kW·h), siendo la equivalencia con el julio la siguiente:

$$1 \ kWh \cdot \frac{1000 \ w}{1 \ kW} \cdot \frac{3600 \ s}{1 \ h} = 3600000 \ J$$

Es esta unidad en la que viene facturada la energía que consumen tanto los grandes como los pequeños consumidores.

Para realizar la medida de la energía eléctrica se utilizan los contadores, aparatos que se conectan igual que los vatímetros, y que actualmente han pasado a ser digitales, de forma que la medida se envía de forma telemática a las compañías, sin necesidad de acudir a realizar la lectura físicamente.

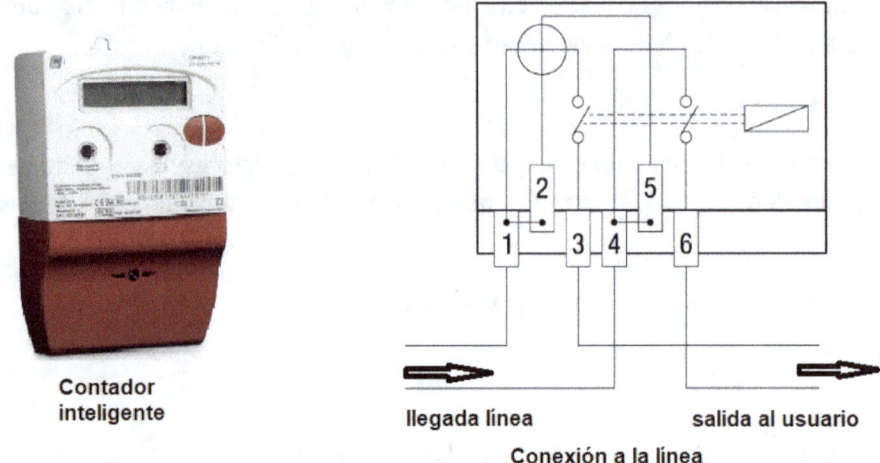

Contador inteligente

llegada línea   salida al usuario

Conexión a la línea

3.3. Rendimiento eléctrico

Como cualquier tipo de rendimiento, el eléctrico se evalúa teniendo en cuenta la energía o potencia que produce generador y la que ofrece a su salida o útil, siendo esta última siempre menor debido a las pérdidas internas del mismo, así tenemos que, expresado en tanto por ciento:

$$\eta\% = \frac{P_u}{P_G} \cdot 100$$

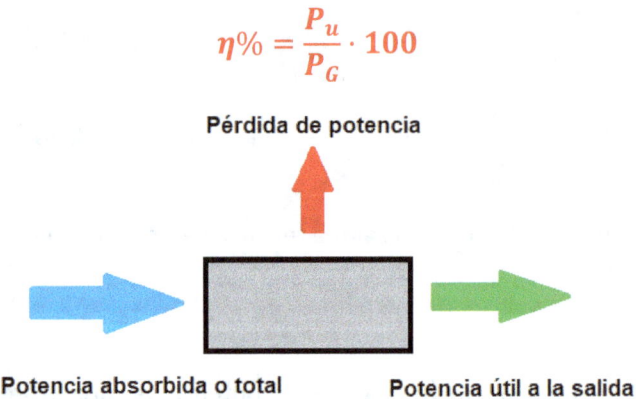

Pérdida de potencia

Potencia absorbida o total   Potencia útil a la salida

Se puede decir que es el cociente entre la potencia útil a la salida y la potencia que produce el generador.

La potencia a la salida es la que llega del generador al circuito a la salida de sus bornas

La que produce va a depender de su fuerza electromotriz.

Con todo ello, la fórmula del rendimiento del generador se puede escribir como:

$$\eta\% = \frac{U_b \cdot I}{E \cdot I} \cdot 100 = \frac{U_b}{E} \cdot 100$$

La diferencia entre la potencia del generador y la potencia útil a su salida es la potencia que se pierde en su interior como consecuencia de su resistencia interna r_i, pudiendo escribirse:

$$P_G = P_u + P_p$$

Siendo la potencia perdida: $P_p = I^2 \cdot r_i$

Se observa que conociendo la fuerza electromotriz y la tensión en bornas del generador, es suficiente para determinar su rendimiento.

Tratándose de una línea eléctrica, bastará con restar a la potencia transportada, las pérdidas de la línea para haciendo uso de la fórmula $\eta\% = \frac{P_u}{P_T} \cdot 100$, calcular su rendimiento, teniendo en cuenta que la potencia útil será la total transportada P_T menos las pérdidas de la línea: **$P_p = I^2 \cdot R_L$**.

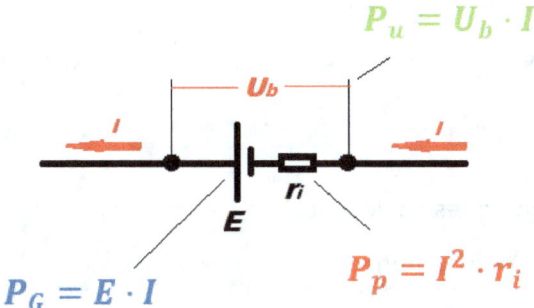

3.4. Cálculo de secciones en corriente continua

A la hora de calcular la sección de una línea es necesario saber qué receptores va a alimentar (su intensidad o potencia), y en función de ello realizar el cálculo.

Además, es necesario tener en cuenta la caída de tensión que va a haber en la línea, ya que esta no puede superar unos valores que marca el Reglamento Electrotécnico de Baja Tensión (REBT).

Teniendo en cuenta que la caída de tensión en una línea viene dada por la expresión

$u_L = I \cdot R_L$, y que la R_L para el caso de dos conductores como es el de las líneas de corriente continua tiene por valor $R_L = \rho \cdot \frac{2 \cdot L_L}{S}$, siendo L_L la longitud de la línea, tendríamos que:

$$U_L = \frac{\rho \cdot 2 \cdot L_L \cdot I}{S}$$

Y despejando la sección de la línea tenemos que:

$$S = \frac{\rho \cdot 2 \cdot L_L \cdot I}{u_L}$$

Teniendo en cuenta que la intensidad es $I = \frac{P}{U}$, podemos escribir la expresión de la sección como:

$$S = \frac{\rho \cdot 2 \cdot L_L \cdot P}{u_L \cdot U}$$

Normalmente la caída de tensión permitida en la línea viene expresada en tanto por ciento sobre su tensión, es decir: $u_L\% = \frac{u_L}{U}$, siendo la $u_L = u_L\% \cdot U$

Si expresamos la fórmula utilizando la conductividad que es la inversa de la resistividad, nos queda:

$$S = \frac{2 \cdot L_L \cdot P}{\gamma \cdot u_L \cdot U}$$

Ejercicio resuelto

Queremos saber la sección de la línea a utilizar para alimentar un motor de corriente continua que funciona a 230 V, sabiendo que el conductor es de cobre y la distancia de la alimentación hasta el motor es de 30 m. Tener en cuenta que se permite una caída de tensión máxima del 5 % y la potencia del motor es de 5000 W.

Primero calculamos la caída de tensión en voltios:

$$u_L = u_L\% \cdot U = \frac{5}{100} \cdot 230 = 11,5\ V$$

Ahora, os bastará con aplicar la expresión del cálculo de la sección:

$$S = \frac{\rho \cdot 2 \cdot L_L \cdot P}{u_L \cdot U} = \frac{0,01724 \cdot 2 \cdot 30 \cdot 5000}{11,5 \cdot 230} = 1,6151\ mm^2$$

3.5. Actividades

- Cuestiones

1. Indica el aparato utilizado para medir la potencia eléctrica, señalando como debe conectarse en el circuito.

2. Indica el aparato utilizado para medir la energía eléctrica, señalando como debe conectarse en el circuito.

3. Señala la unidad en que se mide la energía eléctrica de forma habitual y también la que se utiliza en el sistema internacional.

- Ejercicios

1. Dibuja el esquema de un vatímetro conectado en un circuito para medir la potencia que consume un receptor.

2. Tenemos una línea de cobre de corriente continua de 3 km que transporta una potencia de 50 kW a una tensión de 3000 V. Sabiendo que tiene una sección de 25 mm², calcula la pérdida de potencia que se produce en ella, así como el calor en pérdidas que tiene al cabo de 3 días seguidos de funcionamiento.

3. Determina la energía consumida por una lámpara incandescente de 100 w durante una semana si ha estado funcionando 4 horas diarias.

4. Un aerogenerador cuya potencia es de 1 Mw ha producido durante un mes de 30 días 150000 Kwh. Queremos saber y el número de horas que ha estado generando energía cada día.

5. Determina el rendimiento de un generador de corriente continua cuya fuerza electromotriz es de 125 V, siendo su resistencia interna de 0,25 Ω. Se sabe que está alimentando una resistencia cuyo valor es de 25 Ω.

6. Disponemos de una línea de corriente continua de cobre de 100 m y 6 mm² de sección que está alimentando un receptor cuya potencia es de 5 kW a una tensión de 230 V. Queremos saber qué caída de tensión se va a producir en la línea expresada en porcentaje.

UNIDAD 4
ASOCIACIÓN DE RESISTENCIAS Y GENERADORES

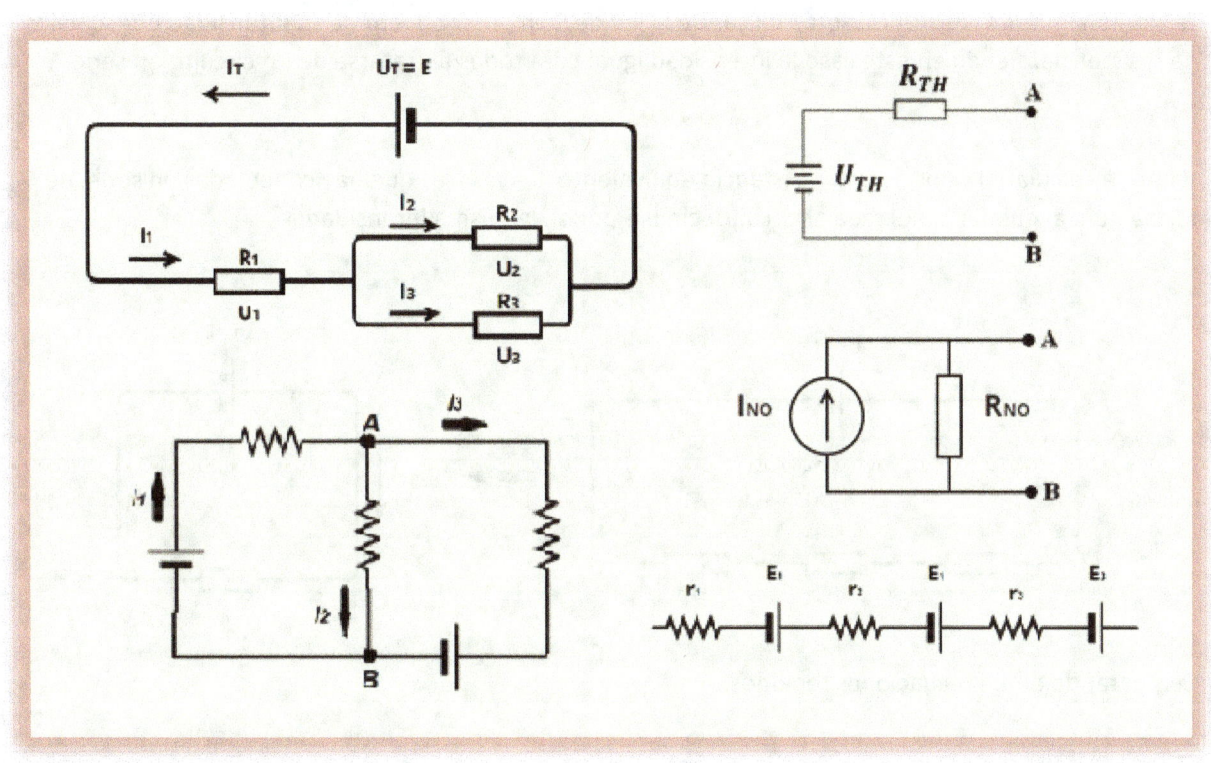

4. ASOCIACIÓN DE RESISTENCIAS Y GENERADORES

4.1. Resistencias en serie

Vamos a ver el comportamiento de varias resistencias asociadas en serie, y para ello nos basaremos en el ejemplo de la figura donde tenemos tres resistencias en serie en un circuito alimentado por un generador.

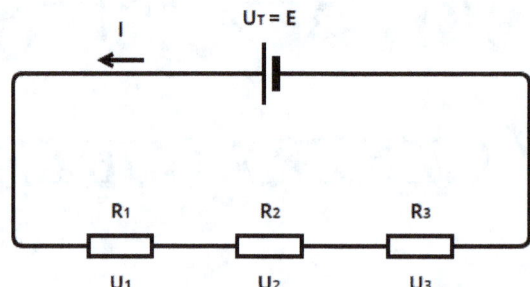

En un circuito serie se cumple que la tensión total U_T suministrada por el generador (en este caso coincide con su fuerza electromotriz E), es la suma de las tensiones que hay en cada uno de los elementos conectados en serie, en este caso resistencias.

$$U_T = U_1 + U_2 + U_3$$

La tensión en cada resistencia será, aplicando la ley de Ohm, el producto de su intensidad por su valor de resistencia, siendo en este caso la intensidad igual para todas al tratarse de un circuito en serie.

$$U_T = I \cdot R_1 + I \cdot R_2 + I \cdot R_3$$

Vamos a calcular el valor de una resistencia equivalente R_E a las tres que hay conectadas en serie, de forma que, al quedar conectada al circuito, circule por él, la misma intensidad:

$$U_T = I \cdot R_E$$

Comparando ambas ecuaciones tenemos:

$$I \cdot R_E = I \cdot R_1 + I \cdot R_2 + I \cdot R_3$$

Dividiendo todos los términos por la intensidad I, obtenemos el valor de la resistencia equivalente R_E:

$$R_E = R_1 + R_2 + R_3$$

En cuanto a las potencias, se cumple que la potencia que aporta el generador debe de coincidir con la potencia consumida por los receptores $P_G = \sum P_R$, pudiendo expresarse como sigue:

$$P_T = P_1 + P_2 + P_3$$

La potencia de cada resistencia se calcula como: $P_i = I^2 \cdot R_i$

La total del generador como: $P_T = U_T \cdot I = I^2 \cdot R_1 + I^2 \cdot R_2 + I^2 \cdot R_3$

Ejercicio resuelto:

Calcular la intensidad que circula por un circuito alimentado por un generador de 230 V, sabiendo que tiene tres resistencias en serie de valores 10 Ω, 20 Ω y 35 Ω.

Calculamos primero la resistencia total o equivalente:

$R_E = 10 + 20 + 35 = 65 \, \Omega$

Y ya podemos calcular la intensidad del circuito como:

$$I = \frac{U_T}{R_E} = \frac{230}{65} = 3,5384 \, A$$

4.2. Resistencias en paralelo

En el circuito de la figura podemos observar un circuito con tres resistencias en paralelo, pudiendo apreciarse que:

La tensión de cada resistencia coincide con la tensión total del generador:

$$U_T = U_1 = U_2 = U_3$$

La intensidad total que suministra el generador es la suma de las intensidades que circulan por cada resistencia:

$$I_T = I_1 + I_2 + I_3$$

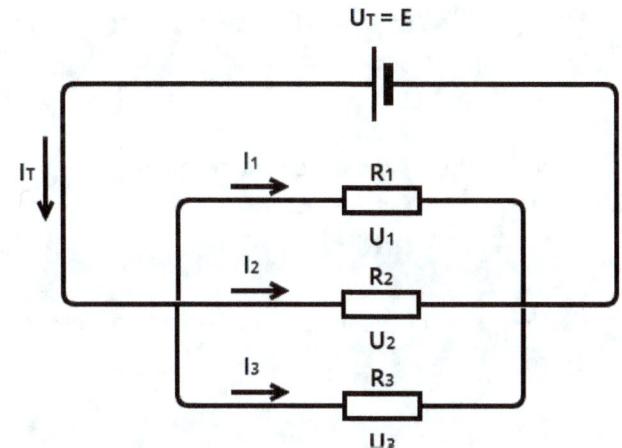

Para calcular la resistencia equivalente de las tres en paralelo, vamos a aplicar la ley de Ohm a cada una de las intensidades de la expresión anterior:

$$\frac{U_T}{R_E} = \frac{U_1}{R_1} + \frac{U_2}{R_2} + \frac{U_3}{R_3}$$

Al ser todas las tensiones iguales, podemos dividir todos los términos de la ecuación por la tensión, quedando la siguiente expresión:

$$\frac{1}{R_E} = \frac{1}{R_1} + \frac{1}{R_2} + \frac{1}{R_3}$$

Al igual que en la asociación serie, la potencia total será la suma de las potencias de cada resistencia:

$$P_T = P_1 + P_2 + P_3$$

Siendo: $\quad P_1 = I_1^2 \cdot R_1 \quad ; \quad P_2 = I_2^2 \cdot R_2 \quad ; \quad P_3 = I_3^2 \cdot R_3$

Y así la potencia total se puede calcular como:

$$P_T = U_T \cdot I_T = I_1^2 \cdot R_1 + I_2^2 \cdot R_2 + I_3^2 \cdot R_3$$

Ejercicio resuelto:

Calcular la resistencia equivalente de un circuito que dispones de tres resistencias en paralelo cuyos valores son 3 Ω, 6 Ω y 9 Ω.

Aplicamos la fórmula de la resistencia equivalente para un paralelo:

$$\frac{1}{R_E} = \frac{1}{R_1} + \frac{1}{R_2} + \frac{1}{R_3} = \frac{1}{3} + \frac{1}{6} + \frac{1}{9} = \frac{6+3+2}{18} = \frac{11}{18}$$

Calculando la inversa de cada término:

$$R_E = \frac{18}{11} = 1,\widehat{63} \; \Omega$$

- Caso de dos resistencias en paralelo

En el caso de dos resistencias en paralelo, la expresión de la equivalente queda:

$$\frac{1}{R_E} = \frac{1}{R_1} + \frac{1}{R_2} = \frac{R_1 + R_2}{R_1 \cdot R_2}$$

Y calculando la inversa de cada término:

$$R_E = \frac{R_1 \cdot R_2}{R_1 + R_2}$$

Es decir, el equivalente en paralelo de dos resistencias se puede calcular como su producto dividido entre su suma.

- Resistencias del mismo valor en paralelo

En este caso, la expresión del equivalente quedaría:

$$\frac{1}{R_E} = \frac{1}{R} + \frac{1}{R} + \frac{1}{R} = \frac{3}{R}$$

Y calculando la inversa de cada término:

$$R_E = \frac{R}{3}$$

Es decir, de forma generalizada, el equivalente de varias resistencias del mismo valor en paralelo, se puede calcular como el valor de una de ellas dividido entre el número de resistencias del paralelo.

$$R_E = \frac{R}{n}$$

4.3. Asociación mixta

En la asociación mixta tenemos resistencias en serie combinada con otras en paralelo.

Para resolver este tipo de circuitos, se calculan primero todos los equivalentes de resistencias en paralelo y una vez hecho, se suman en serie con el resto de resistencias.

Vamos a trabajar con el circuito mixto de la figura:

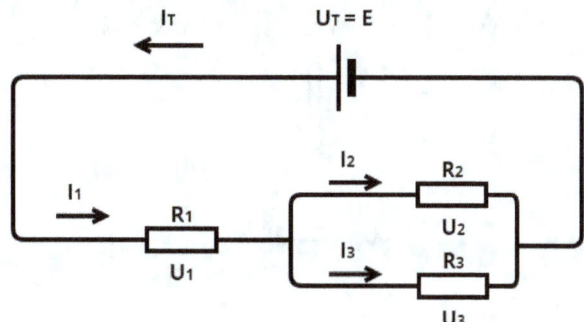

Calculamos primero el equivalente de las resistencias en paralelo R_1 y R_2:

$$R_{12} = \frac{R_1 \cdot R_2}{R_1 + R_2}$$

Y ya podemos sumar en serie las resistencias que nos quedan:

$$R_E = R_{123} = R_1 + R_{23}$$

4.4. Generadores en serie

Para ver como se asocian generadores en serie, tendremos en cuenta que un generador real va a tener una resistencia interna r_i.

Una vez dicho esto, podemos decir que la fuerza electromotriz de varios generadores en serie, se calcula sumando la fuerza electromotriz de cada uno de ellos:

$$E_T = E_1 + E_2 + E_3 + E_4 + \cdots + E_n$$

Por otra parte, la resistencia interna total del conjunto, será la suma de las resistencias internas de cada uno de ellos:

$$r_{i_T} = r_{i_1} + r_{i_2} + r_{i_T} + r_{i_3} + \cdots + r_{i_n}$$

4.5. Generadores en paralelo

En el caso de generadores en paralelo, hay que reseñar que deben tener todos la misma fuerza electromotriz y la misma resistencia interna, pues de lo contrario, habría unos que en lugar de generar energía la estarían consumiendo.

Dicho esto, la fuerza electromotriz del conjunto E_T, coincidirá con la de un generador Ei.

$$E_T = E_i$$

La resistencia interna del conjunto será el equivalente en paralelo de todas las de los generadores, teniendo en cuenta que todas son del mismo valor, será el valor de una de ellas dividido entre el número de generadores.

$$r_{i_T} = \frac{r_i}{n}$$

4.6. Resolución de circuitos

Hasta ahora hemos visto circuitos relativamente sencillos, que apenas basta con aplicar la ley de ohm para poder resolverlos, pero los circuitos se pueden complicar, por ejemplo, con la aparición de varios generadores que aporten energía en sentidos opuestos o con numerosas resistencias que no se encuentren asociadas ni en serie ni en paralelo-

Para resolver este tipo de circuitos, se hace uso de diferentes leyes y teoremas, de los cuales, veremos algunos de ellos en los siguientes apartados.

4.7. Leyes de Kirchhoff

Para resolver circuitos aplicando las leyes de Kirchhoff, vamos a ver cuáles son y lo que nos dicen.

- Primera ley de Kirchhoff

En cualquier nudo de un circuito, se cumple que la suma de las intensidades que llegan a él coincide con la suma de las intensidades que salen.

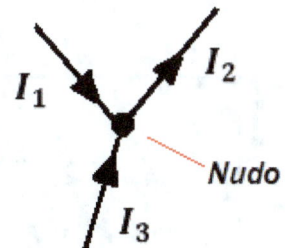

Se entiende por nudo, aquel punto de un circuito donde concurren dos o más conductores.

En el caso de la figura: $I_1 + I_3 = I_2$

- Segunda ley de Kirchhoff

En toda malla de un circuito, se cumple que la suma de todas las fuerzas electromotrices coincide con la suma de todas las caídas de tensión.

Se entiende por malla todo recorrido en un circuito en que, partiendo de un punto, se llega a ese mismo punto sin pasar dos veces por el mismo sitio.

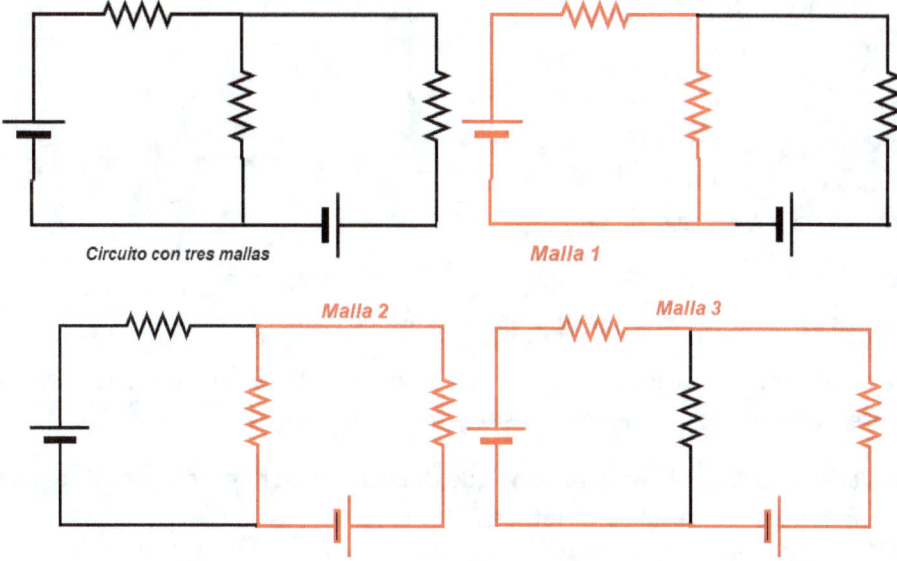

Si nos fijamos en la malla 1 del circuito de la figura, aplicando la segunda ley de Kirchhoff, tenemos:

$$E_1 = I_1 \cdot R_1 + I_2 \cdot R_2$$

Hemos supuesto que recorremos la malla en sentido de las agujas del reloj.

A la hora de saber los signos de los términos de la ecuación que obtenemos hay que tener en cuenta lo siguiente.

Las fuerzas electromotrices son positivas cuando su polo positivo tiene la dirección en que se recorre la malla.

Las caídas de tensión son positivas cuando el sentido de su intensidad es el mismo que el de la intensidad que circula por ellas.

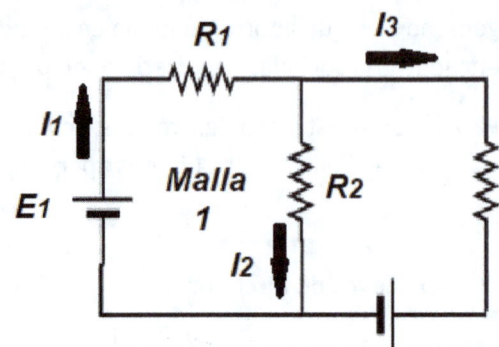

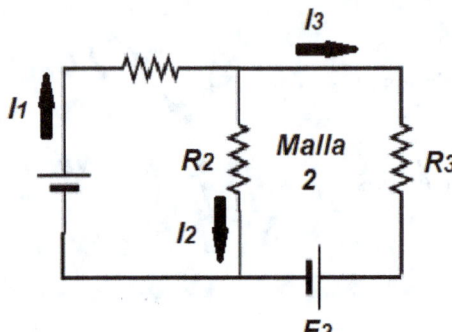

Si ahora aplicamos, según lo que acabamos de decir, la segunda ley de Kirchhoff a la malla dos, como apreciamos en la figura, y recorremos la malla también en sentido de las agujas del reloj, tendremos:

$$-E_2 = -I_2 \cdot R_2 + I_3 \cdot R_3$$

Cuando nos plantean resolver un circuito, a veces, el sentido de las intensidades no viene reflejado.

A la hora de resolverlo, basta con darles un sentido inicial, y si al resolverlo, el valor de la intensidad sale negativo, esto indica que el sentido es el contrario al fijado inicialmente.

Hemos visto que, en el circuito de la figura, hemos situado tres intensidades; esto se debe al concepto de rama de un circuito que se define como cada camino que hay entre dos nudos consecutivos.

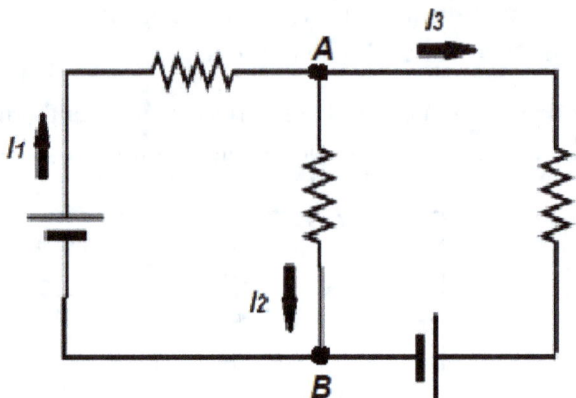

En cada rama de un circuito, va a circular su propia intensidad.

En el caso de la figura, podemos ver que tenemos dos nudos A y B, y entre ellos observamos tres caminos diferentes o ramas, por lo que tenemos tres intensidades.

Para resolver los circuitos, normalmente se tiene que calcular el valor de las intensidades, conociendo los de las resistencias y las fuerzas electromotrices.

Por tanto, hay que plantear tantas ecuaciones como incógnitas o intensidades.

Se comienza eligiendo tantas ecuaciones de nudos, como el número de nudos que haya menos uno, y el resto ecuaciones de malla.

Ejercicio resuelto:

Queremos saber el valor de las intensidades del circuito de la figura, aplicando las leyes de Kirchhoff.

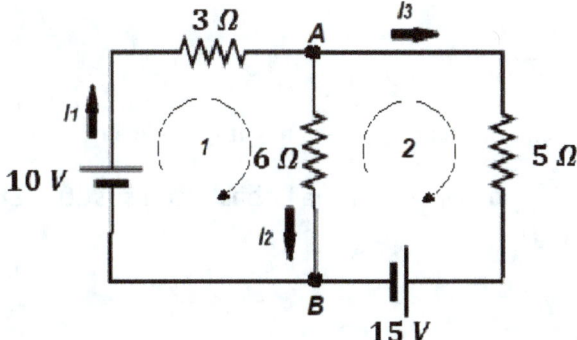

Al haber dos nudos, sacaremos una ecuación de nudos y dos de mallas para resolver el sistema de tres ecuaciones, cuyas incógnitas serán las tres intensidades.

Para ello tomaremos una ecuación del nudo A y otras dos de las mallas 1 y 2, para tener el siguiente sistema de ecuaciones:

Nudo A: $I_1 + I_3 = I_2$

Malla 1: $10 = 3I_1 + 6I_2$

Malla 2: $-15 = -6I_2 + 5I_3$

Elegimos, por ejemplo, resolver el sistema por sustitución en las ecuaciones 1 y 2 de la I$_2$ por su valor despejado correspondiente en la ecuación A.

Así tendremos que:

Malla 1: $10 = 3I_1 + 6(I_1 + I_3) = 3I_1 + 6I_1 + 6I_3 = 9I_1 + 6I_3$

Malla 2: $-15 = -6(I_1 + I_3) + 5I_3 = -6I_1 - 6I_3 + 5I_3 = -6I_1 - I_3$

A continuación, resolvemos este sistema de dos ecuaciones con dos incógnitas, haciendo uso del método de reducción, por ejemplo.

Para ello multiplicamos primero la segunda ecuación por 6, quedando como sigue el sistema:

Malla 1: $10 = 9I_1 + 6I_3$

Malla 2: $-90 = -36I_1 - 6I_3$

Sumando ambas ecuaciones, tendremos:

$-80 = -27I_1$

Y despejando la I$_1$:

$I_1 = \dfrac{-80}{-27} = 2,\widehat{962}\ A$

Ahora sustituimos en la ecuación de la malla 1, el valor de la I$_1$, y despejamos la I$_3$:

39

$$10 = 9I_1 + 6I_3 = 9 \cdot 2,\widehat{962} + 6I_3 = 26,\hat{6} + 6I_3$$

$$10 - 26,\hat{6} = 6I_3 = -16,\hat{6}$$

$$I_3 = \frac{-16,\hat{6}}{6} = -2,\hat{7}\ A$$

El hecho de cada la I₃ salga negativa, indica que su sentido es el contrario al que vemos en la figura.

Por último, para calcular la I₂, basta con sustituir en la ecuación del nudo A los valores calculados de I₃ e I₁:

$$I_2 = I_1 + I_3 = 2,\widehat{962} - 2,\hat{7} = 0,\widehat{185}\ A$$

4.8. Teorema de Thevenin

Es un teorema que nos permite simplificar un circuito complejo, conociendo dos de sus terminales, por otro mucho más sencillo consistente en un generador en serie con una resistencia conectados entre esos dos terminales.

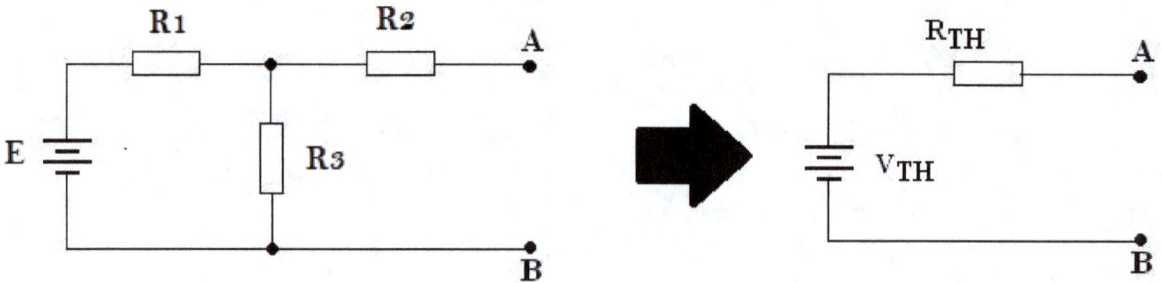

El generador y la resistencia en serie equivalentes se denominan generador Thevenin y resistencia Thevenin.

Para calcular la resistencia Thevenin, se cortocircuita el generador y se calcula la resistencia equivalente del circuito entre los terminales A y B.

R_1 y R_3 que darían en paralelo y su equivalente, en serie con R_2, así tendríamos:

$$R_{TH} = \frac{R_1 \cdot R_3}{R_1 + R_3} + R_2$$

El valor de la tensión Thevenin, coincidirá con la tensión existente entre los puntos A y B.

Al estar abierto entre A y B el circuito, esa tensión coincidirá con la existente en la resistencia R_3.

Para calcular dicha tensión, primero obtenemos el valor de la intensidad que circula en la malla cerrada que nos queda:

$$I = \frac{E}{R_1 + R_3}$$

Y ahora ya podemos calcular el valor de la tensión Thevenin como:

$$U_{TH} = I \cdot R_3 = \frac{E}{R_1 + R_3} \cdot R_3$$

Ejercicio resuelto:

Calcular el equivalente Thevenin entre los terminales A y B del circuito de la siguiente figura:

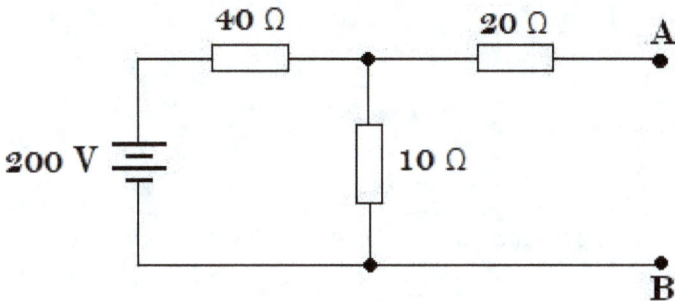

Calculamos en primer lugar el valor de la resistencia Thevenin:

$$R_{TH} = \frac{40 \cdot 10}{40 + 10} + 20 = 8 + 20 = \mathbf{28\ \Omega}$$

Para calcular el generador Thevenin, primero calculamos la intensidad por la malla:

$$I = \frac{200}{40 + 10} = \frac{200}{50} = 4\ A$$

Por último, hallamos la tensión Thevenin como la caída de tensión en la resistencia de 10 Ω:

$$U_{TH} = 4 \cdot 10 = \mathbf{40\ V}$$

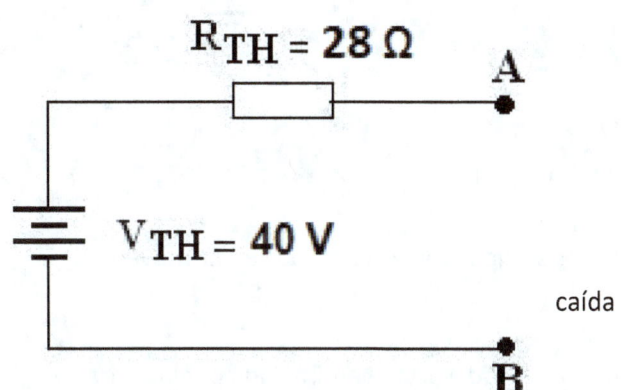

4.9. Teorema de Norton

Es un teorema que nos permite simplificar un circuito complejo, conociendo dos de sus terminales, por otro mucho más sencillo consistente en una fuente de intensidad en paralelo con una resistencia conectados entre esos dos terminales.

Para calcular el equivalente Norton, basta con hallar el Thevenin y sustituirlo por el Norton de la siguiente manera:

La resistencia Norton, coincide con el valor de la Thevenin:

$$R_{NO} = R_{TH}$$

Para calcular la Intensidad del generador Norton, basta dividir la tensión Thevenin entre la resistencia Thevenin:

$$I_{NO} = \frac{U_{TH}}{R_{TH}}$$

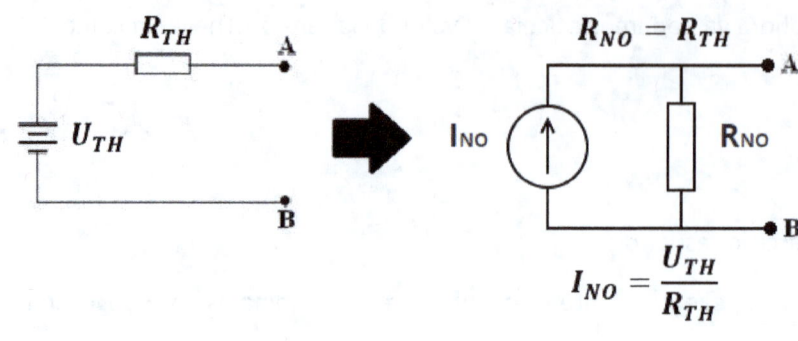

Ejercicio resuelto:

Calcular el equivalente Norton, partiendo del equivalente Thevenin siguiente:

La resistencia Norton coincide con la Thevenin:

$$R_{NO} = R_{TH} = 28\ \Omega$$

La Intensidad Norton vendrá dada por la expresión:

$$I_{NO} = \frac{U_{TH}}{R_{TH}} = \frac{40}{28} = \frac{10}{7} = 1,4285\ A$$

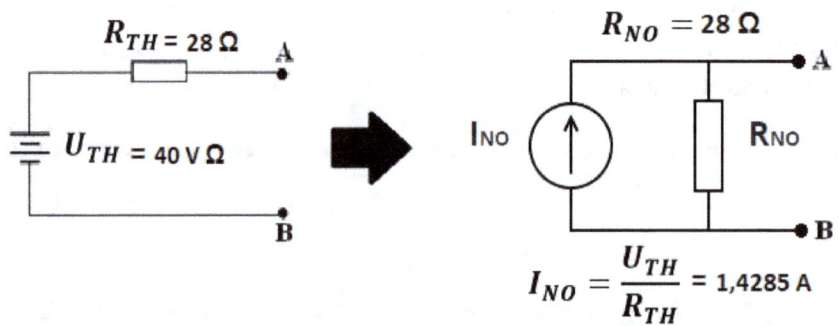

4.10. Transformación estrella triángulo

En ocasiones nos encontramos con circuitos con varias resistencias en los que no es posible reducirlas a su equivalente mediante combinaciones serie ni paralelo al estar conectadas entre sí, o bien en forma de estrella o de triángulo.

Para solucionar este problema haciendo uso del Teorema de Kennelly, bastará con convertir una estrella en triángulo o al revés, un triángulo en estrella, tras lo cual, ya podremos asociar resistencias en serie o paralelo.

- Transformación estrella-triángulo

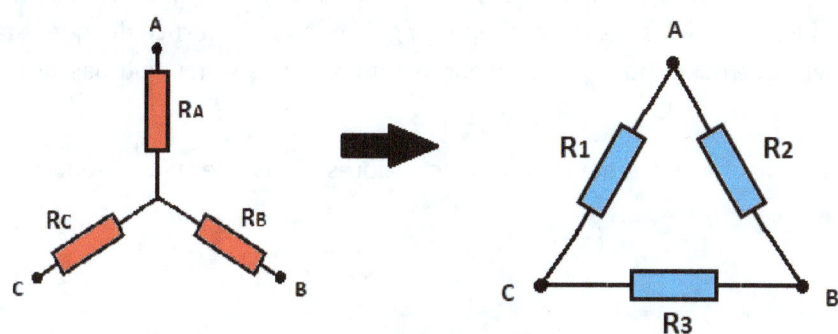

Para pasar de estrella a triángulo, el valor de cada resistencia será un cociente que tendrá por numerador, la suma de todas las resistencias de la estrella tomadas de dos en dos, y por denominador, el valor de la resistencia en estrella situada en el vértice opuesto a la que queremos calcular.

Si aplicamos esto a las figuras que tenemos arriba, los valores de las nuevas resistencias en triángulo serían:

$$R_1 = \frac{R_A \cdot R_B + R_A \cdot R_C + R_B \cdot R_C}{R_B}$$

$$R_2 = \frac{R_A \cdot R_B + R_A \cdot R_C + R_B \cdot R_C}{R_C}$$

$$R_3 = \frac{R_A \cdot R_B + R_A \cdot R_C + R_B \cdot R_C}{R_A}$$

Ejercicio resuelto:

Transformar la siguiente asociación de resistencias en estrella a triángulo.

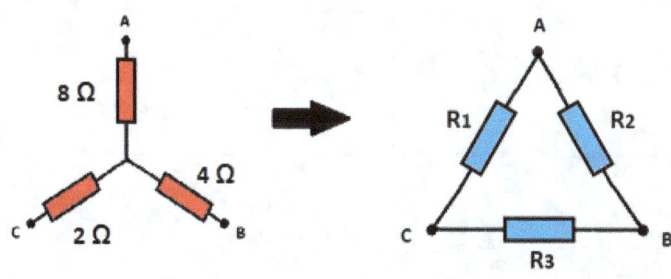

Aplicando las fórmulas:

$$R_1 = \frac{8 \cdot 4 + 8 \cdot 2 + 4 \cdot 2}{4} = \frac{56}{4} = 14\,\Omega$$

$$R_2 = \frac{8 \cdot 4 + 8 \cdot 2 + 4 \cdot 2}{2} = \frac{56}{2} = 28\,\Omega$$

$$R_3 = \frac{8 \cdot 4 + 8 \cdot 2 + 4 \cdot 2}{8} = \frac{56}{8} = 7\,\Omega$$

- Transformación triángulo-estrella

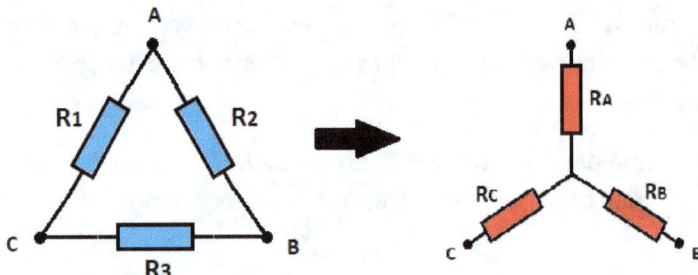

Para pasar de triángulo a estrella, el valor de cada resistencia en estrella será un cociente que tendrá por numerador, el producto de las dos resistencias en triángulo que van al vértice del que está saliendo la resistencia en estrella que queremos calcular, y por denominador, la suma de todas las resistencias del triángulo.

Si aplicamos esto a las figuras que tenemos arriba, los valores de las nuevas resistencias en triángulo serían:

$$R_A = \frac{R_1 \cdot R_2}{R_1 + R_2 + R_3}$$

$$R_B = \frac{R_2 \cdot R_3}{R_1 + R_2 + R_3}$$

$$R_C = \frac{R_1 \cdot R_3}{R_1 + R_2 + R_3}$$

Ejercicio resuelto:

Transformar la siguiente asociación de resistencias en triángulo a estrella.

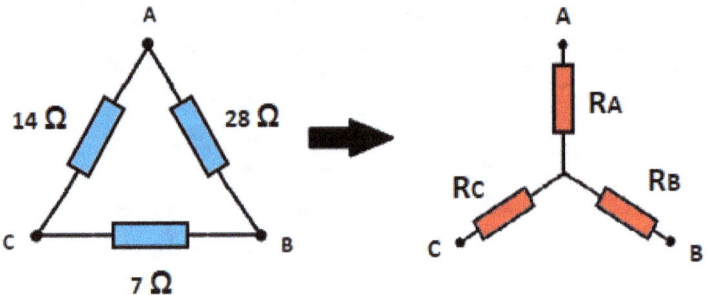

Aplicando las fórmulas:

$$R_A = \frac{14 \cdot 28}{14 + 28 + 7} = \frac{392}{49} = 8\,\Omega$$

$$R_B = \frac{28 \cdot 7}{14 + 28 + 7} = \frac{196}{49} = 4\,\Omega$$

$$R_C = \frac{7 \cdot 14}{14 + 28 + 7} = \frac{98}{49} = 2\,\Omega$$

4.11. Actividades

- Cuestiones

1. Indica qué valor es mayor, el de dos resistencias en serie o en paralelo. Haz un ejemplo numérico que lo demuestre.

2. ¿Qué valor es mayor en las resistencias, en triángulo o en su estrella equivalente? Haz un ejemplo numérico que lo demuestre.

3. ¿Cómo se calcula el equivalente Thevenin entre dos terminales de un circuito?

4. ¿Cómo se pasa del equivalente Thévenin al Norton?

- Ejercicios

1. En el circuito de la figura conocemos los siguientes valores: E = 200 V, R_1 = 25 Ω, R_2 = 10 Ω y R_3 = 15 Ω. Queremos saber la tensión U_2 y la potencia consumida por la R_3.

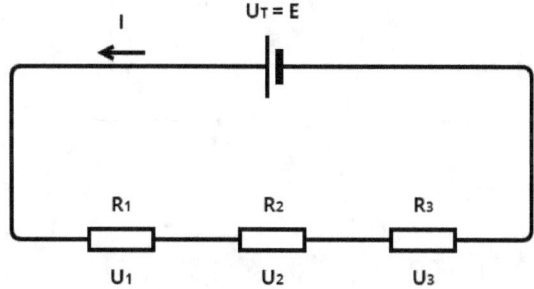

2. En el circuito de la figura conocemos los siguientes valores: R_1 = 25 Ω, R_2 = 10 Ω y R_3 = 15 Ω. Sabiendo que la intensidad por R_1 es de 4 A, queremos saber los valores del resto de intensidades, la potencia que aporta el generador, así como el valor de la resistencia equivalente.

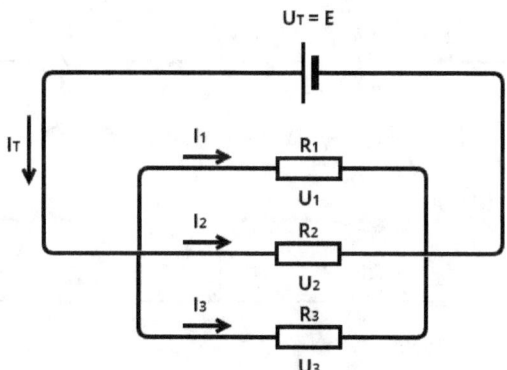

3. En el circuito de la figura conocemos los siguientes valores: $R_2 = 20\ \Omega$ y $R_3 = 15\ \Omega$. Sabiendo que la intensidad por R_3 es de 2 A y la E = 120 V, queremos saber el valor de R_1, así como la potencia consumida por R_2.

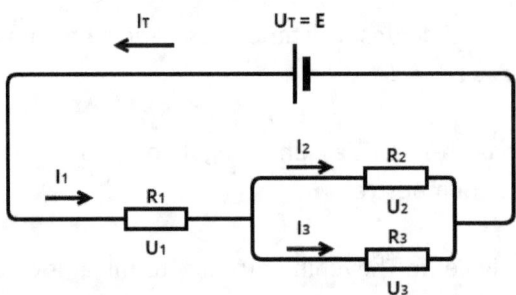

4. Calcula el generador equivalente de tres generadores en serie, siendo la fuerza electromotriz de cada uno de 50 V y la resistencia interna de cada uno de 0,15 Ω.

5. Calcula el generador equivalente de tres generadores en paralelo, siendo la fuerza electromotriz de cada uno de 25 V y la resistencia interna de cada uno de 0,3 Ω.

6. Calcula el equivalente Thevenin y Norton entre los terminales A y B del circuito de la figura, sabiendo que los valores de resistencias y generador son: E = 50 V, R1 = 5 Ω, R2 = 3 Ω y R3 = 16 Ω.

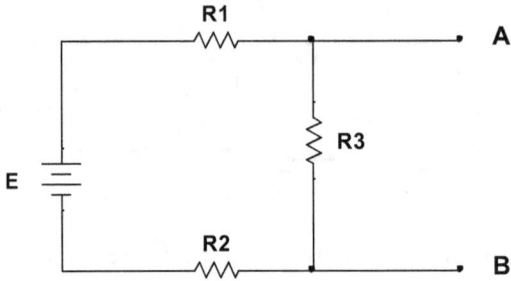

7. Calcula las intensidades del circuito de la figura, aplicando las leyes de Kirchhoff.

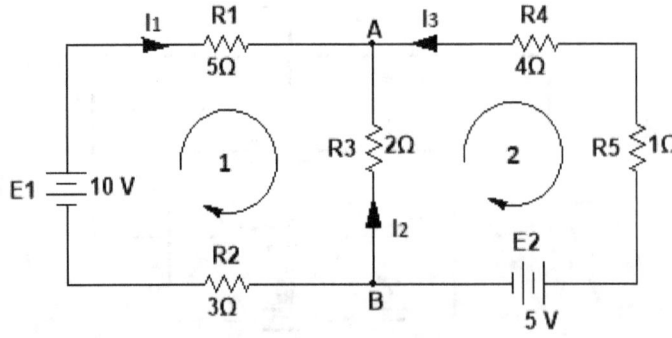

8. Calcula la resistencia equivalente entre los terminales A y B aplicando transformaciones estrella triángulo.

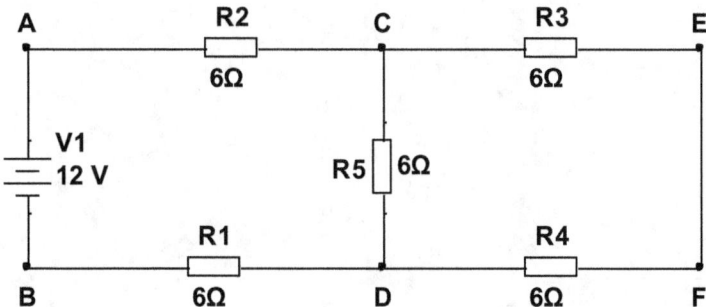

UNIDAD 5
PILAS Y ACUMULADORES

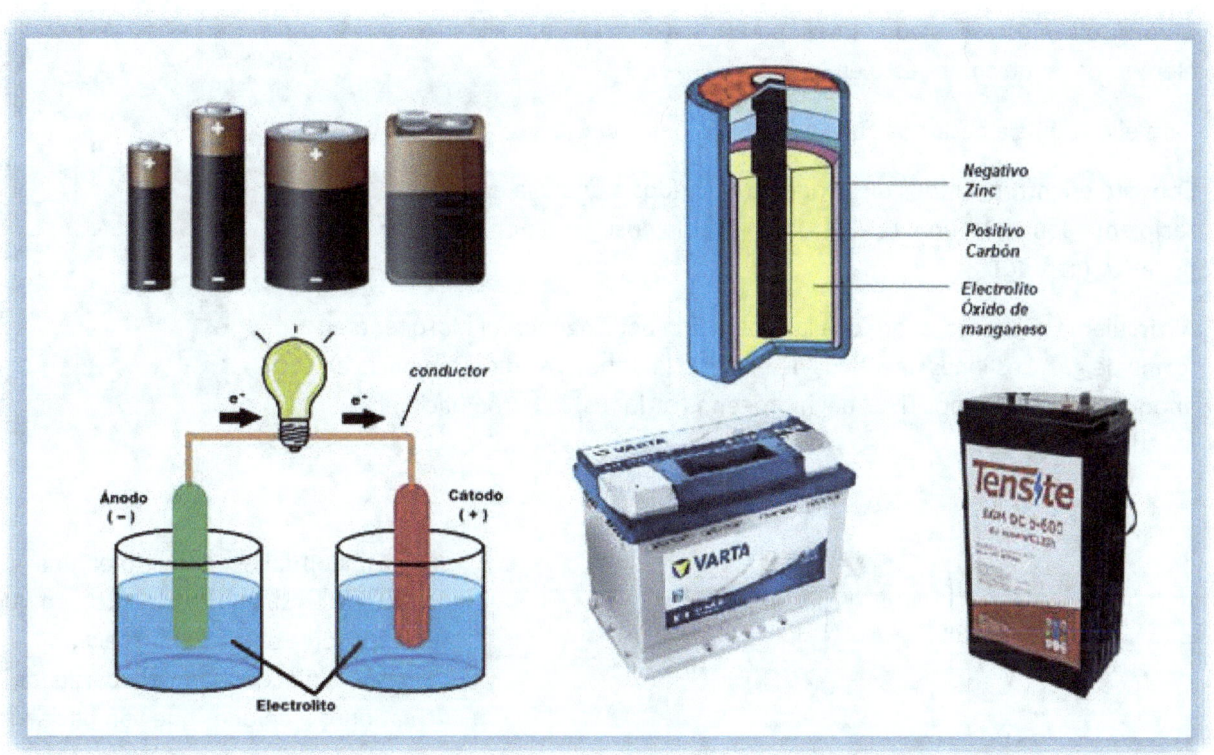

5. PILAS Y ACUMULADORES

5.1. Efecto químico de la electricidad

Pila

Galvanotecnia

El paso de la corriente eléctrica puede llegar a producir cambios químicos en la composición de las sustancias.

Este fenómeno se puede aprovechar, por ejemplo, para que una pila produzca electricidad o también para recubrir de metal una pieza, lo que se denomina galvanotecnia.

5.2. Electrolisis

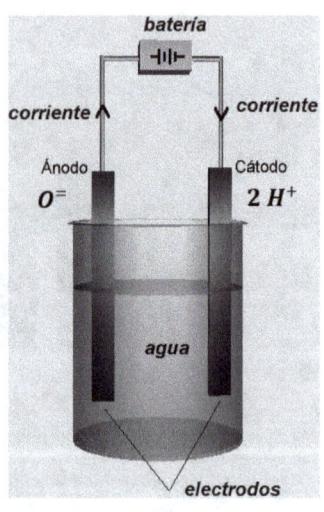

Mediante la electrolisis podemos separar mediante la electricidad los elementos de un compuesto en iones.

Para ello vamos a basarnos en la electrolisis del agua:

Consiste en introducir dos electrodos conectados a una pila en un recipiente con agua, uno de ellos unido al polo positivo (ánodo) y el otro al negativo (cátodo).

Al circular la corriente, producirá la separación del oxígeno del hidrógeno en forma de gas. Los iones negativos de oxígeno (aniones), se dirigirán hacia el ánodo, mientras los positivos del hidrógeno (cationes) lo harán hacia el cátodo.

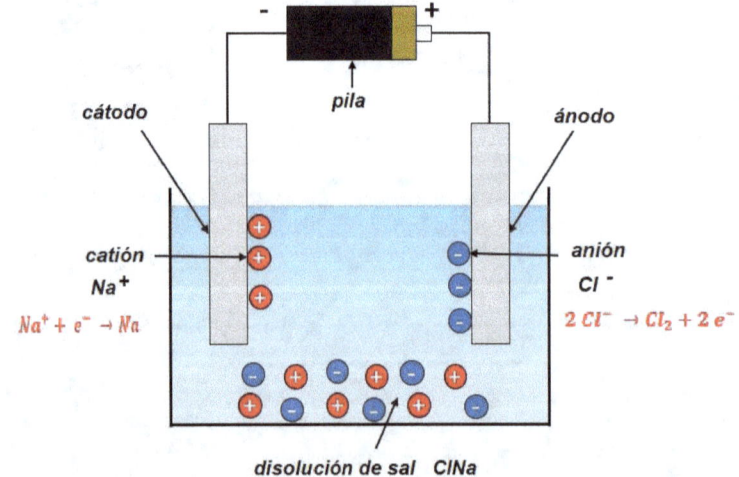

Más habitual es realizarlo en una disolución salina (electrolito), en que se disuelve una sal en agua y al pasar la electricidad se separan los cationes y aniones que van hacia los correspondientes electrodos (cátodo + y ánodo -).

Por ejemplo, si se utiliza una disolución de sal (ClNa) en agua y se le somete a electrolisis, se separan por un lado aniones de cloro **Cl⁻** y cationes de sodio **Na⁺**.

El anión de cloro irá al polo positivo y desprenderá un electrón, formando una molécula de cloro **Cl₂** al juntarse dos átomos:

$$2\ Cl^- \rightarrow Cl_2 + 2\ e^-$$

Por otro lado, un catión de sodio irá al polo negativo y cogerá un electrón, formando una molécula de sodio **Na:**

$$Na^+ + e^- \rightarrow Na$$

5.3. Pilas

- Principio de funcionamiento

Una vez viso el fenómeno de electrolisis vamos a ver como se produce el funcionamiento de una pila.

Consiste en una celda en cuyo interior hay una sustancia o electrolito junto con dos electrodos metálicos, siendo uno de ellos más electropositivo que el otro. La sustancia del electrolito reacciona con los electrodos de forma que los electrodos se van descomponiendo, uno más lentamente que el otro, de forma que uno de ellos se oxida, adquiriendo carga negativa y el otro se reduce adquiriendo carga positiva.

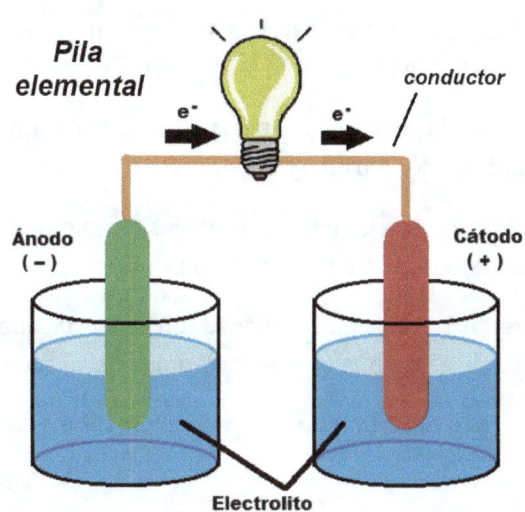

Si se unen los electrodos mediante un conductor, se produce una corriente de electrones externas que va del ánodo el cátodo.

- Tipos de pilas

Pila común o pila seca:

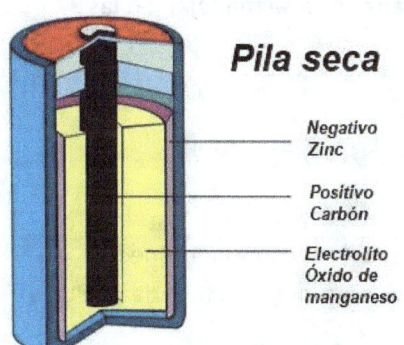

Son de zinc-carbono y están constituidas por un recipiente cilíndrico de zinc que hace de polo negativo y que está relleno de una pasta electrolítica con una barra de carbón en el centro que es el polo positivo (1,5 V). También las hay en forma de paralelepípedo (9 V)

Tienen la ventaja de que apenas se descargan, pero por el contrario son muy contaminantes.

Pila alcalina:

Son de zinc-dióxido de manganeso y se caracterizan por tener una larga vida, siendo su duración unas seis veces más que la seca.

Pueden ser de 1,5 V, 6 V y 9 V.

Pilas alcalinas

5.4. Acumuladores

Tradicionalmente se ha dicho que la diferencia entre el acumulador y la pila es que esta última una vez que se descarga ya queda inutilizable mientras que el acumulador se puede recargar y volver a funcionar de nuevo.

También se denominan baterías, que realmente son un conjunto de acumuladores que permiten que la cantidad de carga disponible sea mayor.

Están formadas por celdas unidas entre sí para aumentar el voltaje y capacidad, según queden conectada en serie o en paralelo.

Hoy en día existen las pilas recargables también, perdiendo en cierta forma sentido la definición anterior que las diferenciaba de la batería o acumulador.

Las baterías se caracterizan por su tensión y su capacidad, siendo esta última la que nos indica la cantidad de carga que pueden acumular y que suele venir expresada en A.h (amperios·hora).

La capacidad de la batería se puede expresar mediante la siguiente fórmula:

$$Q = I \cdot t$$

Q es la carga o capacidad en A.h

I la intensidad en Amperios

t el tiempo en horas

Se puede apreciar que la unidad de la capacidad no se da en el Sistema Internacional, que sería el culombio, debido a que sería una unidad muy pequeña para las cantidades que se manejan en las baterías.

Veamos la relación entre el amperio·h y el culombio:

$$1\,A \cdot h \cdot \frac{3600\,s}{1\,h} = 3600\,A \cdot s = 3600\,C$$

Para evitar deterioros o una disminución de la vida útil de la batería, se suele recomendar que la intensidad a la que se descarga sea entorno al 10 % de su capacidad, por ejemplo, una batería de 300 A·h debería tener una corriente durante la descarga de 30 A.

Hoy en día existen muchos tipos de baterías dependiendo de la aplicación para la que se utilicen, así tenemos baterías para coches cuyas descargas son elevadas y puntuales (arranque), baterías para instalaciones fotovoltaicas cuyas descargas son uniformes sin valores elevados de pico, etc...

Batería automóvil

Batería solar

- Conexión de baterías

Como ya hemos dicho se pueden conseguir tensiones y capacidades diferentes mediante la conexión de baterías en serie o paralelo.

Para aumentar la tensión, conectaremos las celdas o baterías en serie, mientras que, para aumentar la capacidad, las conectaremos en paralelo.

Ejercicio resuelto:

Disponemos de un elemento de batería con las siguientes características: tensión 12 voltios y capacidad 100 A·h. Queremos conseguir un conjunto que nos aporte 48 voltios y 200 A·h.

Primero asociamos elementos en serie para lograr los 48 V, para lo cual necesitamos:

$$\frac{48\ V}{12\ V} = 4\ elementos\ en\ serie$$

Para conseguir los 200 A·h de capacidad, necesitamos:

$$\frac{200\ A \cdot h}{100 A \cdot h} = 2\ ramas\ de\ 4\ elementos\ en\ paralelo$$

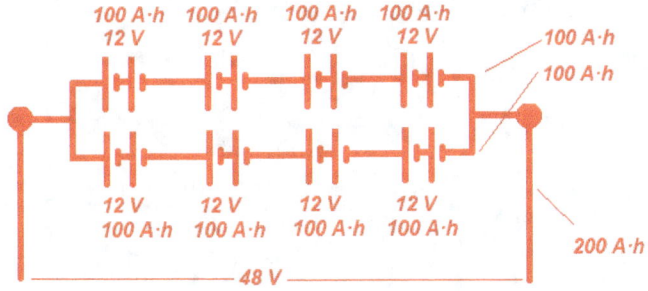

5.5. Actividades

- Cuestiones

1. Define el fenómeno de la electrolisis.

2. ¿En qué consiste la galvanotecnia?

3. Indica los dos principales tipos de pilas, indicando cuál tiene más vida útil.

4. Define la capacidad de una batería, indicando en qué unidades se mide.

5. Indica cómo se consigue aumentar la tensión y la capacidad con un acumulador.

- Ejercicios

1. ¿Qué capacidad debe tener una batería para alimentar durante 10 horas un receptor cuya potencia es de 300 W y trabaja a 48 V?

2. Cuánto tiempo tardará en descargarse una batería de 48 V que tiene una capacidad de 400 A·h si alimenta una instalación de 500 W.

3. Disponemos de 9 baterías de 110 A·h y 24 V cada una. Queremos saber cómo hay que conectarlas para que suministren 72 V con una capacidad de 330 A·h.

4. Disponemos de cuatro baterías de 80 A·h y 24 V cada una. Queremos saber la capacidad y tensión que nos van a proporcionar si las conectamos según el esquema de la figura.

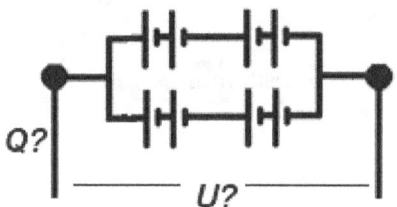

UNIDAD 6
EL CONDENSADOR

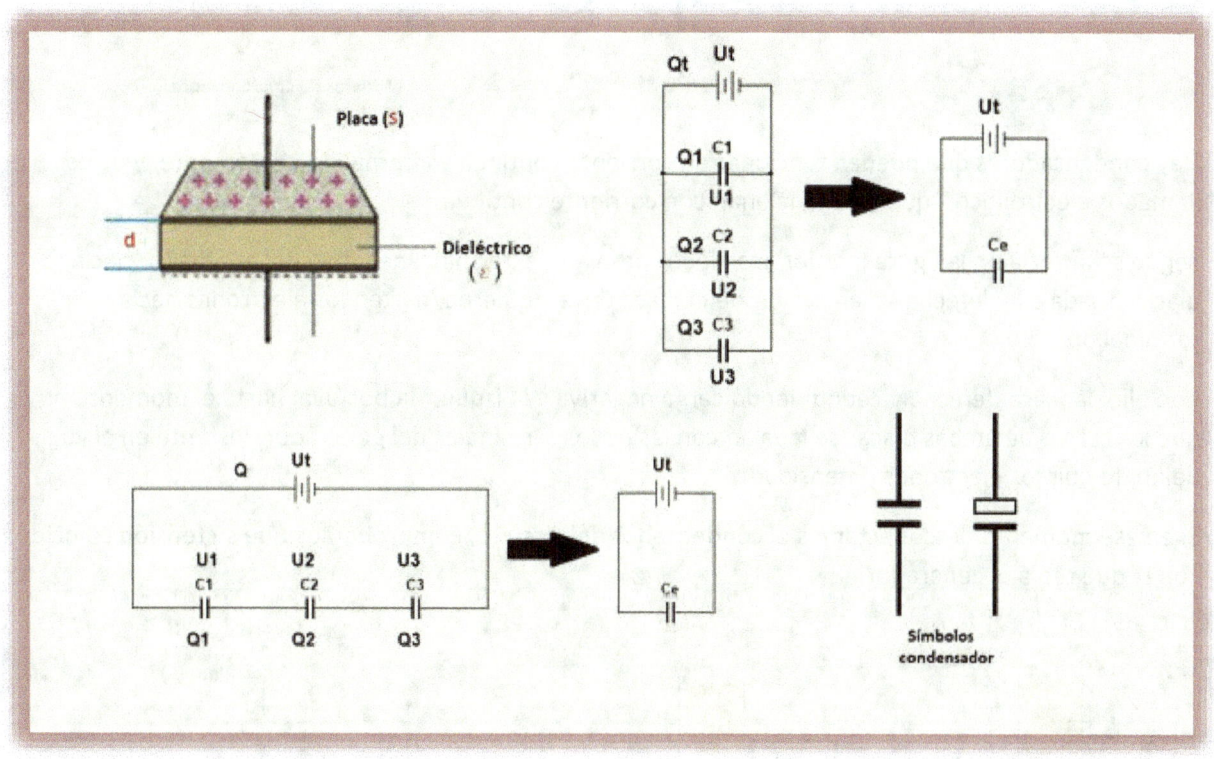

6. EL CONDENSADOR

6.1. Características y funcionamiento

El condensador es un dispositivo que se utiliza en los circuitos eléctricos y electrónicos, capaz de almacenar energía eléctrica mientras se carga y de devolverla al circuito cuando se descarga.

Está constituido por dos placas o superficies conductoras, separadas entre sí mediante un material dieléctrico que no es conductor.

Puede almacenar carga si una vez conectado a un circuito de corriente continua, se desconecta, por lo cual, hay que tener cuidado, ya que entre sus terminales existe una tensión cuando está cargado.

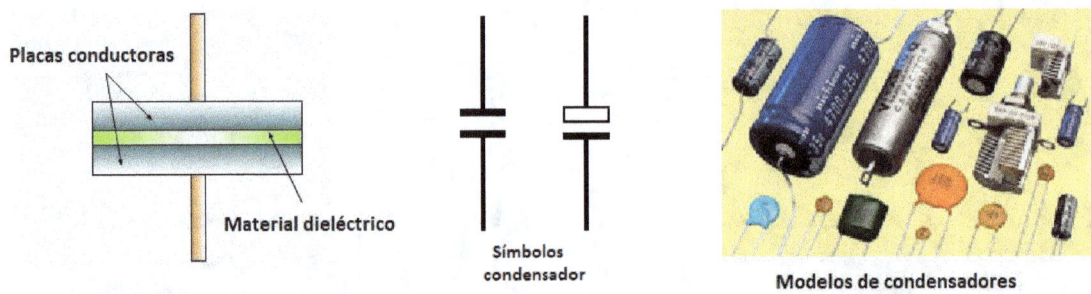

Hay condensadores que pueden funcionar en corriente continua y alterna indistintamente, y otros llamados electrolíticos, que solo funcionan con corriente continua.

Según se aprecia en la figura inferior, los electrones van del terminal negativo del generador hacia la placa situada a la derecha, mientras desde la placa de la izquierda, parten los electrones hacia el terminal positivo.

Con ello, la placa derecha va adquiriendo carga negativa y la izquierda positiva, hasta el momento en que las cargas de ambas placas se igualan con las de los terminales del generador, instante en el cual, dejan de fluir los electrones (intensidad).

Si en ese momento desconectamos el condensador del circuito, comprobamos que su tensión coincide con la que tenía el generador.

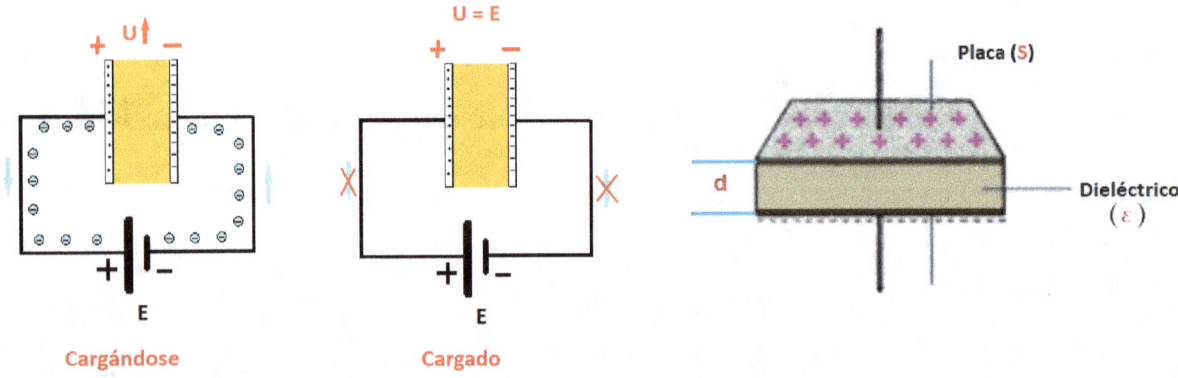

Se puede comprobar que la corriente nunca pasa a través del condensador, impidiéndolo el dieléctrico.

Hay un límite de tensión que soporta el condensador, tal que, si se supera, el dieléctrico se perfora y queda destruido. Es la llamada tensión de ruptura.

6.2. Capacidad y su medida

Al conectar el condensador a un generador de corriente continua, se comienza a cargar hasta que entre ambas placas aparece una diferencia de cargas igual a la tensión del generador, siendo la carga almacenada proporcional a la tensión a que es sometido, siendo la constante de esta proporcionalidad, la llamada capacidad del condensador, representada por una C, y su unidad es el Faradio (F).

Al ser el Faradio una unidad grande, se suelen emplear los submúltiplos (μF, nF, pF), especialmente en condensadores de circuitos electrónicos

Se puede representar la capacidad mediante la siguiente expresión:

$$C = \frac{Q}{U}$$

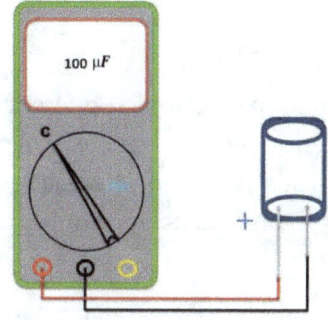

Midiéndose la capacidad en Faradios, la carga en Culombios y la tensión en Voltios

El valor de la capacidad se puede medir mediante un polímetro, situando el selector en la posición correspondiente y conectándolo en paralelo con los terminales del condensador.

El nombre técnico del aparato es capacímetro.

El valor de la capacidad de un condensador, depende de sus características físicas, de la distancia entre sus placas y de su dieléctrico, pudiéndose representar también mediante la expresión:

$$C = \varepsilon_0 \cdot \varepsilon_r \cdot \frac{S}{d}$$

Siendo:

C la capacidad en faradios F

ε_0 la permisividad del vacío, de valor $\frac{1}{4\pi \cdot 10^9}$ F·m^{-1}

ε_r la permisividad relativa del material con respecto al aire $\frac{\varepsilon}{\varepsilon_0}$

S la superficie de las placas en m^2

d la distancia entre placas en m

En la tabla adjunta podemos observar valores de permisividad relativa de diversos materiales

Valores de permisividad relativa	ε_r
Laca	3,5
Papel	3,5
Papel impregnado	5
Papel Kraft	4,5
Petróleo	2,2
Porcelana	6,5
Teflón	2,1
Parafina	2,2
Cuarzo	3,8
Poliestireno	2,6
Vidrio Pyrex	5,6
Pizarra	4
Poliamida	5
Óxido de aluminio	5,9

Ejercicio resuelto:

Queremos saber la capacidad de un condensador cuyas placas tienen una dimensión de 8x4 cm, separadas entre sí 2 mm y siendo su dieléctrico de poliestireno.

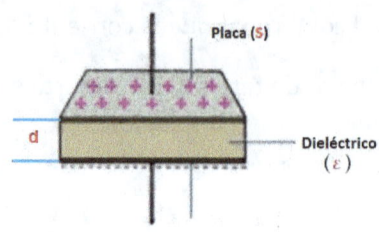

Aplicando la expresión de la capacidad, tendremos:

$$C = \varepsilon_0 \cdot \varepsilon_r \cdot \frac{S}{d} = \frac{1}{4\pi \cdot 10^9} \cdot 2{,}6 \cdot \frac{8 \cdot 4 \cdot 10^{-4}}{2 \cdot 10^{-3}} = 10{,}4 \cdot 10^{-10} = 1{,}04 \cdot 10^{-9}\, F = \mathbf{1{,}04\, nF}$$

6.3. Carga y descarga del condensador

- Carga

Durante el proceso de carga, se aplica una tensión a los terminales del condensador, haciéndolo mediante una resistencia para evitar que la carga se realice de forma instantánea, como podemos apreciar en la figura.

En principio el condensador está descargado y en sus placas no hay carga.

Conforme se va cargando, la diferencia de carga entre el terminal positivo del generador y su homólogo del condensador se va haciendo cada vez menor, hasta que se igualan y deja de circular la corriente, ocurriendo los mismo entre el terminal negativo y su homólogo.

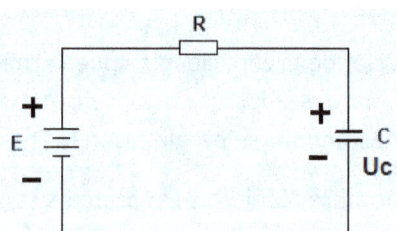

En el momento en que se igualan las cargas de los terminales, la tensión del condensador Uc coincide con la del generador E.

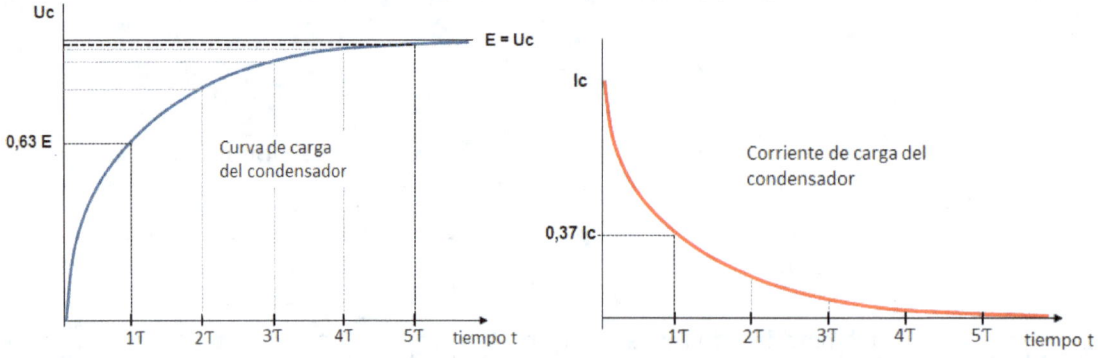

Podemos ver las curvas de la tensión e intensidad del condensador durante el proceso de carga. Observamos que el tiempo total de carga está dividido en cinco partes, siendo cada una de ellas lo que denominamos constante de tiempo τ, que se puede definir como el tiempo que tarda el condensador en adquirir el 63 % total de su carga, observándose que la intensidad disminuye un 63 % en ese mismo tiempo durante el proceso de carga.

Esta constante de carga se calcula como el producto de la resistencia por la capacidad:

$$\tau = R \cdot C$$

Ejercicio resuelto:

Calcula la constante de tiempo de un condensador de 100 μF que se carga a través de una resistencia de 30 kΩ.

Aplicando la fórmula de la constante de carga, tenemos:

$$\tau = R \cdot C = 30 \cdot 10^3 \cdot 100 \cdot 10^{-6} = 3\ s$$

Se puede considerar que el tiempo total de carga es de cinco veces esa constante de carga τ:

$$t = 5 \cdot \tau$$

- Descarga

Si una vez cargado el condensador, le desconectamos y le colocamos una resistencia, se descargará, a una intensidad que será máxima al principio, que irá disminuyendo hasta anularse cuando se haya descargado por completo., como podemos apreciar en la gráfica.

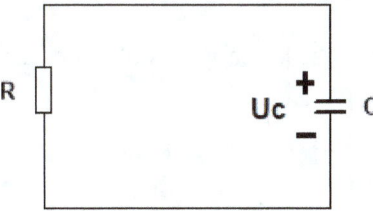

El hecho de que disminuya la intensidad se debe a que, al ir descargándose, la tensión en el condensador va disminuyendo, y por tanto la intensidad, como se deduce de su fórmula.

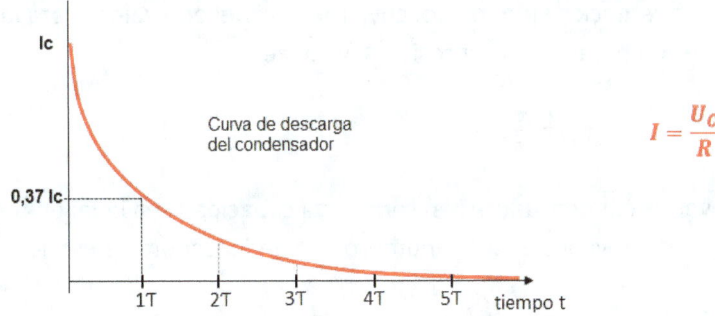

$$I = \frac{U_C}{R}$$

La constante de tiempo y el tiempo de descarga del condensador, coinciden con los de la carga, siempre que la resistencia sea la misma.

6.4. Asociación en serie de condensadores

Vamos a ver como se asocian condensadores en paralelo y los valores que se consiguen al hacerlo.

Para ello vamos a tener en cuenta que la carga, es sinónimo de corriente eléctrica y, por tanto, al conectarse condensadores en serie, la carga en cada uno de ellos será la misma, repartiéndose entre ellos la tensión aplicada al conjunto.

Al final, obtendremos un solo condensador equivalente.

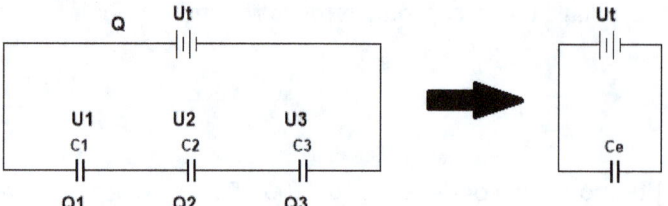

Al tratarse de un circuito serie, tendremos que:

$$U_T = U_1 + U_2 + U_3$$

De la fórmula de la capacidad $C = \frac{Q}{U}$, despejamos la tensión $U = \frac{Q}{C}$, y sustituimos en la expresión anterior:

$$\frac{Q_T}{C_E} = \frac{Q_1}{C_1} + \frac{Q_2}{C_2} + \frac{Q_3}{C_3}$$

Al ser todas las cargas iguales, por estar en serie, y llamando a la carga Q:

$$\frac{Q}{C_E} = \frac{Q}{C_1} + \frac{Q}{C_2} + \frac{Q}{C_3}$$

Por último, dividimos toda la expresión entre Q y obtenemos el valor de la capacidad total equivalente:

$$\frac{1}{C_E} = \frac{1}{C_1} + \frac{1}{C_2} + \frac{1}{C_3}$$

Al igual que ocurría en el caso de las resistencias en paralelo, cuya fórmula del equivalente era la misma, cuando se trata de dos condensadores en paralelo, la expresión se reduce a:

$$C_E = \frac{C_1 \cdot C_2}{C_1 + C_2}$$

De la misma manera, en el caso de varios condensadores en serie cuya capacidad sea igual en todos, su capacidad equivalente será la de uno solo dividida entre el número de condensadores en serie:

$$C_E = \frac{C_i}{n}$$

Ejemplo resuelto:

Queremos conseguir un condensador con capacidad de 30 μF y disponemos de condensadores de 120 μF. Indicar cuántos deberemos conectar en serie:

Despejando de la fórmula el número de condensadores:

$$n = \frac{C_i}{C_E} = \frac{120}{30} = 4\ condensadores$$

6.5. Asociación en paralelo de condensadores

En el caso de la asociación de condensadores en paralelo, tendremos que la tensión en todos ellos será la misma y coincidirá con la del generador.

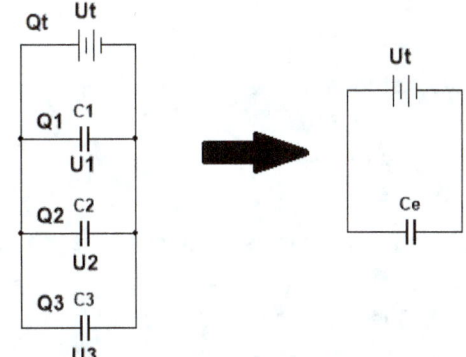

En cuando a la carga, de forma análoga a lo que ocurre con la intensidad, la carga que llega del generador, será la suma de las cargas que se van a cada condensador.

Vamos a ver cómo se consigue el condensador equivalente cuando tenemos varios en paralelo.

Vamos a partir de que la carga total que aporta el generador coincide con la suma de las cargas de cada condensador:

$$Q_T = Q_1 + Q_2 + Q_3$$

Teniendo en cuenta que la carga se puede expresar como $Q = C \cdot U$ y sustituyendo en la expresión anterior, tendremos:

$$C_E \cdot U_T = C_1 \cdot U_1 + C_2 \cdot U_2 + C_3 \cdot U_3$$

Al ser todas las tensiones iguales, las llamaremos U, quedando:

$$C_E \cdot U = C_1 \cdot U + C_2 \cdot U + C_3 \cdot U$$

Por último, dividiendo toda la expresión entre la tensión U, obtenemos la fórmula de la capacidad equivalente de varios condensadores en paralelo:

$$C_E = C_1 + C_2 + C_3$$

6.6. Asociación mixta de condensadores

Al igual que ocurría con las resistencias, para calcular el equivalente de varios condensadores, unos en serie y otros en paralelo, se procede a calcular los equivalentes de todos los condensadores que estén en paralelo, para a continuación, asociarlos con el resto de condensadores en serie.

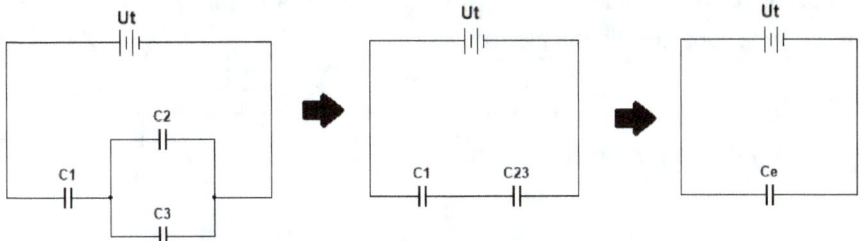

La expresión para determinar la capacidad equivalente sería la siguiente:

$$C_E = \frac{C_1 \cdot C_{23}}{C_1 + C_{23}}$$

Previamente se calculará el equivalente C_{23}, como:

$$C_{23} = C_2 + C_3$$

6.7. Actividades

- Cuestiones

1. Indica las partes de un condensador, señalando el tipo de material de cada una de ellas.

2. ¿Qué es la tensión de ruptura de un condensador?

3. ¿Qué es un condensador electrolítico?

4. Indica con que aparato se mide la capacidad y cómo se debe conectar.

5. Indica cómo influyen las características físicas de las placas y el dieléctrico en el valor de la capacidad de un condensador.

6. Define la constante de tiempo de un condensador.

7. ¿Cómo se consiguen capacidades más elevadas, conectando condensadores en serie o en paralelo?, pon un ejemplo.

- Ejercicios

1. Calcula la carga que adquiere un condensador de 20 pF, conectado a una tensión de 100 V.

2. ¿Cuál será el espesor del dieléctrico de un condensador de 250 pF, sabiendo que es de óxido de aluminio y sus placas tienen por dimensiones 10x4 cm?

3. ¿En cuánto tiempo se produce la carga de un condensador de 25 µF, conectado en serie con una resistencia de 3 kΩ?

4. En el circuito de la figura, calcular las tensiones de los condensadores 2 y 3, así como la tensión del generador y la capacidad equivalente:

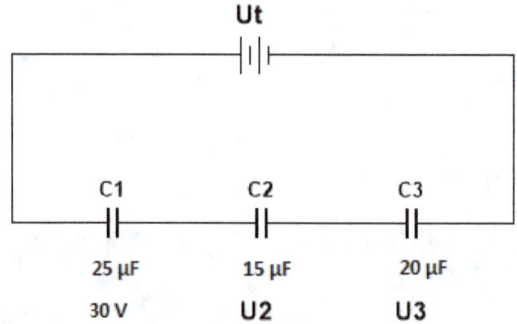

5. En el circuito de la figura, calcular los valores que faltan, así como la capacidad equivalente:

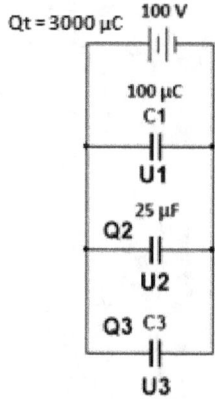

6. En el circuito de la figura, calcular las tensiones y cargas de cada condensador, así como la capacidad equivalente:

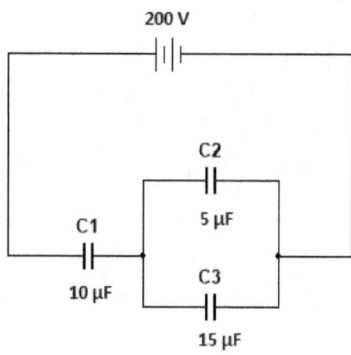

UNIDAD 7
ELECTROMAGNETISMO

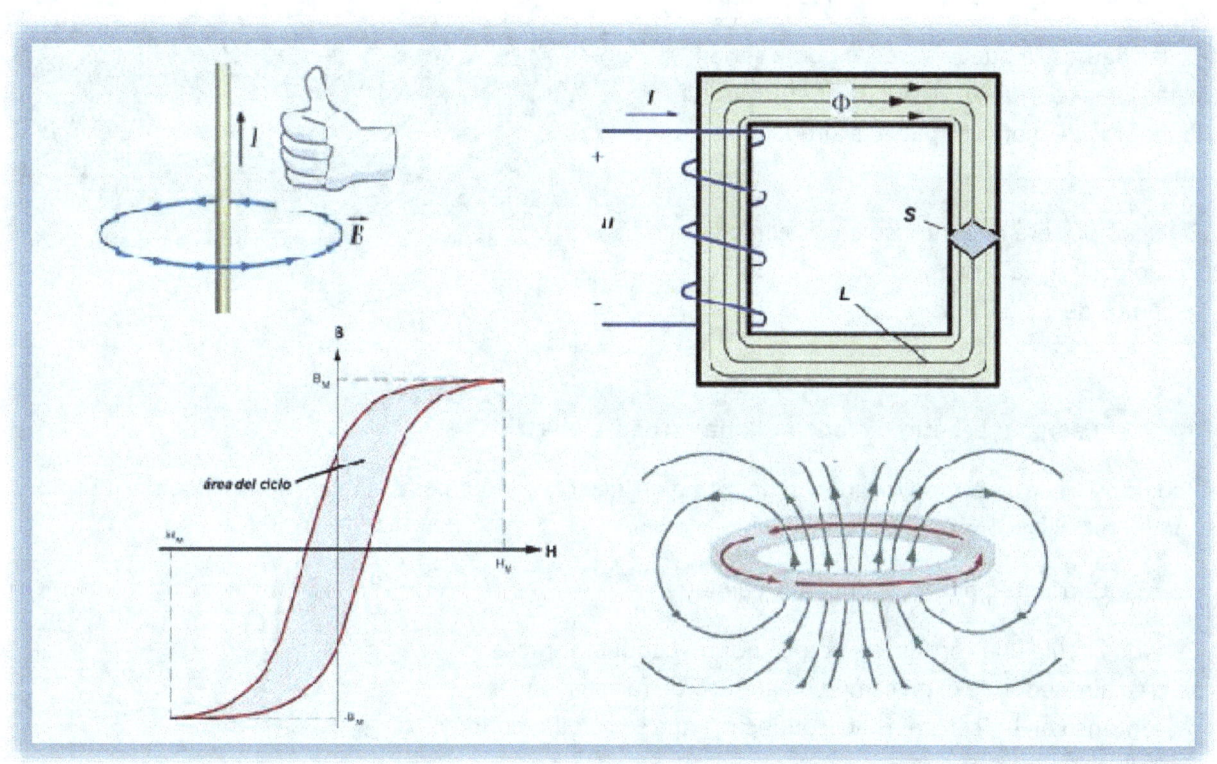

7. ELECTROMAGNETISMO

7.1. Magnetismo

El magnetismo es un fenómeno por el que se generan campos de fuerzas, y pueden ser provocados por el paso de corriente por un conductor o por las partículas de ciertos materiales denominados ferromagnéticos.

7.2. Campo magnético creado por un imán

Hay en la naturaleza materiales en los que se pueden observar propiedades magnéticas, lo que llamamos imanes naturales.

Todo imán tiene dos polos, uno denominado norte y otro sur, y del polo norte salen las líneas del campo magnético para cerrarse por el sur.

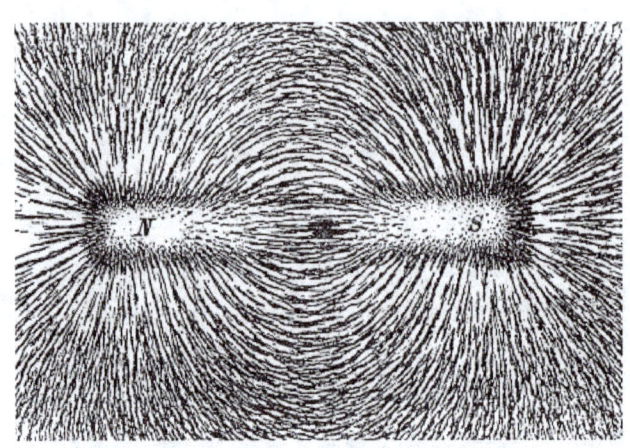

En las figuras se puede apreciar cómo serían estas líneas de fuerza viendo la orientación de limaduras de hierro dispuestas alrededor de un imán.

Este campo será más intenso en las cercanías de los polos, y se va desvaneciendo cuando nos alejamos de los mismos.

Líneas de fuerza del campo magnético de un imán

7.3. Campo magnético creado por una corriente eléctrica

Podemos crear un campo magnético de forma artificial haciendo pasar una corriente eléctrica por un conductor, tal y como ocurre con los electroimanes.

- Corriente por un conductor rectilíneo

Cuando circula una corriente eléctrica por un conductor recto, se crea alrededor de él un campo magnético de forma circular, más intenso en las cercanías del conductor, que se va diluyendo cuando nos alejamos de él.

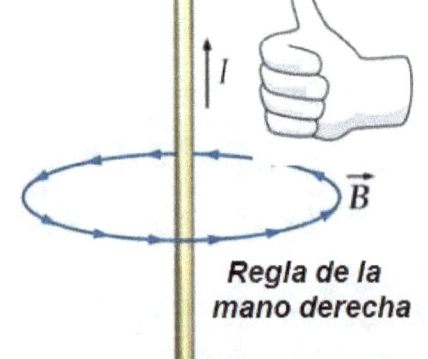

Regla de la mano derecha

Para determinar el sentido de las líneas de fuerza de ese campo magnético, podemos hacer uso de la regla de la mano derecha, tal y como se aprecia en la figura.

Colocando el pulgar en el sentido de la corriente, el resto de los dedos indican en qué sentido van las líneas de fuerza del campo magnética.

- Corriente por una espira

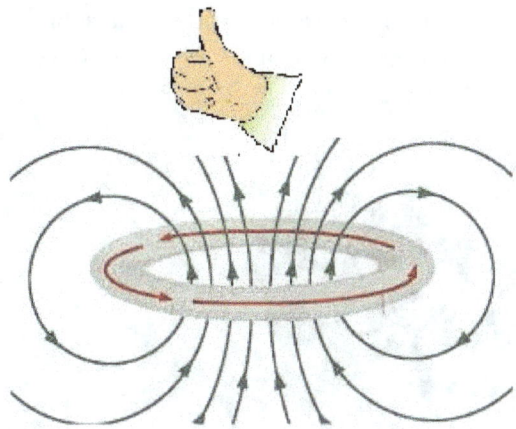

Cuando se trata de una espira, se puede observar, como vemos en la figura, que el campo magnético creado, se concentra en el interior de la espira.

En este caso para saber la dirección del campo magnético, podemos aplicar también la regla de la mano derecha, abrazando con los dedos en sentido de la corriente, el pulgar nos va a indicar el sentido que tendrán las líneas de fuerza del campo magnético, como se puede apreciar en la figura.

- Corriente por una bobina

En el caso de una bobina, tenemos un conjunto de espiras conectadas en serie, y en este caso el campo de cada una de ellas, se suma al conjunto de la bobina, siendo de esta manera similar a un imán artificial, en el que el campo sale por uno de los lados de la bobina, entrando por el otro.

El sentido del campo se puede determinar aplicando la regla de la mano derecha, tal y como se aprecia en la figura.

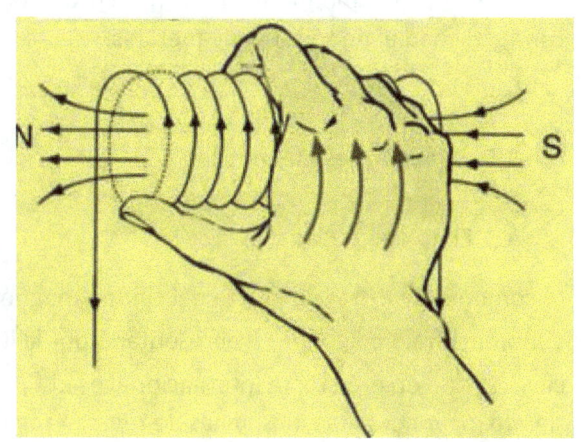

7.4. Materiales magnéticos

Hay diferentes tipos de materiales magnéticos, dependiendo de cómo se comporten frente a campos magnéticos.

- Diamagnéticos

Cuando se les aplica un campo magnético, aparece en ellos otro muy débil de sentido contrario al que se aplica y, por ello, suelen ser repelidos por un campo magnético.

Son ejemplos el plomo, el mercurio, la plata, etc.

- Paramagnéticos

Cuando se les aplica un campo magnético, aparece en ellos otro muy débil, del mismo sentido al que se aplica.

Son ejemplos el aluminio, el magnesio, el oro, etc.

- Ferromagnéticos

Son materiales metálicos que presentan su propio campo magnético sin necesidad de que actúe sobre ellos un campo externo, y que cuando se les aplica, su campo se ve reforzado en el mismo sentido.

Son ejemplos el níquel, el hierro, el cobalto, etc.

- Ferrimagnéticos o ferritas

Son óxidos de magnetita que presentan propiedades similares a los ferromagnéticos, pero de menor conductividad al no tratarse de metales.

7.5. Magnitudes magnéticas

- Flujo magnético

Al conjunto de líneas de fuerza del campo magnético se le denomina flujo magnético, representado por la letra Φ, cuya unidad en el Sistema Internacional es el Weber Wb, y siendo mayor cuantas más líneas de fuerza tenga el campo.

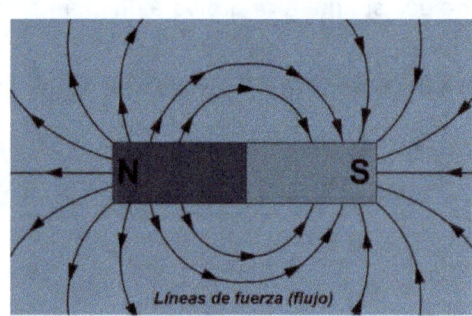

- Inducción magnética

A la cantidad de líneas de fuerza que atraviesan perpendicularmente una superficie, se le denomina inducción magnética, representada por la letra B, y siendo su unidad en el Sistema Internacional el Tesla T.

Se puede representar mediante la siguiente expresión, con sus unidades entre paréntesis:

$$B\ (T) = \frac{\phi\ (Wb)}{S\ (m^2)}$$

En caso de no ser perpendicular el flujo con la superficie, tendremos:

$$\phi = \vec{B} \cdot \vec{S} = B \cdot S \cdot cos\alpha$$

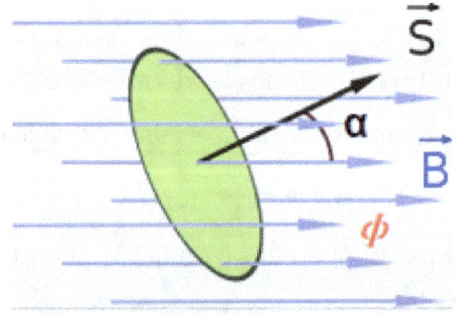

Y, por tanto:

$$\vec{B} = \frac{\phi}{\vec{S} \cdot cos\alpha}$$

- Fuerza magnetomotriz

Se considera como la capacidad que tiene una bobina para generar un campo magnético, y depende del número de espiras y de la intensidad que las recorre.

Se expresa mediante la fórmula siguiente:

$$\mathcal{F} = N \cdot I$$

Siendo:

$\mathcal{F}$ la fuerza magnetomotriz en amperios·vuelta **A·v**

N el número de espiras (vueltas)

I la intensidad en amperios **A**

- Intensidad de campo magnético

Nos indica lo intenso que es el campo magnético, y va a depender, además del número de espiras que tenga una bobina, de la longitud que esta tenga, pues el campo se va dispersando a lo largo de la bobina y cuanto más corta sea, menos será la dispersión. De otra manera, cuanto más juntas estén las espiras, mayor será la intensidad del campo.

Su expresión es la siguiente:

$$\mathcal{H} = \frac{N \cdot I}{L}$$

Siendo:

$\mathcal{H}$ la intensidad del campo en **A·v/m**

N el número de espiras (vueltas)

I la intensidad en amperios **A**

L la longitud de la bobina en metros **m**

- Permeabilidad magnética

Nos permite conocer la facilidad que presenta un material para que circulen a través de él las líneas de fuerza de un campo magnético, es decir, cómo de intenso es el campo cuando lo atraviesa.

Se puede expresar mediante la siguiente fórmula:

$$\mu = \frac{\mathcal{B}}{\mathcal{H}}$$

Sus unidades en el Sistema Internacional son henrios entre metro **H/m**

El valor de la permeabilidad magnética del aire (vacío), es constante, y viene dado por:

$$\mu_0 = 4\pi \cdot 10^{-7} \, H/m$$

7.6. Curvas de magnetización

Hemos dicho que cuando a un material se le somete a un campo magnético, aparece en él un campo magnético que aumenta cuanto mayor sea el campo externo.

Esto se cumple solamente en el vacío, pues en el resto de materiales, llega un momento en que, aunque se aumente la intensidad del campo externo, su campo magnético ya no crece más, lo que es lo mismo, ha alcanzado la saturación magnética.

Este fenómeno se explica porque los materiales ferromagnéticos están formados por pequeñas partículas que se asimilan a un imán: cuando son sometidos a un campo externo, estas partículas se van orientando y van produciendo un campo cada vez mayor, pero llegado un momento, cuando están totalmente orientadas todas en la misma dirección, ya no producen más campo, pues es el máximo que pueden generar.

Todo esto se aprecia en las curvas de magnetización: se comprueba que en el aire el aumento es proporcional en todo momento, mientras que, en un material ferromagnético, crece de forma lineal al principio, llegando un momento (saturación) en que, aunque siga aumentando la intensidad de campo aplicada, ya no aumenta su inducción.

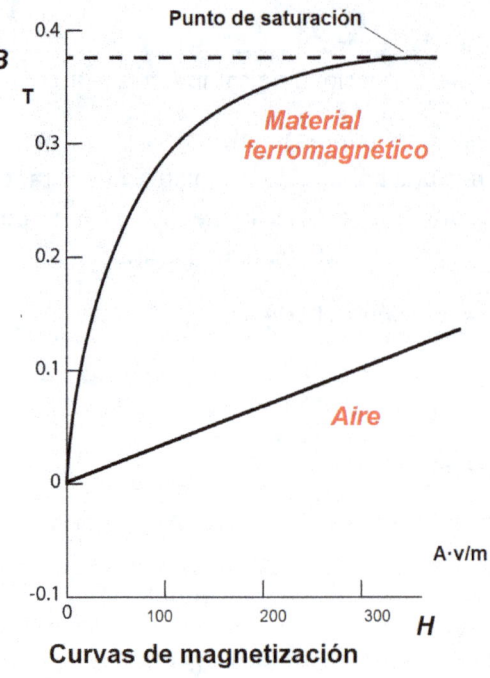

Curvas de magnetización

Se puede observar que la permeabilidad coincide con la pendiente de la curva/recta de la gráfica al ser $\mu = \frac{\mathcal{B}}{\mathcal{H}}$ y que en el aire (vacío) tiene un valor constante, mientras que en el material ferromagnético su valor cambia descendiendo conforme nos acercamos al punto de saturación.

Debajo podemos ver una tabla con los puntos de las curvas de magnetización de tres materiales ferromagnéticos:

Inducción $\mathcal{B}$ en Teslas T	Intensidad de campo $\mathcal{H}$ en A·v/m		
	Chapa normal	Chapa con silicio	Hierro forjado
0,1	50	90	80
0,3	65	140	120
0,5	100	170	160
0,7	180	240	230
0,9	360	350	400
1,1	675	530	650
1,3	1200	1300	1000
1,5	2200	5000	2400
1,6	3500	9000	5300
1,7	6000	15500	7000
1,8	10000	27500	11000
1,9	16000	------	17000
2	32000	------	27000

7.7. Histéresis magnética

La histéresis magnética se produce cuando se somete un material ferromagnético a un campo magnético variable como es el producido por una bobina cuando es sometida a una corriente alterna senoidal.

Podemos ver en la figura la curva de histéresis que refleja cómo responde el material cuando se le aplica esta excitación alterna.

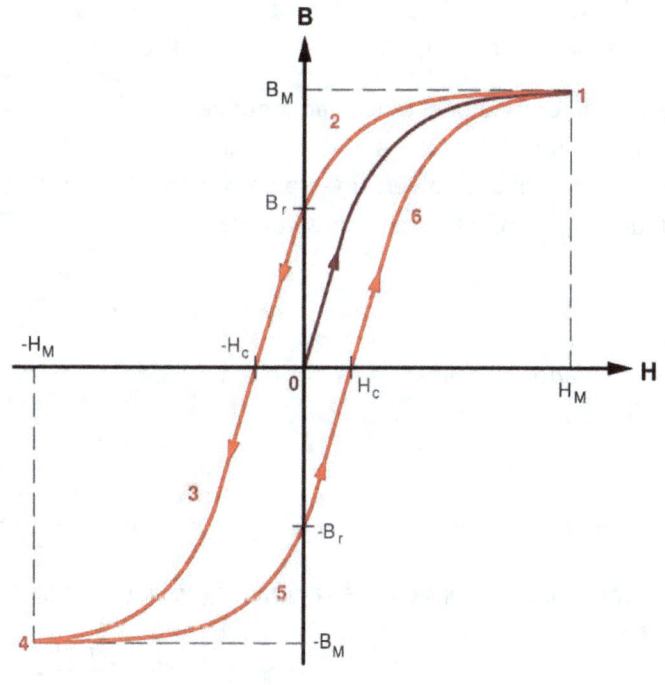

Suponiendo que el material no ha sido sometido a una magnetización anterior, cuando se le somete por primera vez, la inducción que presenta seguiría la curva que va del 0 al 1, aumentando mientras aumenta la excitación magnética $\mathcal{H}$ alterna hasta alcanzar su valor máximo $\mathcal{B}_M$.

A continuación, la excitación $\mathcal{H}$ comienza a disminuir y se puede apreciar que cuando se hace nula, el material mantiene una inducción $\mathcal{B}_r$ llamada remanente.

La excitación $\mathcal{H}$ comienza a aumentar de nuevo pero en sentido contrario (negativo), hasta un valor $-\mathcal{H}_c$ llamado campo coercitivo, y que es la necesaria para anular la inducción remanente $\mathcal{B}_r$.

Sigue aumentado la excitación negativa hasta su valor máximo $-\mathcal{H}_M$, alcanzando el material su inducción máxima en sentido contrario $-\mathcal{B}_M$.

A continuación, la excitación vuelve a disminuir hasta volver a hacerse nula, momento en que el material presenta de nuevo una inducción remanente, en este caso negativa $-\mathcal{B}_r$.

Por último, la excitación comienza a crecer de nuevo en sentido positivo hasta que la inducción del material se vuelve a anular, siendo $\mathcal{H}_c$, el valor necesario para que eso ocurra.

Luego seguiría creciendo la excitación hasta volver a alcanzar su valor máximo $\mathcal{H}_M$, momento en que la inducción del material volvería a ser máxima $\mathcal{B}_M$,y ya se seguiría repitiendo el ciclo de manera indefinida hasta que cesara la excitación.

Esto es lo que se denomina ciclo de histéresis de un material ferromagnético, a partir del cual se pueden clasificar en materiales duros, cuya inducción remante es elevada y permiten obtener imanes permanentes, y otros denominados materiales dulces o blandos, de baja inducción remanente y mayor permeabilidad, que se utilizan para la fabricación de circuitos magnéticos (contactores, relés, transformadores, etc...).

7.8. Circuitos magnéticos

Los circuitos magnéticos están constituidos por un conjunto de líneas de fuerza magnéticas que están delimitadas por una superficie por cuyo interior circula un flujo magnético Φ.

Para entender mejor el funcionamiento de estos circuitos, vamos a ver los que dice la Ley de Hopkinson, y esto es, que el flujo que atraviesa un circuito magnético es directamente proporcional a su fuerza magnetomotriz $\mathcal{F}$, e inversamente proporcional a su reluctancia $\mathcal{R}$, que es la oposición que presenta el circuito al paso del flujo, siendo su expresión:

$$\Phi = \frac{\mathcal{F}}{\mathcal{R}}$$

Por otro lado, la reluctancia se expresa mediante la siguiente fórmula, incluyendo unidades entre paréntesis:

$$\mathcal{R}\left(H^{-1}\right) = \frac{L\,(m)}{\mu\left(\frac{H}{m}\right) \cdot S\,(m^2)}$$

Sabiendo que la intensidad de campo magnético tiene por expresión:

$$\mathcal{H} = \frac{N \cdot I}{L} = \frac{\mathcal{F}}{L}$$

Podemos expresar la fuerza magnetomotriz como:

$$\mathcal{F} = \mathcal{H} \cdot L$$

Esta última expresión nos va a servir para la resolución de circuitos magnéticos, como podemos ver en el siguiente ejemplo:

Tenemos el circuito de la figura, de forma cuadrada de lado exterior 40 cm y, siendo la sección de 5x5 cm, y la bobina tiene 500 espiras. Sabiendo que el material es chapa de silicio, queremos saber la intensidad que hay que aplicar para que en su interior se produzca una inducción de 1,5 Teslas.

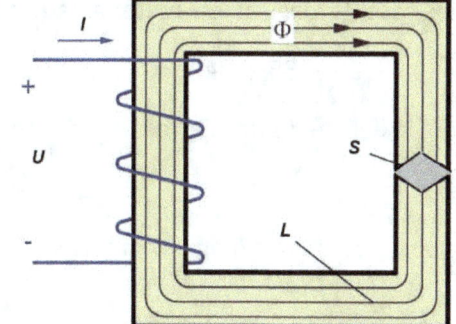

Vamos a calcular en principio la longitud L que recorre el flujo, debiendo considerar para ello la línea media del circuito.

Teniendo en cuenta que el cuadrado exterior, es de 40 cm de lado, el lado del cuadrado de la línea media que recorre el flujo, se calcula como la diferencia del lado exterior menos las dos mitades a cada lado que tiene el espesor, dado por el lado de la sección que es de 5 cm. Con todo ello, el lado de la línea media será de 35 cm, y por tanto la longitud L será:

$$L = 4 \cdot l = 4 \cdot 35 = 140 \ cm$$

Para calcular la intensidad de campo $\mathcal{H}$ a lo largo del circuito, hacemos uso de la tabla de la curva de magnetización del silicio que está en el apartado 7.6 de curvas de magnetización, y que para la inducción de 1,5 Teslas el corresponde un valor de 5000 A·v/m.

De la expresión:

$$\mathcal{F} = N \cdot I = \mathcal{H} \cdot L$$

Despejamos finalmente el valor de la intensidad:

$$I = \frac{\mathcal{H} \cdot L}{N} = \frac{5000 \cdot 140 \cdot 10^{-2}}{500} = 14 \ A$$

Hay otro tipo de circuitos, en los que no todo el recorrido es material ferromagnético, sino que presentan pequeños entrehierros, o lo que es lo mismo, espacios de aire en el circuito.

La manera de resolverlos es considerando la fuera magnetomotriz total como suma de la necesaria para atravesar la parte de material ferromagnético más la necesaria para atravesar el entrehierro.

Veamos el ejemplo anterior, suponiendo que hubiera un entrehierro como se ve en la nueva figura de una longitud de 5 mm.

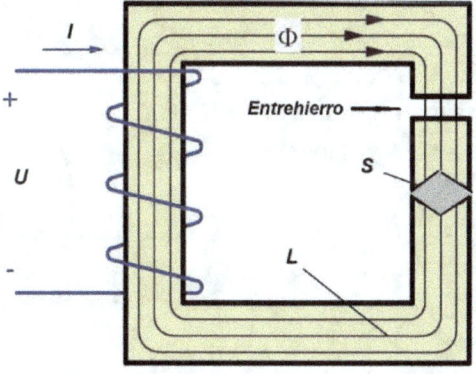

En este caso, la longitud del material ferromagnético sería:

$L_{Fe} = 35 + 35 + 35 + 34{,}5 = 135{,}5 \ cm$

Siendo, la del aire (entrehierro):

$L_o = 0{,}5 \ cm$

En este caso, la fuerza magnetomotriz se expresaría como:

$\mathcal{F} = N \cdot I = \mathcal{H}_{Fe} \cdot L_{Fe} + \mathcal{H}_o \cdot L_o$

Para calcular la intensidad de campo en el entrehierro $\mathcal{H}_o$, hacemos uso del valor conocido de su permeabilidad, aplicando la fórmula:

$\mathcal{H}_o = \dfrac{B}{\mu_o} = \dfrac{1{,}5}{4\pi \cdot 10^{-7}} = 1{,}193662 \cdot 10^6 \ A \cdot v/m$

Ya podemos despejar la intensidad de la fórmula de la fuerza magnetomotriz:

$I = \dfrac{\mathcal{H}_{Fe} \cdot L_{Fe} + \mathcal{H}_o \cdot L_o}{N} = \dfrac{5000 \cdot 135{,}5 \cdot 10^{-2} + 1{,}193662 \cdot 10^6 \cdot 0{,}5 \cdot 10^{-2}}{500} = \dfrac{6775 + 5968{,}31}{500}$

$I = 13{,}55 + 11{,}93 = \mathbf{25{,}48 \ A}$

- Pérdidas en los circuitos magnéticos

Dentro de un circuito magnético se producen pérdidas en el propio material ferromagnético que son de dos tipos, por histéresis y por corrientes de Foucault.

Las pérdidas por histéresis se producen por el ciclo que se produce ya comentado anteriormente y son proporcionales al área del ciclo, aumentando también con la frecuencia con que se repite, que coincide con la frecuencia de la corriente alterna aplicada a la bobina.

Las pérdidas por corrientes de Foucault se deben a que al ser materiales conductores los materiales ferromagnéticos por ser metales, al ser atravesados por un flujo magnético variable, se producen en ellos fuerzas electromotrices que provocan corrientes en su interior llamadas parásitas, provocando estas unas pérdidas.

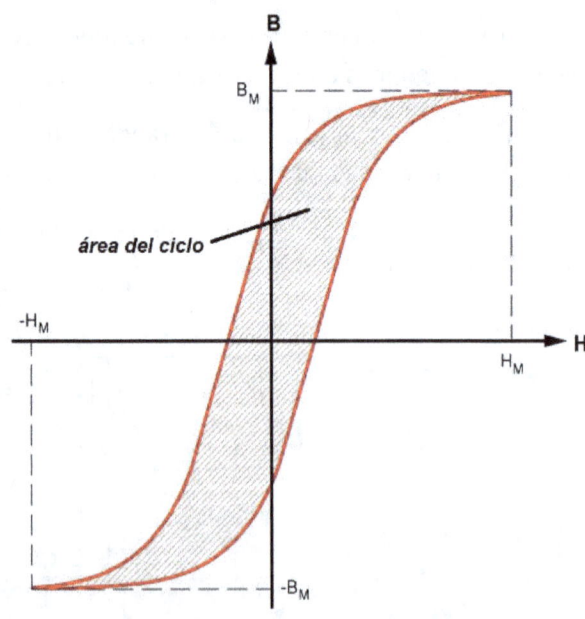

Para reducir estas corrientes los núcleos de los circuitos se fabrican con chapas aisladas entre sí, reduciendo así las pérdidas.

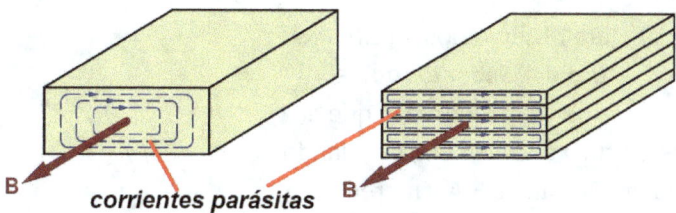

corrientes parásitas

7.9. Actividades

- Cuestiones

1. Indica cuáles son los polos de un imán y la dirección de sus líneas de fuerza.

2. Indica cómo se comportan los materiales diamagnéticos, poniendo ejemplos de ellos.

3. Indica cómo se comportan los materiales paramagnéticos, poniendo ejemplos de ellos.

4. Indica cómo se comportan los materiales ferromagnéticos, poniendo ejemplos de ellos.

5. Indica cómo se comportan los materiales ferrimagnéticos, poniendo ejemplos de ellos.

6. Define la permeabilidad magnética.

7. ¿Qué es el punto de saturación de un material ferromagnético?

8. Define lo que son el campo coercitivo y la inducción remanente.

9. Diferencia entre los materiales ferromagnéticos duros y blandos.

10. ¿Cuáles son los dos tipos de pérdidas magnéticas que se producen en un circuito magnético?

- Ejercicios

1. Calcula el flujo que atraviesa una sección circular de 4 cm de radio cuando es atravesada por una inducción de 1,2 T.

2. Queremos fabricar un electroimán con una bobina por la que va a circular una corriente de 5 A, cuyo interior es un núcleo de hierro forjado de una longitud de 30 cm. Se necesita saber qué número de espiras necesarios para que tenga una inducción de 1,5 T.

3. Calcula el flujo que atraviesa una sección cuadrada de 10 cm de lado, cuando se la somete a una inducción de 1 T que forma un ángulo de 30° con la perpendicular a la superficie.

4. En el circuito de la figura observamos un circuito magnético de forma toroidal. Sabemos que el núcleo de la bobina es de chapa normal y que el diámetro D es de 20 cm y el d de 4 cm, circulando por la bobina una intensidad de 5 A. Queremos saber el número de espiras que debe tener la bobina para que su inducción sea de 1,3 T, así como el flujo por el circuito.

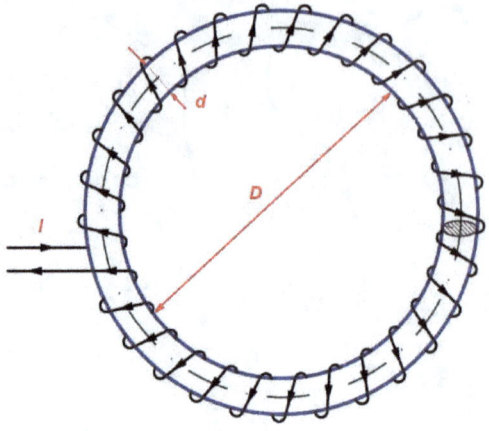

5. En el circuito de la figura observamos un circuito magnético de forma toroidal. Sabemos que el núcleo de la bobina es de chapa con silicio y que el diámetro D es de 20 cm y el d de 4 cm, teniendo la bobina 2000 espiras. Tiene un entrehierro, cuyo arco tiene una longitud media de 2 mm y queremos saber la intensidad que hay que hacer circular por la bobina para que la inducción por el núcleo sea de 1,5 T.

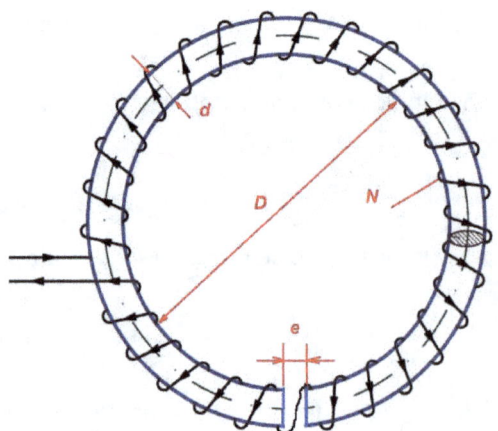

UNIDAD 8
INTERACCIÓN ENTRE CAMPO MAGNÉTICO Y CORRIENTE ELÉCTRICA

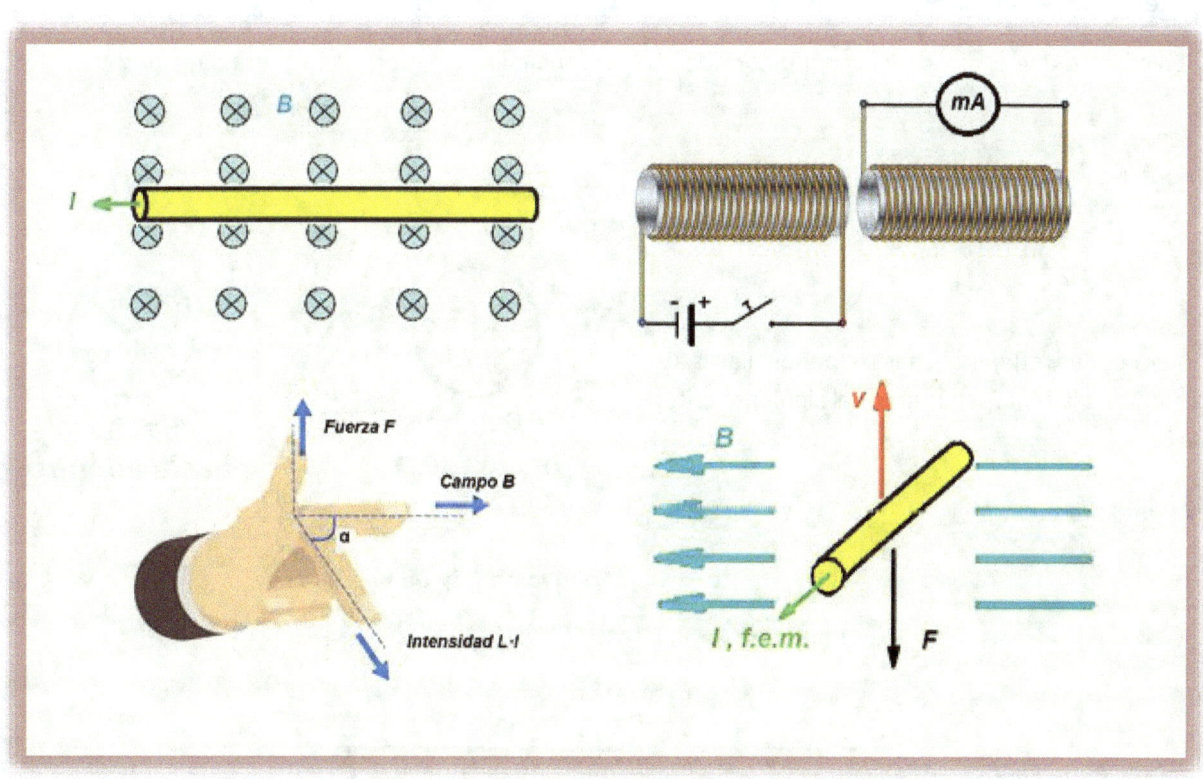

8. INTERACCIÓN ENTRE CAMPO MAGNÉTICO Y CORRIENTE ELÉCTRICA

8.1. Fuerzas sobre corrientes en el interior de campos magnéticos

Cuando tenemos un conductor recto por el que circula una corriente eléctrica en el interior de un campo magnético perpendicular a él, se produce en el conductor una fuerza perpendicular al plano formado por campo e intensidad, cuyo sentido se puede determinar mediante la regla de la mano izquierda, estando el índice en dirección del campo, el corazón de la intensidad, y el pulgar señalando el sentido de la fuerza.

El valor de la fuerza vendrá dado por la siguiente expresión:

$$F = L \cdot I \cdot B \quad (Ley\ de\ Laplace)$$

Siendo:

F la **fuerza** en newton **N**

L la **longitud** del conductor en metros **m**

I la **intensidad** en amperios **A**

B el **campo** en teslas **T**

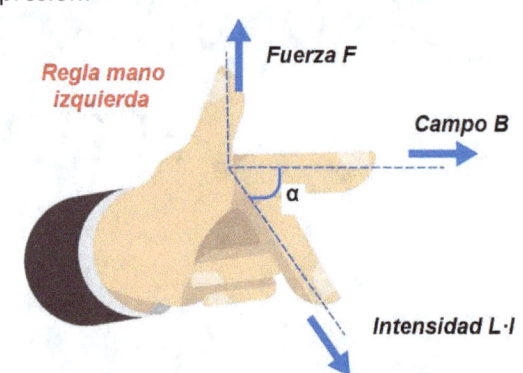

En caso de que el campo y el conductor no sean perpendiculares, la fórmula vendrá dada por:

$$F = L \cdot I \cdot B \cdot sen\ \alpha$$

Siendo α el ángulo que forman el campo y el conductor

Para poder reflejar flechas perpendiculares al plano de la hoja, seguiremos el siguiente criterio:

Flecha hacia fuera

Flecha hacia adentro

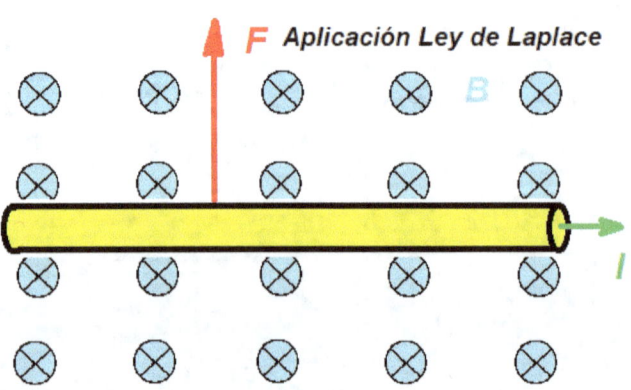

Aplicación Ley de Laplace

8.2. Definición de amperio

A partir de la ley de Laplace, se puede definir el amperio, como la corriente que circula por un conductor de un metro de longitud, cuando al estar sometido a un campo perpendicular de un Tesla, aparece en él una fuera de un Newton.

8.3. Fuerza electromotriz inducida

Cuando tenemos un conductor recto que se mueve con una velocidad *v* perpendicular a un campo magnético, se produce en el conductor una fuerza electromotriz perpendicular al plano formado por campo y movimiento, cuyo sentido se puede determinar mediante la regla de la mano derecha, estando el índice en dirección del campo, el corazón de la intensidad que provoca la fuerza electromotriz y el pulgar señalando el sentido del movimiento.

El valor de la fuerza electromotriz vendrá dado, por:

$$E = L \cdot v \cdot B$$

Siendo:

E la **fuerza electromotriz** en voltios **V**

L la **longitud** del conductor en metros **m**

v la **velocidad** en metros por segundo **m/s**

$\mathcal{B}$ el **campo** en teslas **T**

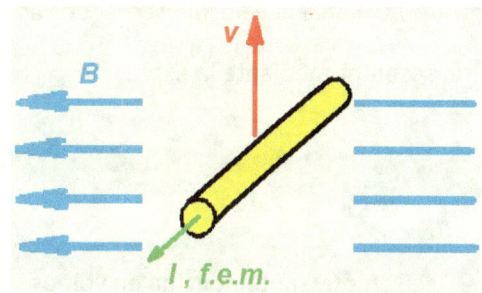

En caso de que el campo y la velocidad no sean perpendiculares, la fórmula vendrá dada por:

$$E = L \cdot v \cdot B \cdot sen\ \alpha$$

Siendo α el ángulo que forman el campo y la velocidad

8.4. Experiencia y ley de Faraday

La experiencia de Faraday sirve para explicar el fenómeno de la inducción electromagnética.

Vamos a explicarla ayudados de la figura adjunta:

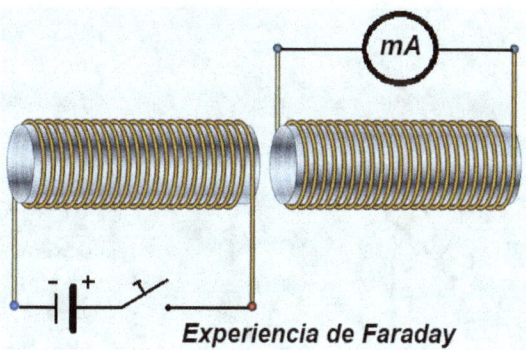

Experiencia de Faraday

Se utilizan dos bobinas, una alimentada por una fuente de corriente continua y otra conectada a un galvanómetro, aparato capaz de medir pequeñas corrientes en ambos sentidos.

Disponemos de un pulsador que permite cerrar el circuito de la bobina primera para poder hacer circular corriente cerrándolo o interrumpirla al dejar de pulsarlo.

Al cerrar el pulsador y circular corriente por la primera bobina, se produce un flujo en su interior que atraviesa la segunda bobina, produciéndose en ella una pequeña corriente.

Al soltar el pulsador, se interrumpe la corriente y en ese momento desaparece el flujo que se transmite a la segunda bobina, momento en el cual, se produce una nueva corriente, pero en sentido contrario que mide el galvanómetro.

Con esto se demuestra que al variar de cero a su valor máximo el flujo en la segunda bobina, ha generado en ella una fuera electromotriz al cerrar el pulsador y al abrirlo, cuando el flujo vuelve de su máximo valor a cero, se produce una fuerza electromotriz en sentido contrario.

Todo ello llevó a enunciar la ley de Faraday que dice que la fuerza electromotriz que se produce en una bobina es proporcional a la velocidad con que varía el flujo que se produce en ella y de sentido opuesto.

Se puede representar mediante la expresión:

$$e = -N \cdot \frac{\Delta \phi}{\Delta t}$$

Siendo:

e la fuerza electromotriz autoinducida en voltios V
N el número de espiras de la bobina
Δϕ la variación del flujo en weber Wb
Δt la variación del tiempo en segundos s

8.5. Sentido de la f.e.m. y ley de Lenz

El sentido de la fuerza electromotriz en un conductor sometido a un campo magnético viene determinado por lo que dice la ley de Lenz, que se enuncia así:

El sentido de la corriente inducida en un conductor, es tal, que se opone a la causa que la produce.

Se puede entender con la figura empleada para explicar la fuerza electromotriz que aparece en un conductor rectilíneo:

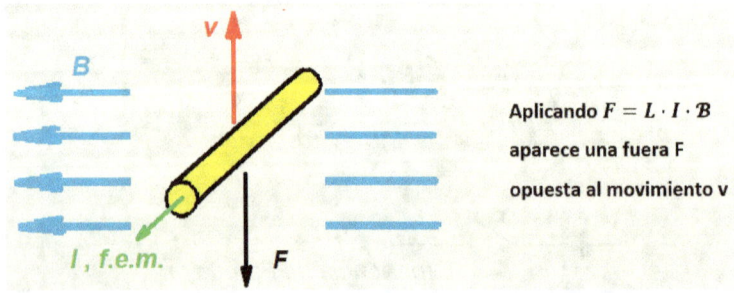

La fuerza electromotriz la produce la velocidad con que se mueve el conductor. Si nos fijamos en la intensidad que produce esa fuerza electromotriz, observamos que al actuar con el campo B, produciría una fuera hacia abajo, es decir en dirección contraria a la velocidad con la que se mueve el conductor. También se puede apreciar con la fórmula de la ley de Faraday:

$$e = -N \cdot \frac{\Delta \phi}{\Delta t}$$

Se aprecia que la fuerza electromotriz, varia en sentido contrario a como lo hace el flujo que la produce.

8.6. Corrientes de Foucault

Las corrientes de Foucault, también llamadas corrientes parásitas, se producen en los materiales ferromagnéticos cuando son atravesados por un flujo magnético debido a que son metales y, como tales, son conductores.

El efecto por el que se producen es similar al que ocurre cuando por un conductor circula una corriente en que se produce un campo magnético circular pero, al contrario, aquí lo que circula es un flujo magnético que produce unas corrientes en forma de círculos concéntricos.

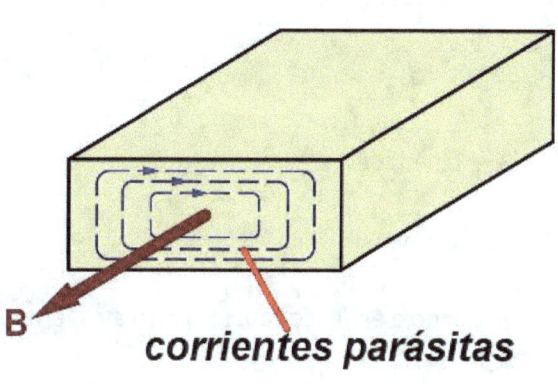

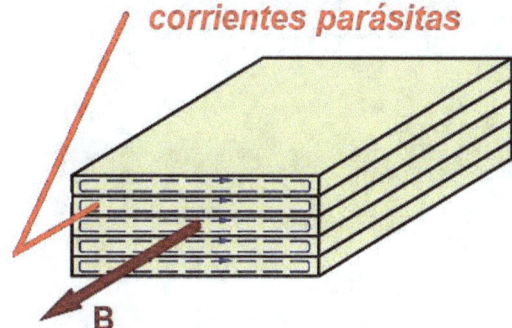

Se las llama parásitas, por el hecho de que lo que hacen es producir calor por efecto Joule que se acaba perdiendo.

A la hora de fabricar circuitos magnéticos, para reducir este efecto perjudicial se utilizan chapas delgadas de manera que se reduzcan estas pérdidas por las corrientes parásitas, que no pueden pasar de una chapa a otra por estar aisladas entre sí.

8.7. Fuerza electromotriz autoinducida

Como vimos en la ley de Faraday, cuando varia el flujo por una bobina, se produce en ella una fuerza electromotriz que crea a su vez su propio flujo magnético, y que, por la ley de Lenz, tiende a oponerse a la causa que la produjo, es decir, se opone a la variación del flujo inicial.

La capacidad que tiene una bobina para autoinducirse se representa con la letra L, y se denomina coeficiente de autoinducción, midiéndose en henrios H.

Esta autoinducción se puede expresar como:

$$L = \frac{\Delta \Phi}{\Delta I}$$

Siendo:

L el coeficiente de autoinducción en Henrios **H**

ΔΦ la variación de flujo en weber **Wb**

ΔI la variación de intensidad en amperios **A**

Pudiendo expresarse la fuerza electromotriz de autoinducción, como:

$$e_{aut} = - L \cdot \frac{\Delta I}{\Delta t}$$

8.8. Actividades

- Cuestiones

1. ¿Qué ocurre en un conductor recto atravesado por una corriente al someterle a un campo magnético?

2. ¿Qué ocurre en un conductor recto que se mueve en el interior de un campo magnético?

3. ¿Qué dice la ley de Faraday?

4. ¿Qué dice la ley de Lenz?

5. ¿Qué son las corrientes de Foucault?

6. Define el coeficiente de autoinducción de una bobina.

- Ejercicios

1. Indica el valor y el sentido de la fuerza que actuará sobre el conductor de la figura, sabiendo que su longitud es de 50 cm y su intensidad de 2 A, si la inducción que lo atraviesa tiene un valor de 2 T.

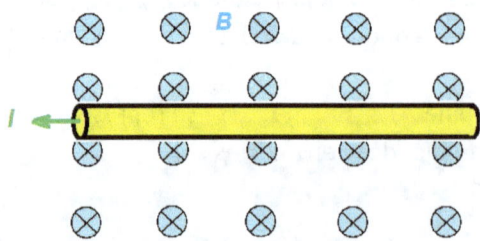

2. Indicar el valor de la fuerza electromotriz que aparecerá, así como su sentido, en el conductor de la figura, si se mueve con una velocidad de 5 m/s y mide 30 cm, siendo la inducción del campo de 1,5 T.

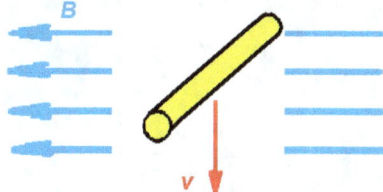

3. Qué variación de flujo experimenta una bobina de 1000 espiras cuando en tres segundos produce una fuerza electromotriz inducida de 100 V.

4. Disponemos de una bobina de coeficiente de autoinducción de 150 mH, Queremos saber qué variación de intensidad experimentará, al variar el flujo que la atraviesa en 10 Wb.

5. Cuál es el coeficiente de autoinducción de una bobina en la que se genera una fuerza electromotriz de autoinducción de 25 V, al producirse en 5 ms una variación de intensidad de 2 A.

UNIDAD 9
CORRIENTE ALTERNA MONOFÁSICA

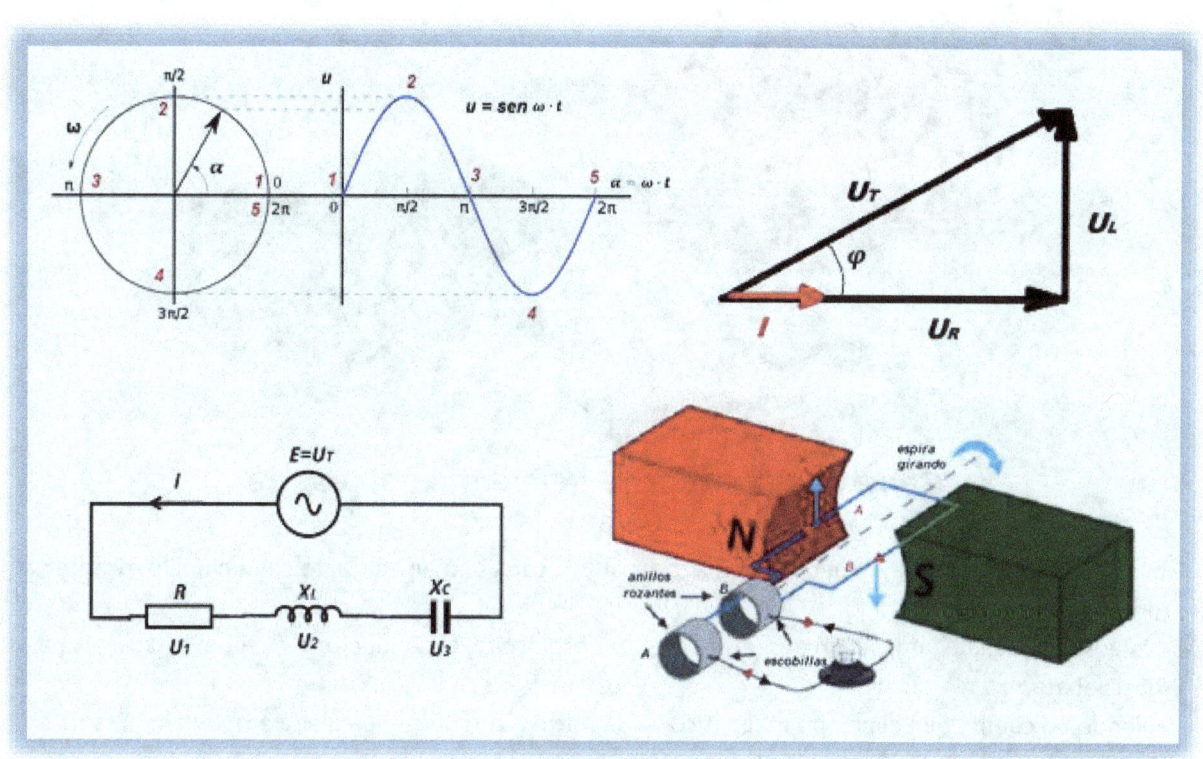

9. CORRIENTE ALTERNA MONOFÁSICA

9.1. Ventajas y su generación

La corriente alterna presenta varias ventajas frente a la corriente continua, y es por ello que es la más utilizada en la vida real:

- ✓ La tensión se puede modificar mediante transformadores, algo que no ocurre con la continua.
- ✓ Se puede transformar fácilmente en corriente continua mediante rectificadores.
- ✓ Los motores y generadores que trabajan con corriente alterna tienen un mantenimiento mejor y más fácil que los de continua.
- ✓ Se puede transportar a grandes distancias sin grandes pérdidas elevando la tensión para disminuir la intensidad, ahorrando en secciones de conductor y en pérdidas por efecto Joule.

- Generación

Para entender como se genera la corriente alterna nos vamos a fijar en la figura:

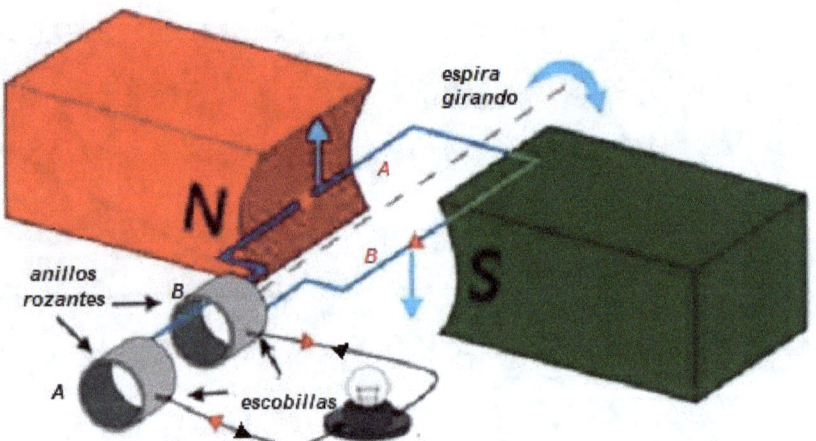

Generación de corriente alterna con espira

Observamos que la espira tiene dos conductores, A y B, cada uno en contacto con un anillo rozante en todo momento.
En la posición de la figura, según el sentido de giro de la espira, el conductor A se mueve hacia arriba y el B hacia abajo.
Teniendo en cuenta que el campo magnético va de norte a sur, perpendicular a ambos vectores de movimiento, si aplicamos la regla de la mano izquierda a cada conductor, obtenemos que las intensidades en cada uno de ellos van en el sentido de las flechas.
Cuando la espira haya girado 180°, el conductor A y el B, intercambian sus posiciones, y ahora la intensidad que llega a sus respectivos anillos, cambia de sentido, como se indica en las flechas negras.
En el resto de posiciones de cada conductor, al no ser el movimiento perpendicular al campo magnético, los valores de la intensidad van variando según una función senoidal, generándose así en los anillos una onda senoidal alterna de tensión.

En la siguiente figura podemos ver los valores de la tensión senoidal que se van produciendo cuando la espira da una vuelta completa.

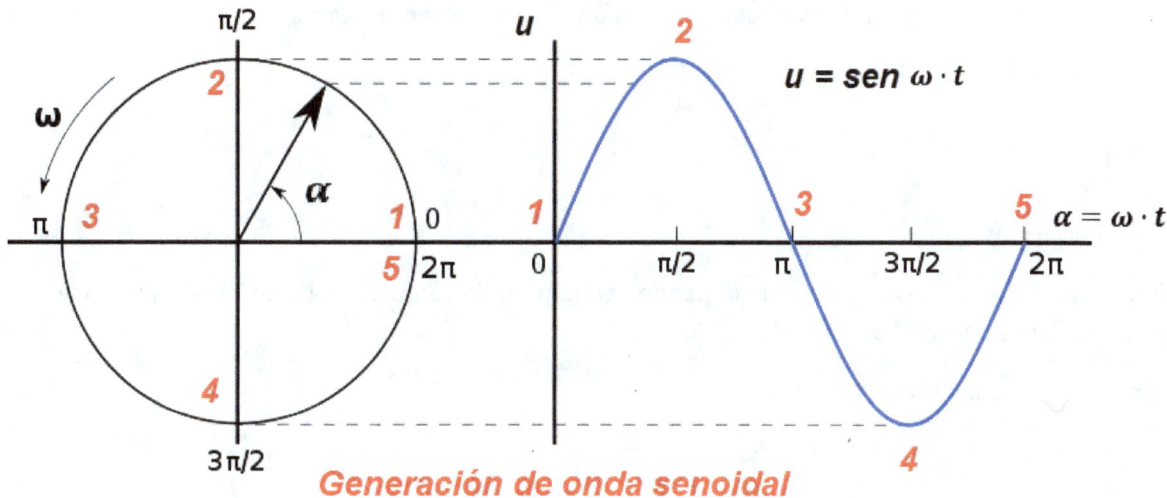

Generación de onda senoidal

Cuando los dos conductores de la espira están arriba y abajo, se están moviendo paralelos al campo, formando 0° con este y por tanto la tensión que generan es nula (posición 1), al girar 90°, en la posición 2, los conductores se mueven perpendicularmente al campo, siendo entonces su tensión generada máxima; en la posición 3, vuelven a moverse paralelos al campo y su tensión vuelve a ser nula, para luego ir aumentando negativamente hasta la posición 4, en que se hace máxima la tensión en sentido negativo, para volver a hacerse cero al llegar a la posición 5 donde termina la vuelta completa y comienza el ciclo de nuevo.

9.2. Valores característicos

Veamos los valores que son más significativos en una corriente alterna monofásica.

- Valor instantáneo

Viene dado por la siguiente ecuación:

$$u = U_{máx} \cdot sen\ \omega t$$

u es el valor que alcanza la tensión de la onda senoidal en cada instante en voltios **V**

$U_{máx}$ es el máximo valor que alcanza la tensión en voltios **V**

ω es la pulsación o velocidad angular con que gira la espira en radianes partido por segundo **rad/s**

t es el instante en que medimos la tensión de la onda en segundos **s**

- Valor máximo

Se denomina también amplitud, que coincide con el máximo valor que alcanza la tensión de la onda y tiene un valor positivo y otro negativo.

- Valor eficaz

Es aquel valor de la tensión que causaría los mismos efectos en un receptor que una corriente continua de ese mismo valor.

Suele ser el valor por el que representamos la tensión de una corriente alterna.

Se mide en voltios y se calcula a partir del valor máximo como:

$$U_{ef} = \frac{U_{máx}}{\sqrt{2}}$$

- Pulsación

Es la velocidad de giro de la espira, que depende del número de vueltas que da en cada segundo, y se mide en radianes partido por segundo rad/s.

Veremos que se puede calcular como:

$$\omega = 2\pi \cdot f = \frac{2\pi}{T}$$

- Frecuencia

Viene dada por el número de veces que se repite la onda cada segundo y se mide en hertzios Hz o ciclos/s.

Se representa por una *f* y se puede calcular como la inversa del período:

$$f = \frac{1}{T}$$

- Período

Es el tiempo que tarda en producirse cada onda en segundos *s*, se representa con una *T* y se puede calcular como la inversa de la frecuencia:

$$T = \frac{1}{f}$$

En la onda senoidal de la figura se pueden observar los valores característicos de la onda senoidal de corriente alterna.

En el eje x están reflejados los ángulos correspondientes a una vuelta, que es lo que tarda en producirse cada onda.

Se pueden observar los dos valores máximos que toma la tensión, así como el valor eficaz que tendría una tensión continua que produjese los mismos efectos que la onda alterna.

Ejercicio resuelto:

Calcular el tiempo que tarda en producirse cada onda de la corriente alterna cuya frecuencia es de 50 Hz.

Es el tiempo que hemos denominado período al ser el que tarda en producirse la onda y, por tanto:

$$T = \frac{1}{f} = \frac{1}{50} = 0,02\ s = 20\ ms$$

Ejercicio resuelto:

Qué valor tendrá una tensión de valor eficaz 230 V cuando hayan transcurrido 18 ms desde su inicio.

Su valor máximo será:

$$U_{máx} = U_{ef} \cdot \sqrt{2} = 230 \cdot \sqrt{2} = 325,26\ V$$

Ahora aplicamos la fórmula del valor instantáneo:

$$u = U_{máx} \cdot sen\ \omega t = U_{máx} \cdot sen\ (2\pi f \cdot t) = 325,26 \cdot sen\ (2\pi \cdot 50 \cdot 18 \cdot 10^{-3})$$

$$u = 325,26 \cdot sen\ \frac{18\pi}{10} = 325,26 \cdot (-0,587785) = -191,18\ V$$

El ángulo 18π/10 está expresado en radianes, si lo queremos en grados sexagesimales:

$$\frac{18\pi}{10} rad \cdot \frac{360\ °}{2\pi\ rad} = \frac{18\pi \cdot 360\ °}{10 \cdot 2\pi} = 324\ °$$

9.3. Comportamiento de una resistencia

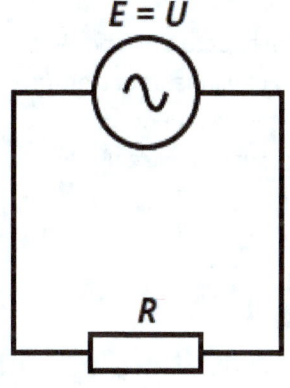

Vamos a ver cómo se comporta una resistencia conectada ella sola a un generador de corriente alterna monofásica, como apreciamos en la figura.

Su comportamiento es similar al de la resistencia en un circuito de corriente continua, y para calcular el valor de su intensidad podemos aplicar la ley de Ohm con valores eficaces que es como normalmente se trabaja con corriente alterna, es decir:

$$I_{ef} = \frac{U_{ef}}{R}$$

Cuando trabajamos en corriente alterna, debemos tener en cuenta que las magnitudes de tensión e intensidad son vectores y trabaja cada una de ellas como una onda senoidal que dependiendo del receptor que tenga conectado el circuito, formarán un ángulo determinado entre ellas, llamado desfase.

En concreto, en un circuito con una sola resistencia, el desfase entre tensión e intensidad es nulo, lo que es lo mismo, ambos vectores forman un ángulo de cero grados.

En las figuras se pueden observar los diagramas de ondas y vectores de tensión e intensidad:

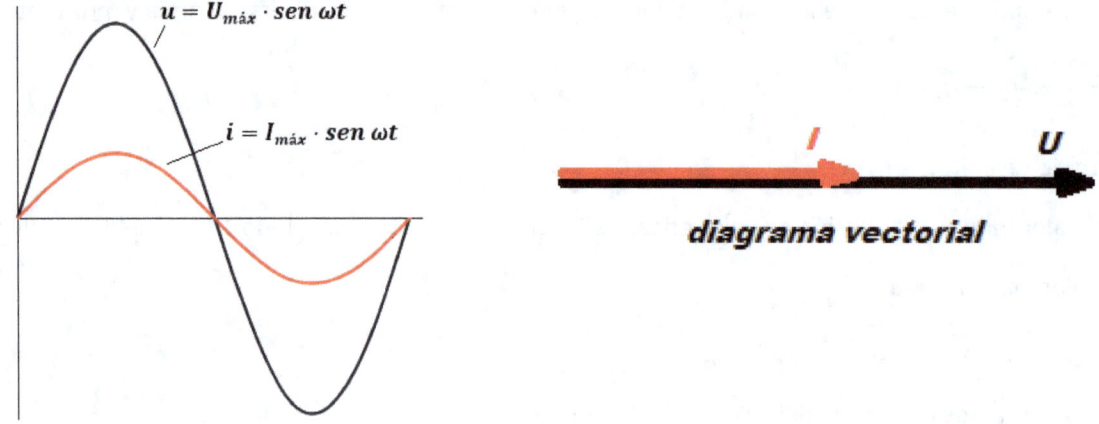

- Potencia

En cuanto a la potencia de la resistencia se puede calcular como el producto de la tensión eficaz por la intensidad eficaz, es decir:

$$P = U \cdot I$$

Siendo su unidad el vatio w y se denomina potencia activa.

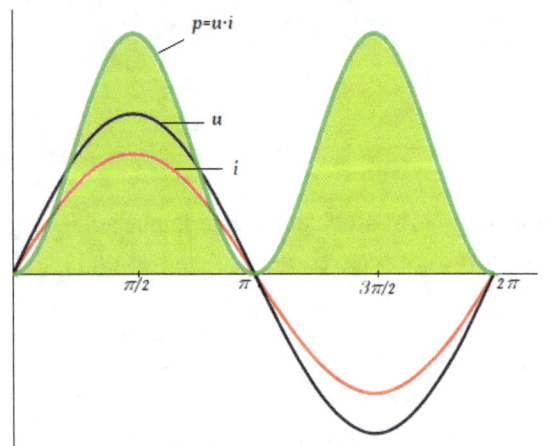

Esta fórmula sale del valor medio de la potencia instantánea $p = u \cdot i$ a lo largo de un ciclo.

En la gráfica podemos ver cómo es el valor instantáneo de la potencia a lo largo del ciclo.

Se puede observar que el producto de la potencia y la intensidad instantáneas en cada instante siempre es positivo, al ser las dos positivas en el primer semiperíodo y las dos negativas en el segundo semiperíodo.

Ejercicio resuelto:

Tenemos una resistencia de 2 kΩ conectada a un generador de alterna de 230 V. Calcula la intensidad que circula por ella, así como la potencia que consume.

Considerando todo valores eficaces, tenemos para la intensidad que:

$$I = \frac{U}{R} = \frac{230}{2 \cdot 10^3} = 115 \cdot 10^{-3} \, A = 0,115 \, A = 115 \, mA$$

Y para la potencia:

$P = U \cdot I = 230 \cdot 0{,}115 = \mathbf{26{,}45\ w}$

También se puede calcular la potencia como:

$P = I^2 \cdot R = 0{,}115^2 \cdot 2000 = \mathbf{26{,}45\ w}$

9.4. Comportamiento de una bobina

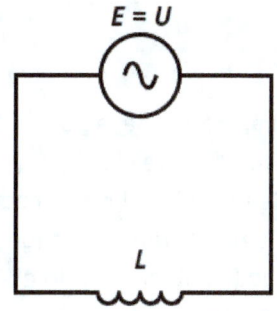

En corriente continua la bobina se comporta como un cortocircuito, es decir, como lo hace un conductor.

Cuando se trata de corriente alterna, la bobina ofrece una resistencia al paso de la corriente debido a su autoinducción, que como ya se vio en temas anteriores, se opone a la causa que la produce, en este caso, la fuerza electromotriz del generador.

Esa fuerza electromotriz de autoinducción es mayor cuanto más rápido varíe el flujo, es decir, aumenta con la frecuencia.

Con todo ello, se puede decir que la bobina presenta una oposición al paso de la corriente que se denomina reactancia inductiva y se representa por X_L, siendo su unidad el ohmio Ω.

Se puede representar mediante la siguiente expresión:

$$X_L = \omega \cdot L = 2\pi \cdot f \cdot L$$

Se observa que aumenta con la frecuencia y el coeficiente de autoinducción.

La intensidad que circula por la bobina se puede calcular, como:

$$I = \frac{U}{X_L}$$

La intensidad que circula en la bobina, no comienza a hacerlo cuando lo hace la tensión, sino que va retrasada respecto a esta un cuarto de período debido a la oposición que presenta a que se establezca por su autoinducción.

De esta manera, se dice que la bobina retrasa 90° la intensidad con respecto a la tensión, siendo los gráficos de sus ondas y vectores el siguiente:

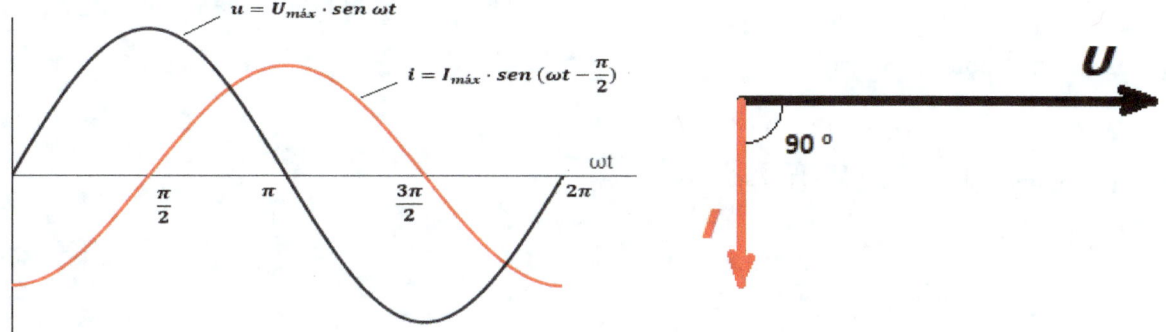

- Potencia

Al contrario que la resistencia, la bobina no consume ninguna potencia, lo que hace es intercambiarla con el generador, es decir, hay momentos en que la recibe de él, y otros en que la devuelve, concretamente cada cuarto de período cambia de tomarla a cederla.

Esta potencia de intercambio que no se consume, recibe el nombre de potencia reactiva inductiva, se representa como Q_L y su unidad es el voltiamperio reactivo VAR.

Se puede expresar mediante la siguiente fórmula:

$$Q_L = U \cdot I$$

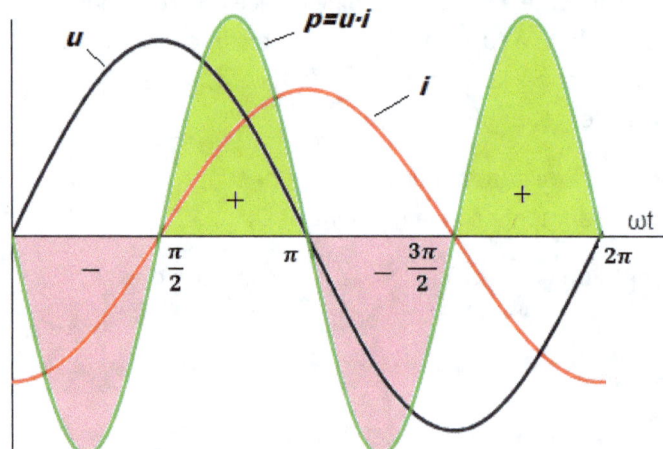

Se puede ver en el gráfico de la potencia instantánea, como durante el primer y tercer cuartos de período la bobina cede potencia (negativa), y durante el segundo y cuarto, la absorbe (positiva), siendo el balance de potencia activa consumida nulo.

Su valor de potencia reactiva es realmente la que está intercambiando con el generador, una vez absorbiendo y otras cediendo.

Ejercicio resuelto:

Tenemos una bobina de 100 mH de coeficiente de autoinducción, conectada a un generador de alterna de 230 V con una frecuencia de 50 Hz. Calcula la intensidad que circula por ella, así como su potencia reactiva.

Vamos a calcular primero el valor de la reactancia como:

$X_L = 2\pi \cdot f \cdot L = 2\pi \cdot 50 \cdot 100 \cdot 10^{-3} = 10\pi = 31,4159 \; \Omega$

Considerando todo valores eficaces, tenemos para la intensidad:

$I = \dfrac{U}{X_L} = \dfrac{230}{10\pi} = \dfrac{23}{\pi} = \mathbf{7,3211 \; A}$

Hallamos ahora su potencia reactiva:

$Q_L = U \cdot I = 230 \cdot 7,3211 = \mathbf{1683,8592 \; VAR}$

También se puede calcular la potencia reactiva, como:

$Q_L = I^2 \cdot X_L = 7,3211^2 \cdot 31,4159 = \mathbf{1683,8592 \; VAR}$

9.5. Comportamiento de un condensador

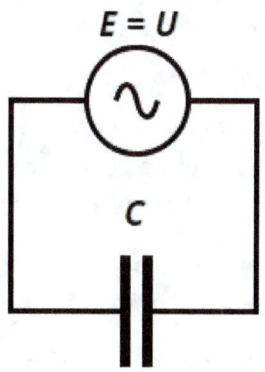

En corriente continua, el condensador se comporta como un circuito abierto una vez que está cargado.

Cuando se trata de corriente alterna, el condensador ofrece una resistencia al paso de la corriente debido a su capacidad.

Esto se debe a que hay momentos que se está cargando y otros en que se descarga con una corriente que se opone a la que viene del generador.

De forma análoga a la bobina, esta oposición al paso de la corriente se denomina reactancia capacitiva, representada como X_C, siendo su unidad el ohmio Ω.

Se puede representar mediante la siguiente expresión:

$$X_C = \frac{1}{\omega \cdot C} = \frac{1}{2\pi \cdot f \cdot C}$$

Se ve en la fórmula que la reactancia capacitiva **disminuye con** la **frecuencia** del generador y con la **capacidad** del condensador.

La intensidad que circula por el condensador se puede calcular, como:

$$I = \frac{U}{X_C}$$

Al contrario que en la bobina, en el condensador aparece primero la corriente, para después comenzar la tensión mientras se va cargando.

De esta manera, se dice que en el condensador la intensidad va adelantada 90º con respecto a la tensión, siendo los gráficos de sus ondas y vectores los siguientes:

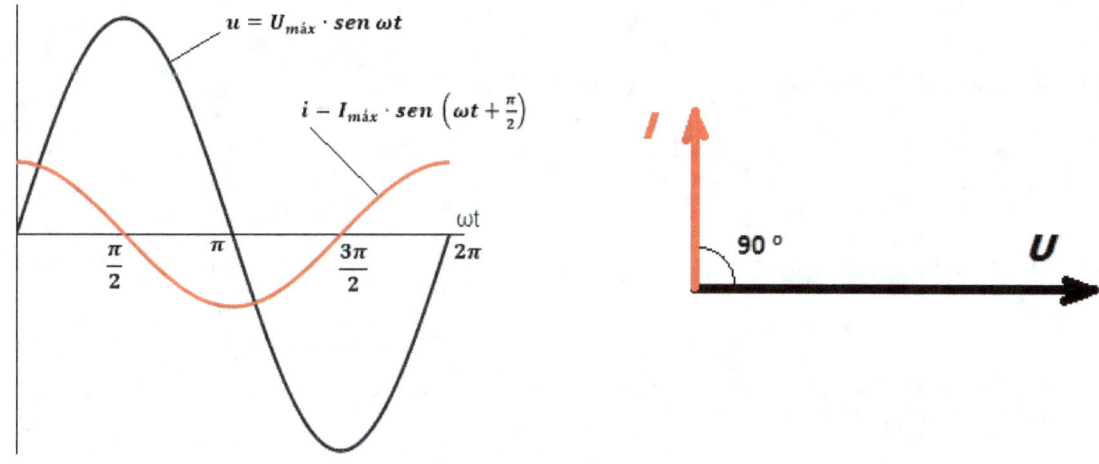

- Potencia

Al igual que la bobina, el condensador no consume ninguna potencia, lo que hace es intercambiarla con el generador, es decir, hay momentos en que la recibe de él, y otros en que la devuelve, concretamente, cada cuarto de período cambia de tomarla a cederla, haciéndolo de forma contraria a la bobina, es decir, cuando la bobina absorbe potencia, el condensador la cede, y cuando este la cede, aquella la absorbe.

Esta potencia de intercambio que no se consume, recibe el nombre de potencia reactiva capacitiva, se representa como Q_C y su unidad es el voltiamperio reactivo VAR.

Se puede expresar mediante la siguiente fórmula:

$$Q_C = U \cdot I$$

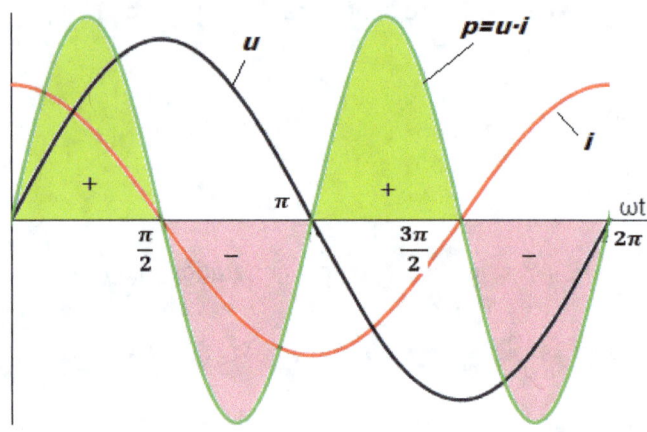

Se puede ver en el gráfico de la potencia instantánea, como durante el primer y tercer cuartos de período el condensador absorbe potencia (positiva), y durante el segundo y cuarto, la cede (negativa), siendo el balance de potencia activa consumida nulo, al contrario de lo que hacía la bobina.

Su valor de potencia reactiva es realmente la que está intercambiando con el generador, unas veces absorbiendo y otras cediendo.

Ejercicio resuelto:

Tenemos un condensador de 150 µF de capacidad, conectado a un generador de alterna de 230 V con una frecuencia de 50 Hz. Calcula la intensidad que circula por él, así como su potencia reactiva.

Vamos a calcular primero el valor de la reactancia, como:

$$X_C = \frac{1}{2\pi \cdot f \cdot C} = \frac{1}{2\pi \cdot 50 \cdot 150 \cdot 10^{-6}} = \frac{200}{3\pi} = 21,2206 \, \Omega$$

Considerando todo valores eficaces, tenemos para la intensidad:

$$I = \frac{U}{X_C} = \frac{230}{\frac{200}{3\pi}} = \frac{3\pi \cdot 230}{200} = \mathbf{10,8384 \, A}$$

Hallamos ahora su potencia reactiva:

$$Q_C = U \cdot I = 230 \cdot 10,8384 = \mathbf{2492,8537 \, VAR}$$

También se puede calcular la potencia reactiva como:

$$Q_C = I^2 \cdot X_C = 10,8384^2 \cdot 21,2206 = \mathbf{2492,8537 \, VAR}$$

9.6. Circuitos RLC

Vamos a ver cómo se comportan los circuitos que tienen varios receptores conectados, combinación de resistencias, bobinas y condensadores, cuando están conectados en serie.

- Circuito RL serie

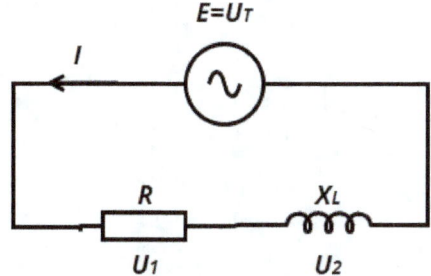

Al ser un circuito serie, la intensidad es única, y la tensión que suministra el generador es la suma de las tensiones de los receptores, en este caso una resistencia y una bobina.

En corriente alterna, se trabaja con el concepto de impedancia, como el equivalente al global de resistencias, bobinas y condensadores.

Vamos a ver cómo quedarían los vectores de tensiones e intensidad en el circuito que estamos viendo. Al ser las tensiones vectores, tenemos que:

$$\overrightarrow{U_T} = \overrightarrow{U_R} + \overrightarrow{U_L}$$

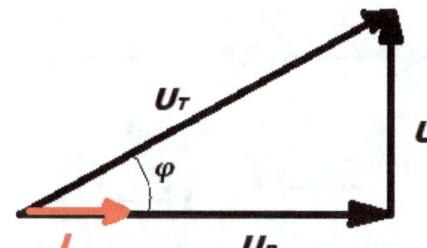

Se comprueba que la intensidad está en fase con la tensión de la resistencia y retrasada 90° con respecto a la tensión de la bobina.

Si dividimos todos los vectores del triángulo entre la intensidad, obtenemos lo que se llama triángulo de impedancia, como se aprecia en la figura.
Se puede ver que es proporcional al del diagrama de tensiones.

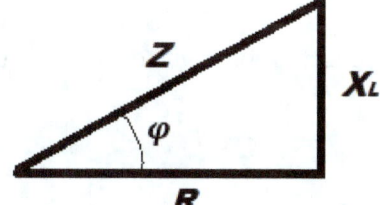

Del triángulo de impedancia, podemos establecer mediante el teorema de Pitágoras, la expresión que nos permite calcular su valor como:

$$Z = \sqrt{R^2 + X_L^2}$$

Para calcular la intensidad del circuito, se aplica la ley de Ohm:

$$I = \frac{U_T}{Z}$$

Y para saber el valor de las tensiones:

$$U_1 = I \cdot R \quad ; \quad U_2 = I \cdot X_L \quad ; \quad U_T = I \cdot Z$$

Ejercicio resuelto:

Queremos saber la intensidad de un circuito RL cuyo generador tiene una fuerza electromotriz de 230 V, y está conectado en serie con una resistencia de 25 Ω y una bobina cuya reactancia tiene un valor de 15 Ω. Indicar también la tensión que habrá en la resistencia y en la bobina.

Calculamos primero la impedancia del circuito:
$$Z = \sqrt{R^2 + X_L^2} = \sqrt{25^2 + 15^2} = \sqrt{850} = 29{,}1547\ \Omega$$

Aplicamos la ley de Ohm para hallar la intensidad:
$$I = \frac{U}{Z} = \frac{230}{29{,}1547} = \mathbf{7{,}8889\ A}$$

Por último, calculamos las tensiones:
$$U_1 = I \cdot R = 7{,}8889 \cdot 25 = \mathbf{197{,}22\ V}\ ;\quad U_2 = I \cdot X_L = 7{,}8889 \cdot 15 = \mathbf{118{,}33\ V}$$

- Circuito RC serie

Su tratamiento es análogo al RC y, por tanto, vamos a comenzar por dibujar el diagrama vectorial de tensiones e intensidad.

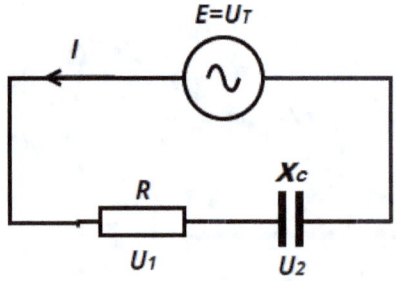

Al ser las tensiones vectores, tenemos que:

$$\vec{U_T} = \vec{U_R} + \vec{U_C}$$

Se comprueba que la intensidad está en fase con la tensión de la resistencia y adelantada 90° con respecto a la tensión del condensador.

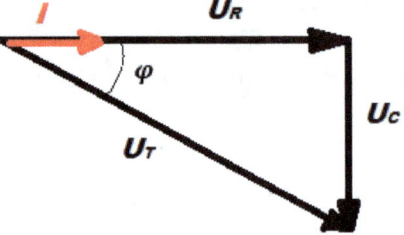

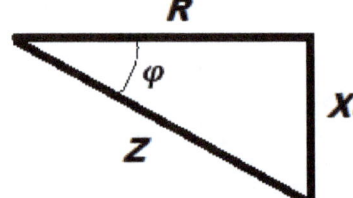

Si dividimos todos los vectores del triángulo entre la intensidad, obtenemos lo que se llama triángulo de impedancia, como se aprecia en la figura.
Se puede ver que es proporcional al del diagrama de tensiones.

Del triángulo de impedancia, podemos establecer mediante el teorema de Pitágoras, la expresión que nos permite calcular su valor como:

$$Z = \sqrt{R^2 + X_C^2}$$

Para calcular la intensidad del circuito, se aplica la ley de Ohm:

$$I = \frac{U_T}{Z}$$

Y para saber el valor de las tensiones:

$$U_1 = I \cdot R \; ; \quad U_2 = I \cdot X_C \; ; \quad U_T = I \cdot Z$$

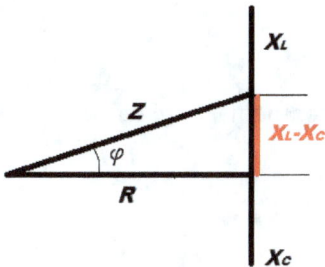

Ejercicio resuelto:

Queremos saber la intensidad de un circuito RC cuyo generador tiene una fuerza electromotriz de 125 V, y está conectado en serie con una resistencia de 10 Ω y una bobina cuya reactancia tiene un valor de 20 Ω. Indicar también la tensión que habrá en la resistencia y en la bobina.

Calculamos primero la impedancia del circuito:

$$Z = \sqrt{R^2 + X_C^2} = \sqrt{10^2 + 20^2} = \sqrt{500} = 10\sqrt{5} = 22{,}3606 \; \Omega$$

Aplicamos la ley de Ohm para hallar la intensidad:

$$I = \frac{U}{Z} = \frac{125}{22{,}3606} = \mathbf{5,5901 \; A}$$

Por último, calculamos las tensiones:

$$U_1 = I \cdot R = 5{,}5901 \cdot 10 = \mathbf{55,90 \; V} \; ; \quad U_2 = I \cdot X_C = 5{,}5901 \cdot 20 = \mathbf{111,80 \; V}$$

- Circuito RLC serie

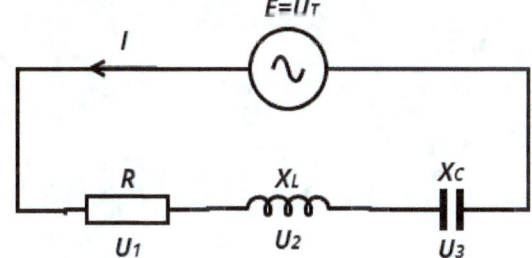

El caso más completo será cuando tengamos en el circuito, resistencia, bobina y condensador, y para resolverlo, seguiremos los criterios de los anteriores circuitos.

Al ser las tensiones vectores, tenemos que:

$$\vec{U_T} = \vec{U_R} + \vec{U_L} + \vec{U_C}$$

Se comprueba que la intensidad está en fase con la tensión de la resistencia, adelantada 90° con respecto a la tensión del condensador y retrasada 90° con respecto a la tensión de la bobina.

Si dividimos todos los vectores del triángulo entre la intensidad, obtenemos lo que se llama triángulo de impedancia.

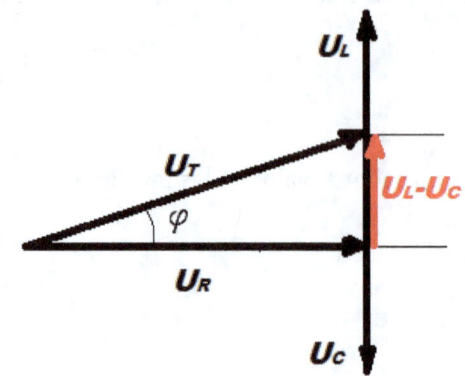

Del triángulo de impedancia, podemos establecer mediante el teorema de Pitágoras, la expresión que nos permite calcular su valor, como:

$$Z = \sqrt{R^2 + (X_L - X_C)^2}$$

Para calcular la intensidad del circuito, se aplica la ley de Ohm:

$$I = \frac{U_T}{Z}$$

Y para saber el valor de las tensiones:

$$U_1 = I \cdot R \quad ; \quad U_2 = I \cdot X_L \quad ; \quad U_3 = I \cdot X_C \quad ; \quad U_T = I \cdot Z$$

Ejercicio resuelto:

Tenemos un circuito serie RLC, alimentado a 230 voltios de corriente alterna, siendo los valores de la resistencia de 10 Ω, de reactancia la bobina de 8 Ω y de la del condensador de 3 Ω. Queremos saber la intensidad que recorre el circuito y las tensiones en cada uno de los elementos, resistencia, bobina y condensador.

Comenzamos por calcular el valor de la impedancia del circuito:

$$Z = \sqrt{R^2 + (X_L - X_C)^2} = \sqrt{10^2 + (8-3)^2} = \sqrt{125} = 11{,}1803 \; \Omega$$

A continuación, aplicando ley de Ohm, obtenemos la intensidad:

$$I = \frac{U}{Z} = \frac{230}{11{,}1803} = \mathbf{20{,}5718 \; A}$$

Por último, determinamos los valores de las tensiones:

$U_R = I \cdot R = 20{,}5718 \cdot 10 = \mathbf{205{,}71 \; V}$
$U_L = I \cdot X_L = 20{,}5718 \cdot 8 = \mathbf{164{,}57 \; V}$
$U_C = I \cdot X_C = 20{,}5718 \cdot 3 = \mathbf{61{,}71 \; V}$

9.7. Potencia y factor de potencia

De manera análoga se puede calcular el triángulo de potencias, cuya hipotenusa se corresponde con la denominada potencia aparente, multiplicando los lados del de tensiones por la intensidad, quedando para un circuito RL, de la siguiente manera:

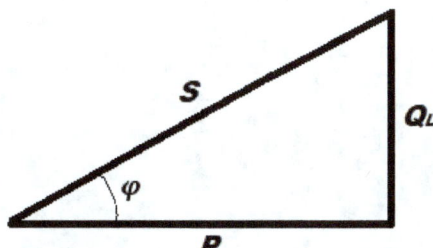

Si nos fijamos en el triángulo, podemos ver que el valor de la potencia aparente es:

$$S = U_T \cdot I$$

Su unidad es el voltiamperio VA

Ya a partir de ese valor, si aplicamos trigonometría, podemos obtener las potencias activa y reactiva, como:

$$P = U_T \cdot I \cdot \cos\varphi \quad ; \quad Q_L = U_T \cdot I \cdot \text{sen}\,\varphi$$

Para el caso de un circuito RC tendríamos, de forma análoga, su triángulo de potencia:

Si nos fijamos en el triángulo, podemos ver que el valor de la potencia aparente es:

$$S = U_T \cdot I$$

Y a partir de ese valor, si aplicamos trigonometría, podemos obtener las potencias activa y reactiva, como:

$$P = U_T \cdot I \cdot \cos\varphi \quad ; \quad Q_C = U_T \cdot I \cdot \text{sen}\,\varphi$$

En el caso del circuito RLC, el triángulo de potencia sería como el de la figura:

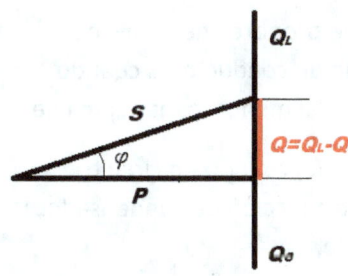

Si nos fijamos en el triángulo, tenemos que:

$$S = U_T \cdot I$$

Y por trigonometría, tendremos:

$$P = U_T \cdot I \cdot \cos\varphi \quad ; \quad Q = U_T \cdot I \cdot \text{sen}\,\varphi$$

- Factor de potencia

El factor de potencia, es un concepto determinante a la hora de valorar lo que podría llamarse el rendimiento de un circuito, ya que, de él, va a depender, por ejemplo, la cantidad de dinero a abonar por el consumo de energía eléctrica.

El factor de potencia coincide con el coseno del ángulo formado por la tensión y la intensidad de un circuito, pudiéndose expresar a partir de los diferentes triángulos que tenemos en el circuito:

$$\cos\varphi = \frac{R}{Z} = \frac{U_R}{U_T} = \frac{P}{S}$$

Ejercicio resuelto:

Calcular las potencias de un circuito RLC formado por un generador de 125 V que alimenta una resistencia de 5 Ω, una bobina de 3 Ω y un condensador de 2 Ω, determinando también el factor de potencia del circuito.

Calculamos la impedancia del circuito:

$$Z = \sqrt{R^2 + (X_L - X_C)^2} = \sqrt{5^2 + (3-2)^2} = \sqrt{26} = 5{,}099 \, \Omega$$

La intensidad del circuito será:

$$I = \frac{U_T}{Z} = \frac{125}{5{,}099} = 24{,}5145 \, A$$

Ahora pasamos a calcular las potencias de cada elemento:

$$P = I^2 \cdot R = 24{,}5145^2 \cdot 5 = \mathbf{3004{,}80 \, w}$$

$$Q_L = I^2 \cdot X_L = 24{,}5145^2 \cdot 3 = \mathbf{1802{,}88 \, VAR}$$

$$Q_C = I^2 \cdot X_C = 24{,}5145^2 \cdot 2 = \mathbf{1201{,}92 \, VAR}$$

$$S = U \cdot I = 125 \cdot 24{,}5145 = \mathbf{3064{,}31 \, VA}$$

Por último, calculamos el factor de potencia, como:

$$\cos\varphi = \frac{P}{S} = \frac{3004{,}80}{3064{,}31} = \mathbf{0{,}9805}$$

- Corrección del factor de potencia

Para que el circuito presente las condiciones más favorables, es decir, que proporcione la misma potencia activa, a igualdad de intensidad (que supone utilizar más sección de conductores cuando aumenta), lo ideal es que el factor de potencia sea la unidad, y si no es así, al menos lo más cerca de ella.

Ello supone que el balance total de potencia reactiva sea de cero, y para ello, cuando un circuito presenta reactiva, habitualmente inductiva, se compensa mediante la introducción de condensadores, cuyo signo de reactiva es opuesto, hasta que el balance de ambas sea nulo.

Vamos a determinar, por tanto, que características debe tener el condensador para compensar el factor de potencia, acercándolo a la unidad, en un circuito que presente reactiva inductiva, ayudándonos para ello del triángulo de potencias.

Mediante trigonometría se trata de determinar la potencia reactiva necesaria del condensador, para pasar de un $\cos\varphi$ incial a un nuevo $\cos\varphi'$ más cercano a la unidad, es decir de ángulo más cercano a cero.

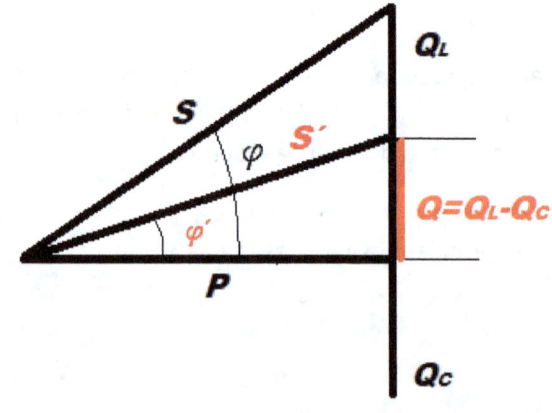

Como se ha dicho, la potencia activa permanece igual en ambos casos y a partir de ello, determinamos el valor de las tangentes de ambos ángulos.

$$tg\ \varphi = \frac{Q_L}{P} \quad y \quad tg\ \varphi' = \frac{Q}{P}$$

De ambas ecuacciones despejamos los valores de Q y Q$_L$:

$$Q_L = P \cdot tg\ \varphi \quad y \quad Q = P \cdot tg\ \varphi'$$

De la ecuación Q = Q$_L$ – Q$_C$, despejamso el valor de la Q$_C$, potencia reactiva del condensador:

$$Q_C = Q_L - Q = P \cdot tg\ \varphi - P \cdot tg\ \varphi' = P \cdot (tg\ \varphi - tg\ \varphi')$$

Cabe decir que el condensador debe colocarse en paralelo con los receptores cuyo factor de potencia se quiere mejorar.

Ejercicio resuelto:

Tenemos un motor monofásico de 5 kW que funciona a 230 V con un factor de potencia de 0,85 y queremos mejorar su funcionamiento hasta conseguir un facotr de potencia de 0,98. Calcular la potencia reactiva necesaria del condensador a colocar en paralelo, así como las intensidades consumidas inicialmente y tras la mejora.

Calculamos primero la potencia reactiva del condensador **Q$_C$**, determinando previamente los ángulos correspondientes a cada factor de potencia:

$\varphi = \text{arccos}\ \varphi = arcos\ 0{,}85 = 31{,}78°$

$\varphi' = \text{arccos}\ \varphi' = arcos\ 0{,}98 = 11{,}47°$

Y ahora determinamos la porencia reactiva del condentador:

$Q_C = P \cdot (tg\ \varphi - tg\ \varphi') = 5 \cdot (tg\ 31{,}78° - tg\ 11{,}47°) = 5 \cdot (0{,}619744 - 0{,}203058) \rightarrow$

$Q_C = 5 \cdot 0{.}416686 = \mathbf{2{,}08343\ kVAR = 2083{,}43\ VAR}$

Para calcular las intensidades inicial *I* y final *I'*, partimos de la fórumla de la potencia activa y despejamos la intensidad:

$I = \dfrac{P}{U \cdot cos\ \varphi} = \dfrac{5000}{230 \cdot 0{,}85} = \mathbf{27{,}57\ A}$

$I' = \dfrac{P}{U \cdot cos\ \varphi'} = \dfrac{5000}{230 \cdot 0{,}95} = \mathbf{22{,}88\ A}$

9.8. Acoplamiento de receptores en paralelo

Vamos a ver ahora cómo se pueden resolver circuitos en paralelo, y para ello consideraremos el ejemplo más completo, con resistencia, bobina, y condensador en paralelo.

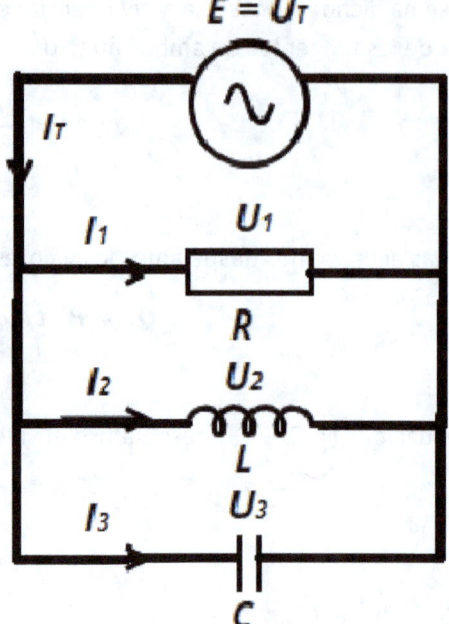

Al tratarse de elementos en paralelo, la tensión en cada receptor será la misma y coincidente con la que suministre el generador.

En cuanto a las intensidades, la intensidad que suministra el generador, coincidirá con la suma de las intensidades de los tres receptores.

Para desarrollar el procedimiento, vamos a poner valores a cada uno de los elementos, con un ejercicio resuelto:

Tenemos un circuito paralelo RLC, cuyo generador es de 150 V, la resistencia de 30 Ω, la reactancia de la bobina de 15 Ω y la reactancia del condensador de 10 Ω. Queremos calcular el valor de todas las intensidades, tensiones y potencias, así como el de la impedancia equivalente del circuito.

Al ser un circuito paralelo, tenemos para las tensiones:

$$U_T = U_1 = U_2 = U_3 = 150\ V$$

Veamos los valores de las intensidades de cada receptor, para más tarde realizar el diagrama de vectores, y poder obtener la intensidad total:

$$I_1 = \frac{U_1}{R} = \frac{150}{30} = 5\ A$$

$$I_2 = \frac{U_2}{X_L} = \frac{150}{15} = 10\ A$$

$$I_3 = \frac{U_3}{X_C} = \frac{150}{10} = 15\ A$$

La intensidad total, será la suma vectorial de las tres intensidades:

$$\vec{I_T} = \vec{I_1} + \vec{I_2} + \vec{I_3}$$

Para entender mejor la dirección y sentido de estos vectores, haremos el diagrama vectorial incluyendo la única tensión que hay, que consideraremos en el eje horizontal.

Se puede ver que la intensidad del condensador adelanta 90° respecto a la tensión, la de la bobina retrasa 90° y la de la resistencia está en fase, con ángulo 0°.

Al estar las intensidades ce bobina y condensador en la misma dirección, pero sentido contrario su suma es la resta de ambas en dirección de la mayor que es el condensador:

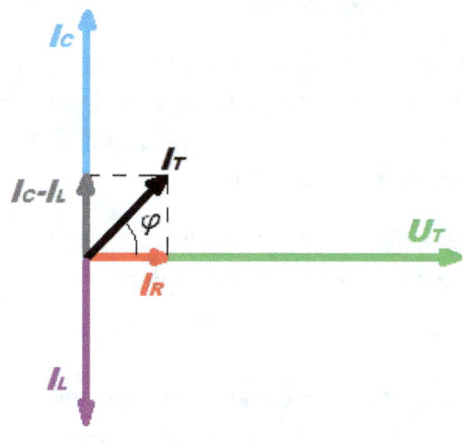

$$\vec{I_{32}} = \vec{I_3} - \vec{I_2} = 15 - 10 = 5\ A$$

Para calcular la intensidad total, se suma ese vector con el de la intensidad de la resistencia, que al formar un ángulo de 90°, se puede calcular la intensidad total como la hipotenusa de ambos vectores tomados como catetos:

$$I_T = \sqrt{I_{23}^2 + I_1^2} = \sqrt{5^2 + 5^2} = \sqrt{50} = 5\sqrt{2} = 7{,}07\ A$$

Si nos fijamos en el triángulo rectángulo que se forma, podemos calcular su coseno:

$$\cos \varphi = \frac{5}{5\sqrt{2}} = \frac{1}{\sqrt{2}} = \frac{\sqrt{2}}{2} = 0{,}7071$$

Y de ahí sacamos el ángulo φ que forma la intensidad total con la tensión total:

$$\varphi = \arccos \frac{\sqrt{2}}{2} = 45°$$

Se puede ver que la intensidad total va adelantada con respecto a la tensión, lo que indica que es un circuito de tipo capacitivo, teniendo más peso el condensador que la bobina.

Vamos a calcular, por último, el valor de la impedancia equivalente o total, simplemente despejando su valor de la ley de Ohm aplicada al circuito:

$$Z_T = \frac{U_T}{I_T} = \frac{150}{5\sqrt{2}} = \frac{30}{\sqrt{2}} = 21{,}2132\ \Omega$$

Para calcular las potencias de cada elemento, se puede proceder como a continuación:

$$P = I_1^2 \cdot R = 5^2 \cdot 30 = 750\ W$$

$$Q_L = I_2^2 \cdot X_L = 10^2 \cdot 15 = 1500\ VAR$$

$$Q_C = I_3^2 \cdot X_C = 15^2 \cdot 10 = 2250\ VAR$$

$$S = U_T \cdot I_T = 150 \cdot 5\sqrt{2} = 1060{,}66\ VA$$

9.9. Resonancia

La resonancia es una situación que se puede producir en circuitos de corriente alterna que tienen bobinas y condensadores, cuando se alcanza una frecuencia determinada llamada frecuencia de resonancia, y que produce ciertos efectos dependiendo de que bobina y condensador estén conectados en serie o en paralelo.

En ambos casos, la condición de resonancia es que las reactancias de la bobina y del condensador tengan el mismo valor, es decir:

$$X_L = X_C$$

Se tendría que cumplir, en la frecuencia de resonancia, lo siguiente:

$$2\pi \cdot f_r \cdot L = \frac{1}{2\pi \cdot f_r \cdot C}$$

De ahí podemos despejar el valor de la frecuencia de resonancia, como:

$$f_r = \frac{1}{2\pi\sqrt{L \cdot C}}$$

- Resonancia en serie

En caso de resonancia en serie, al ser iguales los valores de las reactancias inductiva y capacitiva, y ser de signo contrario, la reactancia total será nula, y por tanto la impedancia, coincidirá con el valor de la resistencia que tenga el circuito:

$$Z = \sqrt{R^2 + (X_L - X_C)^2} = \sqrt{R^2 + 0^2} = \sqrt{R^2} = R$$

Ello supone que la intensidad se puede disparar a valores muy altos en caso de que la resistencia del circuito sea muy pequeña, como en el caso de que solamente sea la de los conductores.

Ejercicio resuelto:

Tenemos un circuito RLC en serie en resonancia con un generador de 230 V, habiendo una resistencia de 2 Ω, una bobina de 100 mH y un condensador de 750 μF. Calcular la frecuencia de resonancia y la intensidad por el circuito.

Aplicamos la fórmula de la frecuencia de resonancia:

$$f_r = \frac{1}{2\pi\sqrt{L \cdot C}} = \frac{1}{2\pi\sqrt{100 \cdot 10^{-3} \cdot 750 \cdot 10^{-6}}} = \frac{1}{2\pi\sqrt{75 \cdot 10^{-6}}} = \frac{1000}{2\pi \cdot \sqrt{75}} = \mathbf{18,3776\ Hz}$$

Como las reactancias se anulan para esa frecuencia, el valor de la intensidad, será:

$$I = \frac{U_T}{Z} = \frac{U_T}{R} = \frac{230}{2} = \mathbf{115\ A}$$

- Resonancia en paralelo

En el caso de resonancia en paralelo, al ser iguales las reactancias de bobina y condensador, sus intensidades serán iguales, pero de sentido opuesto, y por tanto, se anulan al sumarlas, y como la intensidad total del circuito es la suma de las dos en paralelo, se anula la intensidad del circuito, es decir, se comporta como un circuito abierto.

Ejercicio resuelto:

Tenemos un circuito LC en paralelo en resonancia con un generador de 230 V, con una bobina de 200 mH y un condensador de 800 μF. Calcular la frecuencia de resonancia y la intensidad por el circuito, y por la bobina y el condensador.

Aplicamos la fórmula de la frecuencia de resonancia:

$$f_r = \frac{1}{2\pi\sqrt{L \cdot C}} = \frac{1}{2\pi\sqrt{200 \cdot 10^{-3} \cdot 800 \cdot 10^{-6}}} = \frac{1}{2\pi\sqrt{16 \cdot 10^{-5}}} = \frac{100\sqrt{10}}{8\pi} = 12,8523 \text{ Hz}$$

Calculamos la reactancia de la bobina que coincidirá con ma del condensador:

$$X_L = X_C = 2\pi \cdot f_r \cdot L = 2\pi \cdot \frac{100\sqrt{10}}{8\pi} \cdot 200 \cdot 10^{-3} = 5\sqrt{10} \text{ Ω} = 15,8113 \text{ Ω}$$

Y las dos intensidades serán iguales, al ser la tensión la misma:

$$I_L = I_C = \frac{U_T}{X_L} = \frac{230}{5\sqrt{10}} = 14,5464 \text{ A}$$

La intensidad total, será la suma vectorial de las de bobina y condensador, que al ser iguales y de sentido opuesto, será nula:

$$\vec{I_T} = \vec{I_L} + \vec{I_C} = 0 \text{ A}$$

9.10. Actividades

- Cuestiones

1. De qué variables depende el valor instantáneo de una tensión alterna.

2. Define el valor eficaz de una tensión alterna e indica su relación con el valor máximo.

3. Define la frecuencia y el período de una corriente alterna.

4. Indica como se producen la tensión y la intensidad en un circuito de corriente alterna con una resistencia.

5. Qué es la potencia activa en un circuito de corriente alterna.

6. Define la reactancia de una bobina, indicando de qué depende.

7. Indica como se producen la tensión y la intensidad en un circuito de corriente alterna con una bobina.

8. Qué es la potencia activa en un circuito de corriente alterna.

9. Define la reactancia de un condensador, indicando de qué depende.

10. Indica como se producen la tensión y la intensidad en un circuito de corriente alterna con un condensador.

11. Define la impedancia de un circuito de corriente alterna.

12. Qué información proporciona el factor de potencia de un circuito de alterna
13. En qué consiste la corrección del factor de potencia.

14. Cuándo entra un circuito en resonancia.

15. Cómo se comportan los circuitos serie y paralelo cuando entran en resonancia.

- Ejercicios

1. Calcula el tiempo que una corriente alterna de 50 Hz de 230 voltios de valor eficaz, tarda en alcanzar un valor de 100 V desde su comienzo.

2. Queremos saber el valor de la resistencia conectada a una tensión alterna de 127 V, sabiendo que se consume una potencia de 300 W.

3. Tenemos un circuito de alterna de 230 V al que hay conectada una bobina de 100 mH y se sabe que circula una corriente de 2,5 A. Se quiere saber la frecuencia de la corriente alterna, así como la potencia reactiva del circuito.

4. Queremos saber la capacidad de un condensador conectado a una tensión alterna de 127 V y 60 Hz, sabiendo que la potencia reactiva del circuito es de 570 VAR.

5. Tenemos un circuito serie RLC de corriente alterna cuya tensión de alimentación es de 230 V, siendo el valor de la resistencia de 15 Ω, el coeficiente de autoinducción de la bobina de 50 mH y la capacidad del condensador de 400 µF. Sabiendo que la frecuencia es de 50 Hz, queremos saber la intensidad del circuito, la potencia aparente, las potencias de cada receptor y sus tensiones correspondientes. Determinar también el factor de potencia.

6. Disponemos de un motor monofásico en cuya placa de características indica que se alimenta a 230 V con frecuencia de 50 Hz y su factor de potencia es de 0,89. Su potencia útil es de 2,5 kW y su rendimiento del 92%. Queremos saber el valor de la resistencia y el coeficiente de autoinducción de su bobina, además de la intensidad que consume el motor.

7. Queremos mejorar el factor de potencia de un motor que absorbe una potencian de la red de 3 kW con un factor de potencia de 0,85, llevándolo hasta 0,98. Determinar la capacidad del condensador necesario, así como las intensidades que consume antes y después de mejorar el factor de potencia.

8. Tenemos una lámpara incandescente de 100 W que funciona a 127 V y queremos poder conectarla a la red de 230 V y 50 Hz sin que se funda. Disponemos de una gama completa de condensadores y queremos saber qué capacidad debe tener el condensador a conectar en serie con ella para que esto no ocurra, así como la tensión a que quedará sometido el mismo.

9. Disponemos de un circuito paralelo RLC como el de la figura, alimentado a 127 V y 50 Hz, sabiendo que la potencia activa que consume es de 750 W y que las reactancias de bobina y condensador son respectivamente de 25 y 20 Ω. Queremos determinar la impedancia total del circuito, su intensidad total, las intensidades en cada receptor, su frecuencia de resonancia y la intensidad total cuando esté en resonancia.

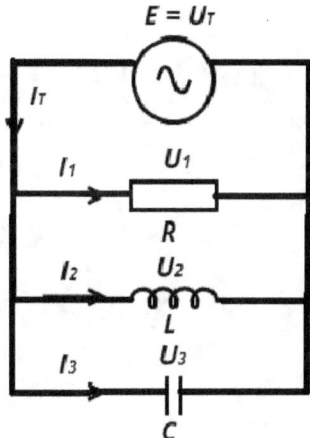

10. Tenemos un circuito serie RLC en resonancia con una frecuencia de 100 Hz y tensión 230 V, sabiendo que está consumiendo 500 W y que el coeficiente de autoinducción de la bobina es de 250 mH. Se quiere determinar la intensidad del circuito, así como el valor de la capacidad del condensador y la tensión en la bobina.

UNIDAD 10
CIRCUITOS MONOFÁSICOS

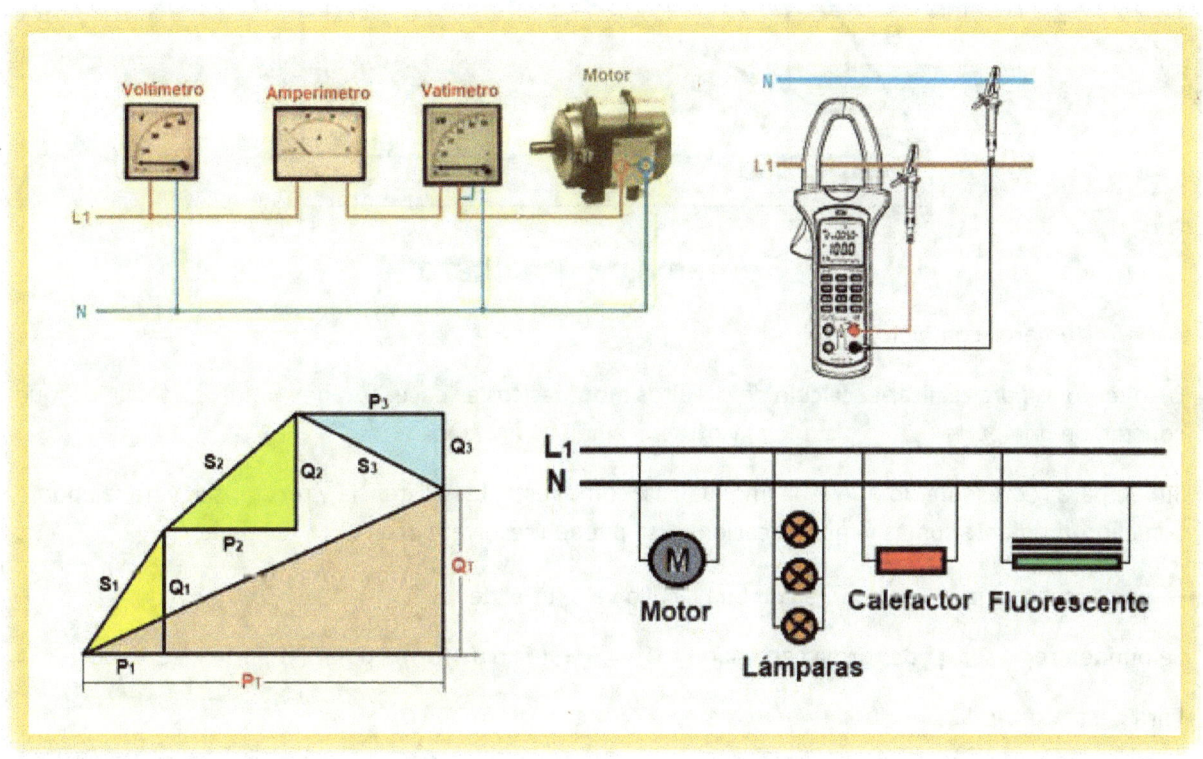

10. CIRCUITOS MONOFÁSICOS

10.1. Resolución de circuitos

Una vez visto en el tema de corriente alterna monofásica la resolución de circuitos serie y paralelo de resistencias bobinas y condensadores, vamos a centrarnos ahora en la resolución de circuitos con receptores reales (motores, hornos, baterías de condensadores, etc...) mediante el denominado Teorema de Boucherot, que dice que la potencia activa absorbida en un circuito alimentado a una tensión y frecuencia determinada es la suma de las potencias activas consumidas por cada elemento, y la potencia reactiva es la suma de las potencias reactivas de cada elemento.

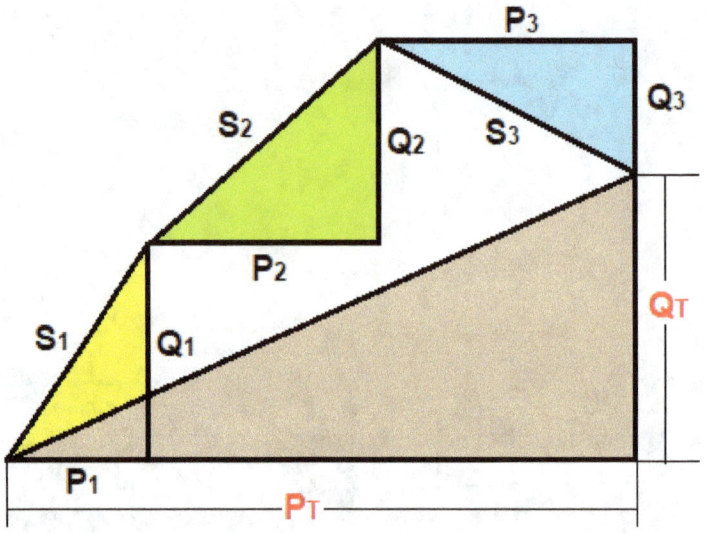

Teorema de Boucherot

- Números complejos

Otro método para realizar el cálculo de circuitos monofásicos es hacer uso de números complejos, que constan de una parte real (resistencia) y otra imaginaria (reactancia).

Sirven para representar lo que es la impedancia, compuesta de resistencia y reactancia, y trabajando con ellos, mediante sumas y multiplicaciones, se pueden resolver circuitos.

La parte imaginaria se representa con una j, cuyo valor es el de $\sqrt{-1}$.

Se pueden representar de forma cartesiana $(W = a + bj)$ o de forma polar (W_α)

Para pasar de cartesiana a polar:

$W = \sqrt{a^2 + b^2}$ y $\alpha = arctg \frac{b}{a}$.

Para pasar de polar a cartesiana:

$a = W \cdot \cos \alpha$ y $b = W \cdot sen\, \alpha$

- ✓ Suma de complejos

Para sumar números complejos, se suman partes reales y partes imaginarias.

Veamos un ejemplo con dos impedancias:

$Z_1 = 3 + 5j \quad y \quad Z_2 = 1 - 2j$

$Z_1 + Z_2 = (3 + 1) + (5 - 2)j = 4 + 3j$

Si fuera **la resta**, sería:

$Z_1 - Z_2 = (3 - 1) + (5 - (-2))j = 2 + 7j$

- ✓ Producto de complejos
- En forma cartesiana:

$Z_1 = 3 + 5j \quad y \quad Z_2 = 1 - 2j$

$Z_1 \cdot Z_2 = 3 \cdot 1 + 3 \cdot (-2j) + 5j \cdot 1 + 5j \cdot (-2j) = 3 - 6j + 5j - 10j^2$, como $j^2 = -1$, tenemos

$Z_1 \cdot Z_2 = 3 - 6j + 5j + 10 = 13 - 11j$

- En forma polar:

Para realizar el producto, se multiplican los módulos y se suman los ángulos.

Veamos un ejemplo de dos impedancias:

$Z_1 = 2_{30°} \quad y \quad Z_2 = 5_{\ 45°}$

$Z_1 \cdot Z_2 = (2 \cdot 5)_{(30°+45°)} = 10_{75°}$

Para **el cociente** sería:

- En forma cartesiana:

$\dfrac{Z_1}{Z_2} = \dfrac{3 + 5j}{1 - 2j} = \dfrac{(3 + 5j) \cdot (1 + 2j)}{(1 - 2j) \cdot (1 + 2j)} = \dfrac{4 + 6j + 5j - 10}{1 + 2j - 2j + 4} = \dfrac{-6 + 11j}{5} = -\dfrac{6}{5} + \dfrac{11}{5}j$

- En forma polar:

Se dividen los módulos y se restan los ángulos.

$\dfrac{Z_1}{Z_2} = \dfrac{2_{30°}}{5_{\ 45°}} = \dfrac{2}{5}_{(30°-45°)} = 0,4_{-15°}$

10.2. Cálculo de instalaciones monofásicas

Para realizar el cálculo de instalaciones monofásicas, se hace uso del teorema de Boucherot, a partir del cual, se puede determinar la intensidad total que alimenta un circuito formado por varios receptores conectados en paralelo a la red monofásica.

En estas instalaciones, normalmente nos vamos a encontrar con receptores del tipo motores, lámparas, calefactores, etc..., cada uno de ellos consumiendo potencias concretas con sus respectivos factores de potencia.

Ejercicio resuelto:

En la instalación monofásica de la figura, tenemos un motor de 3kW con factor de potencia 0,85, tres lámparas incandescentes de 100 W cada una, un calefactor cuya resistencia es de 100 Ω y un fluorescente de 40 W que trabaja con un factor de potencia de 0,92. La tensión de la red es de 230 V y 50 Hz de frecuencia. Queremos saber la intensidad consumida por cada receptor, la intensidad que suministrará la red y el valor de la capacidad del condensador a colocar para conseguir un factor de potencia de 0,97.

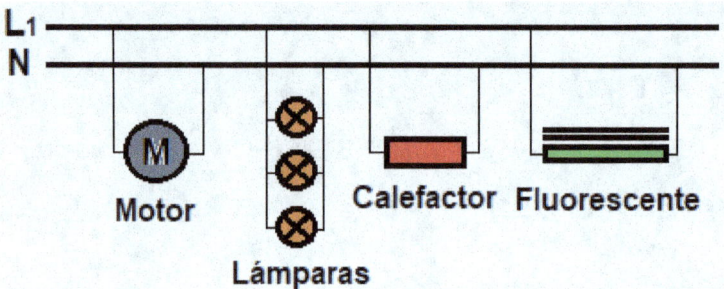

Para aplicar el teorema de Boucherot, vamos a ver las potencias activas y reactivas de cada elemento conectado a la red:
- ✓ Motor

$P_M = 3000\ W$

Calculamos el ángulo correspondiente a su coseno:

$\varphi_M = \arccos 0{,}85 = 31{,}78°$

Se potencia reactiva será:

$Q_M = P_M \cdot tg\ \varphi_M = 3000 \cdot tg\ 31{,}78° = 1859{,}23\ VAR$

La intensidad consumida por el motor se deduce de su potencia activa:

$I_M = \dfrac{P_M}{U \cdot \cos \varphi_M} = \dfrac{3000}{230 \cdot 0{,}85} = 15{,}34\ A$

- ✓ Lámparas

$P_L = 3 \cdot 100 = 300\ W$

Al ser resistencias, su potencia reactiva es nula:

$Q_L = 0\ VAR$

La intensidad consumida por las lámparas se deduce de su potencia activa:

$I_L = \dfrac{P_L}{U \cdot \cos \varphi_L} = \dfrac{300}{230 \cdot 1} = 1{,}3\ A$

✓ Calefactor

$$P_C = \frac{U^2}{R} = \frac{230^2}{100} = 529\ W$$

Al ser una resistencia, su potencia reactiva es nula:

$Q_C = 0\ VAR$

La intensidad consumida por el calefactor se deduce de su potencia activa:

$$I_C = \frac{P_C}{U \cdot \cos \varphi_C} = \frac{529}{230 \cdot 1} = \mathbf{2,3\ A}$$

✓ Fluorescente

$P_F = 40\ W$

Calculamos el ángulo correspondiente a su coseno:

$\varphi_F = \arccos 0{,}92 = 23{,}07°$

Se potencia reactiva será:

$Q_F = P_F \cdot tg\ \varphi_M = 40 \cdot tg\ 23{,}07° = 17{,}03\ VAR$

La intensidad consumida por el motor se deduce de su potencia activa:

$$I_F = \frac{P_F}{U \cdot \cos \varphi_F} = \frac{40}{230 \cdot 0{,}92} = \mathbf{0,183\ A}$$

Ya podemos calcular las potencias activa y reactiva totales:

$$P_T = \sum P = 3000 + 300 + 529 + 40 = 3869\ W$$

$$Q_T = \sum Q = 1859{,}23 + 17{,}03 = 1876{,}26\ VAR$$

A partir de ellas obtenemos la potencia aparente total:

$$S_T = \sqrt{P_T^2 + Q_T^2} = \sqrt{3869^2 + 1876{,}26^2} = 4299{,}94\ VA$$

De la potencia aparente total, deducimos la intensidad que suministra la red:

$$I_T = \frac{S_T}{U} = \frac{4299{,}94}{230} = \mathbf{18,69\ A}$$

Vamos a calcular ahora el factor de potencia total del conjunto de receptores:

$$\cos \varphi_T = \frac{P_T}{S_T} = \frac{3869}{4299{,}94} = 0{,}8997$$

Su ángulo será:

$\varphi_T = \arccos 0{,}8997 = 25{,}87°$

Queremos obtener un factor de potencia mejorado de:

$\cos \varphi'_T = 0{,}97$

Cuyo ángulo será.

$\varphi'_T = \arccos 0{,}97 = 14{,}06°$

La potencia reactiva del condensador necesario es:

$Q_C = P_T \cdot (tg\, \varphi_T - tg\, \varphi'_T) = 3869 \cdot (tg\, 25{,}87° - tg\, 14{,}06°) = 906{,}5198\, VAR$

Ya podemos calcular la capacidad del condensador, como:

$C = \dfrac{Q_C}{2\pi \cdot f \cdot U_C^2} = \dfrac{906{,}5198}{2\pi \cdot 50 \cdot 230^2} = \mathbf{54{,}547 \cdot 10^{-6}\, F = 54{,}547\, \mu F}$

10.3. Cálculo de secciones según el REBT

Para realizar el cálculo de secciones según el REBT hay que considerar las temperaturas máximas que puede alcanzar el conductor, en función del tipo de aislamiento que lleve, y ello conlleva, diferentes valores de conductividad, teniendo a más temperatura menor conductividad.

✓ Cálculo por caída de tensión

Cuando se trata de línea monofásicas, que no suelen alimentar potencias excesivas, y para secciones que no superen los 25 mm² en cobre y 70 mm² en aluminio, no se tiene en cuenta la reactancia, y para calcular la sección de utilizan las siguientes fórmulas en función de la intensidad o de la potencia:

$$s = \dfrac{2 \cdot L \cdot I \cdot \cos \varphi}{\gamma \cdot u} \quad y \quad s = \dfrac{2 \cdot L \cdot P}{\gamma \cdot u \cdot U}$$

Siendo s la sección en mm², L la longitud de la línea en m, I la intensidad de la línea en A, $\cos \varphi$ el factor de potencia, P la potencia en W, γ la conductividad del conductor en m/Ω·mm², u la caída de tensión en V y U la tensión de la línea en V.

A continuación, podemos ver un atabla donde figuran los valores de conductividad de cobre y aluminio para diferentes temperaturas:

Material	Valores de conductividad en m/Ω·mm2		
	Temperatura del conductor		
	20°C	Termoplásticos 70°C	Termoestables 90°C
Cobre Cu	58,0	48,5	45,5
Aluminio Al	35,7	29,7	27,8

Dentro de los materiales termoplásticos, tenemos el policloruro de vinilo PVC y la Poliolefina, mientras que como termoestables están el etilenopropileno EPR y el polietileno reticulado XLPE.

Para determinar la temperatura máxima que soporta el conductor también hay que tener en cuenta las indicaciones del Reglamento Electrotécnico de Baja Tensión en cuanto a los porcentajes permitidos de caída de tensión en función del tipo de línea.

En este aspecto, se diferencian varios tipos de líneas, como son, la acometida, la línea general de alimentación (LGA), la derivación individual (DI), así como si se trata de uno o varios usuarios, o si, el Centro de Transformación (CT) que alimenta es de la compañía o del abonado.

En la tabla siguiente podemos ver todas estas caídas de tensión:

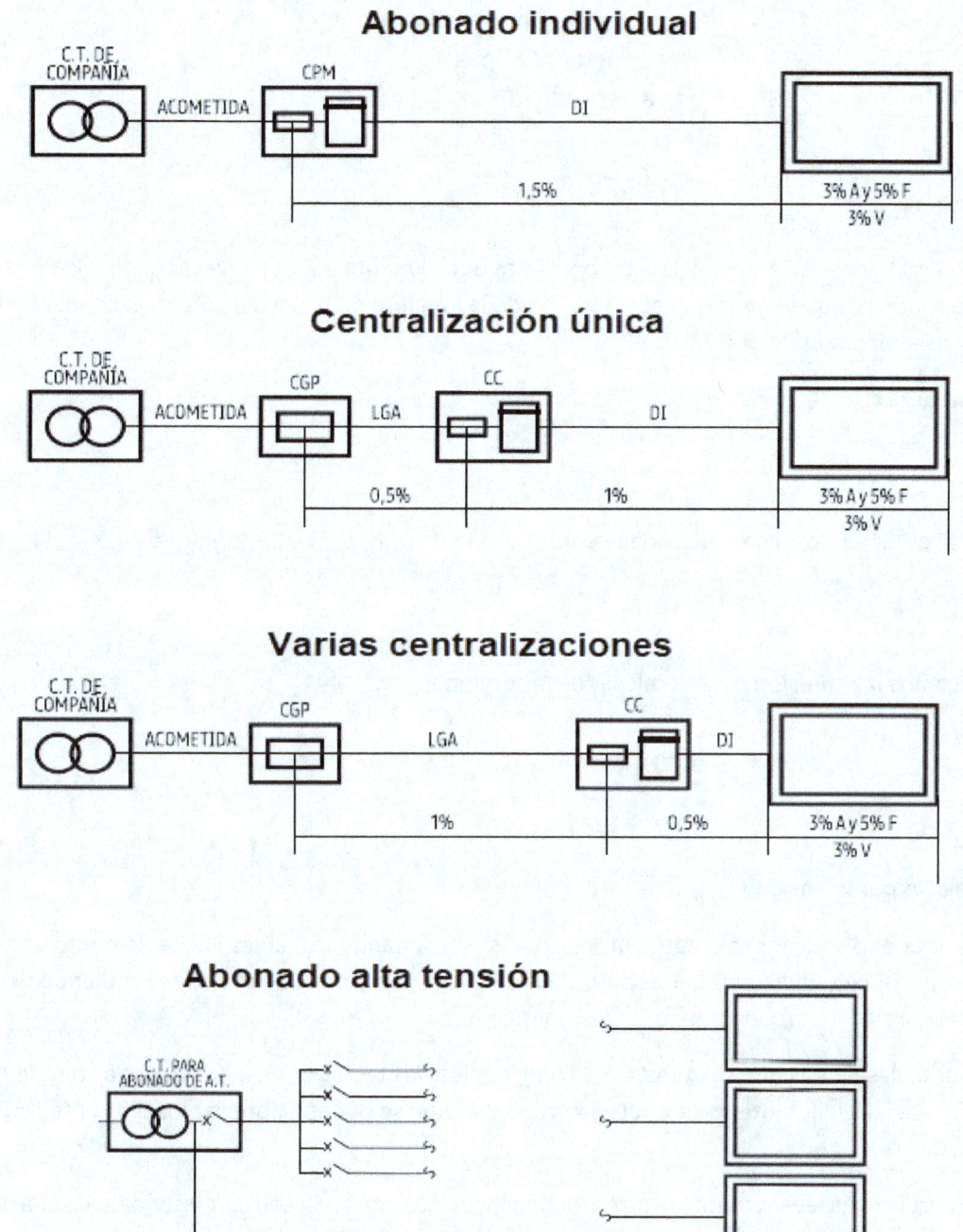

Caídas de tensión permitidas según REBT

A: circuitos de alumbrado.
F: circuitos de fuerza.
V: circuitos interiores de viviendas.
CPM: caja de protección y medida.
CGP: caja general de protección.
CC: centralización de contadores.
LGA: línea general de alimentación.
DI: derivación individual.

Leyenda de letras

Ejercicio resuelto:

Calcular la sección necesaria de una línea monofásica que alimenta a 230 V una carga de 5 kW y permitiéndose una caída de tensión del 1,5 %, siendo la longitud de la línea de 35 m. El conductor es de cobre y su aislamiento etilenopropileno.

Vamos a pasar la caída de tensión permitida a voltios:

$$u = \frac{1,5}{100} \cdot 230 = 3,45\ V$$

Al ser EPR el aislamiento, la conductividad se toma para 90°C y para el cobre tenemos:

$$\gamma_{90°C} = 45,5\ \frac{m}{\Omega \cdot mm_2}$$

Ahora aplicamos la expresión para el cálculo de la sección:

$$s = \frac{2 \cdot L \cdot P}{\gamma \cdot u \cdot U} = \frac{2 \cdot 35 \cdot 5000}{45,5 \cdot 3,45 \cdot 230} = 9,69\ mm^2 \quad \Rightarrow \quad s = 10\ mm^2$$

✓ Cálculo por intensidad

También llamado cálculo por calentamiento, se realiza consultando las tablas del Reglamento donde figuran las intensidades máximas que soportan las diferentes secciones de cable, dependiendo del tipo de conductor, aislamiento, características de montaje, etc...

Vamos a ver en las figuras que se muestran a continuación, las tablas correspondientes a conductores utilizados en instalaciones interiores o receptoras, en las que se pueden apreciar los diferentes métodos de instalación.

Debajo se aprecia una leyenda con la correspondencia entre cada letra con su método de instalación.

Se puede observar que, al denominar los aislantes, van seguidos de un 2 o un 3: el 2 se refiere a líneas monofásicas y el 3 a líneas trifásicas.

También se ve que aparecen las intensidades para conductores de cobre y aluminio, advirtiéndose que, para las mismas condiciones, los de aluminio soportan menos intensidad que los de cobre al tener peor conductividad.

Conductores al aire a temperatura 40°C

Método de Instalación	Tipo de aislamiento térmico (XLPE o PVC) + número de conductores cargados (2 o 3) (temperatura máxima de los conductores en régimen permanente → 70 °C tipo PVC y 90 °C tipo XLPE)														
A1		PVC3 (70°C)				XLPE3 (90°C)	XLPE2 (90°C)								
A2	PVC3 (70°C)	PVC2 (70°C)			XLPE3 (90°C)	XLPE2 (90°C)									
B1			PVC3 (70°C)		PVC2 (70°C)				XLPE3 (90°C)				XLPE2 (90°C)		
B2		PVC3 (70°C)	PVC2 (70°C)				XLPE3 (90°C)	XLPE2 (90°C)							
C				PVC3 (70°C)			PVC2 (70°C)			XLPE3 (90°C)		XLPE2 (90°C)			
E							PVC3 (70°C)			PVC2 (70°C)		XLPE3 (90°C)	XLPE2 (90°C)		
F								PVC3 (70°C)			PVC2 (70°C)		XLPE3 (90°C)	XLPE2 (90°C)	

	mm²	2	3	4	5a	5b	6a	6b	7a	7b	8a	8b	9a	9b	10a	10b	11	12	13
Cobre	1,5	11	11,5	12,5	13,5	14	14,5	15,5	16	16,5	17	17,5	19	20	20	20	21	23	25
	2,5	15	15,5	17	18	19	20	20	21	22	23	24	26	27	26	28	30	32	34
	4	20	20	22	24	25	26	28	29	30	31	32	34	36	36	38	40	44	46
	6	25	26	29	31	32	34	36	37	39	40	41	44	46	46	49	52	57	59
	10	33	36	40	43	45	46	49	52	54	54	57	60	63	65	68	72	78	82
	16	45	48	53	59	61	63	66	69	72	73	77	81	85	87	91	97	104	110
	25	59	63	69	77	80	82	86	87	91	95	100	103	108	110	115	122	135	146
	35	72	77	86	95	100	101	106	109	114	119	124	127	133	137	143	153	168	182
	50	86	94	103	116	121	122	128	133	139	145	151	155	162	167	174	188	204	220
	70	109	118	130	148	155	155	162	170	178	185	193	199	208	214	223	243	262	282
	95	131	143	156	180	188	187	196	207	216	224	234	241	252	259	271	298	320	343
	120	150	164	179	207	217	216	226	240	251	260	272	280	293	301	314	350	373	397
	150	171	188	196	224	236	247	259	276	289	299	313	322	337	343	359	401	430	458
	185	194	213	222	256	268	281	294	314	329	341	356	368	385	391	409	460	493	523
	240	227	249	258	299	315	330	345	368	385	401	419	435	455	468	489	545	583	617
	300	259	285	295	343	360	398	396	432	414	461	468	516	524	547	549	630	674	713
Aluminio	2,5	11,5	12	13	14	15	16	16,5	17	17,5	18	19	20	20	20	21	23	25	
	4	15	16	17	19	20	21	22	22	23	24	25	26	28	27	29	31	34	
	6	20	20	22	24	25	27	29	28	30	31	32	33	35	36	38	40	44	
	10	26	27	31	33	35	38	40	40	41	42	44	46	49	50	52	56	60	
	16	35	37	41	46	48	50	52	53	55	57	60	63	66	66	70	76	82	82
	25	46	49	54	60	63	65	66	67	70	72	75	78	81	84	88	91	98	110
	35				74	78	78	81	83	87	89	93	97	101	104	109	114	122	136
	50				90	94	95	100	101	106	108	113	118	123	127	132	140	149	167
	70				115	121	121	127	130	136	139	145	151	158	162	170	180	192	215
	95				140	146	147	154	159	166	169	177	183	192	197	206	219	233	262
	120				161	169	171	179	184	192	196	205	213	222	228	239	254	273	306
	150					187	196	205	213	222	227	237	246	257	264	276	294	314	353
	185					212	222	232	245	254	259	271	281	293	301	315	337	361	406
	240					248	261	273	287	300	306	320	332	347	355	372	399	427	482
	300					285		313		331		366		400		429	462	494	558

Conductores enterrados temperatura 25°C

Métodos D1/D2		Sección (mm²) 1,5	2,5	4	6	10	16	25	35	50	70	95	120	150	185	240	300
Cobre	PVC2	20	27	36	44	59	76	98	118	140	173	206	233	264	296	342	387
	PVC3	17	22	29	37	49	63	81	97	115	143	170	192	218	245	282	319
	XLPE2	24	32	42	53	70	91	116	140	166	204	241	275	311	348	402	455
	XLPE3	21	27	35	44	58	75	96	117	138	170	202	230	260	291	336	380
Aluminio	XLPE2	-	-	-	-	-	70	89	107	126	156	185	211	239	267	309	349
	XLPE3	-	-	-	-	-	58	74	90	107	132	157	178	201	226	261	295

Métodos de instalación:

A1: Conductores unipolares bajo tubo en pared aislante
A2: Conductores multipolares bajo tubo en pared aislante
B1: Conductores unipolares bajo tubo en pared de madera o mampostería o empotrados en obra
B2: Conductores multipolares bajo tubo en pared de madera o mampostería o empotrados en obra
C: Conductores unipolares o multipolares al aire sobre pared de madera o mampostería
E: Conductores multipolares al aire separados de la pared
F: Conductores unipolares en contacto al aire separados de la pared

Ejercicio resuelto:

Queremos calcular la sección por calentamiento de una línea monofásica que alimenta un pequeño taller con máquinas cuya potencia alcanza los 15 kW trabajando con un factor de potencia de 0,9. Sabemos que la línea es de cobre aislado con polietileno reticulado, conductores unipolares, con una longitud de 25 m, siendo su tensión de 230 V y está instalada bajo tubo adosado a la pared.

Al alimentar máquinas se considera línea de fuerza y por tanto se permite una caída de tensión de un 5 %, según los esquemas vistos del Reglamento.

Vamos a calcular la intensidad de la línea:

$$I_L = \frac{P}{U_L \cdot \cos\varphi} = \frac{15000}{230 \cdot 0,9} = 72,46\ A$$

Una vez tenemos la intensidad, miraremos en la tabla la columna correspondiente según las condiciones de la línea.

Al ser bajo tubo adosado a la pared y conductores unipolares, corresponde al tipo de instalación B1, y mirando en esa fila, cogemos XLPE2, por ser al aislante polietileno reticulado y tener dos conductores, es decir, miramos los valores de intensidad en la columna 10b.

En esa columna, cogemos el primer valor de intensidad igual o superior a 72,46 A, siendo esta una intensidad de 91 A, que corresponde a una sección de 16 mm².

10.4. Medidas de tensión, intensidad y potencia

Para realizar la medida de tensión, intensidad y potencia eléctrica, se utilizan el voltímetro, amperímetro y vatímetro respectivamente, si bien hay aparatos en el mercado que recibiendo otra denominación pueden realizar estas medidas.

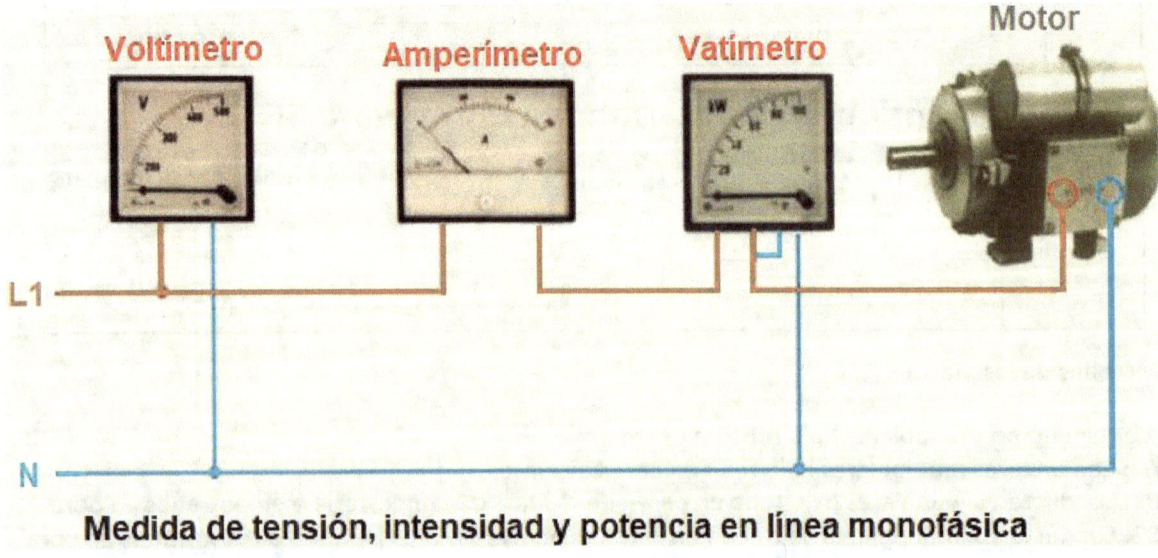

Medida de tensión, intensidad y potencia en línea monofásica

Un instrumento muy útil para medir la intensidad sin necesidad de "cortar" la línea es la pinza amperimétrica, que permite realizar la medida abrazando el conductor gracias el fenómeno de inducción electromagnética.

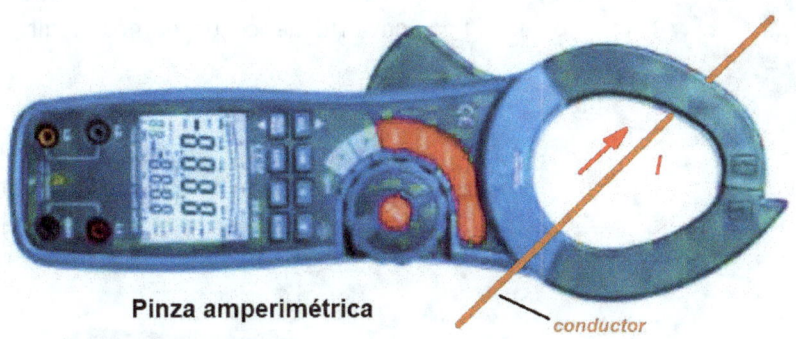

Pinza amperimétrica

También se pueden utilizar pinzas para medir la potencia, denominándose en este caso pinzas vatimétricas.

En este caso, además de medir la intensidad abrazando el conductor de la fase, se mide tensión mediante sendas pinzas de cocodrilo tal y como se puede apreciar en la figura.

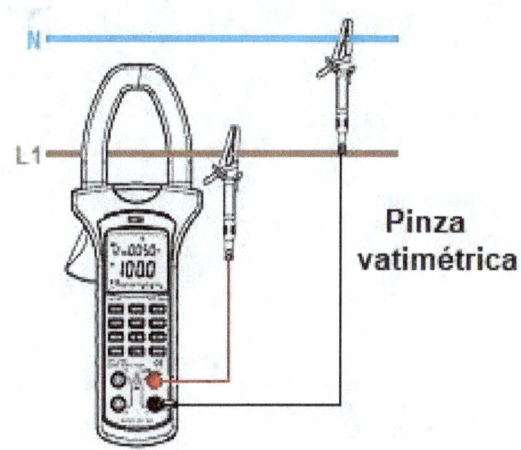

Pinza vatimétrica

10.5. Medida de energía, frecuencia y factor de potencia

Para medir energía eléctrica, frecuencia y factor de potencia, se utilizan contadores, frecuencímetros y cosímetros (fasímetros) respectivamente, existiendo hoy en día diferentes aparatos fabricados mediante componentes electrónicos que son capaces de realizar estas medidas.

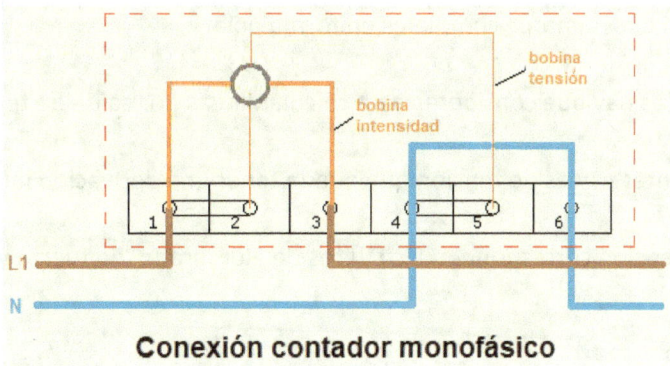

Conexión contador monofásico

119

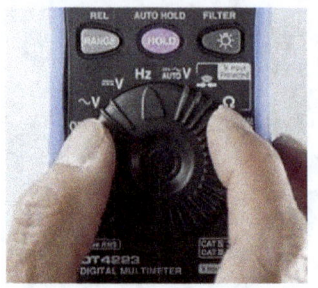

Para medir la frecuencia, hoy en día los polímetros llevan incorporada esa función, y bastará con seleccionarla, conectando las pinzas de cocodrilo en paralelo con la línea cuya frecuencia deseamos medir.

En cuanto al cosímetro o fasímetro, hay equipos electrónicos que llevan incorporada su medición, cuyo esquema de conexión es similar al de un contador, tal y como se aprecia en la figura.

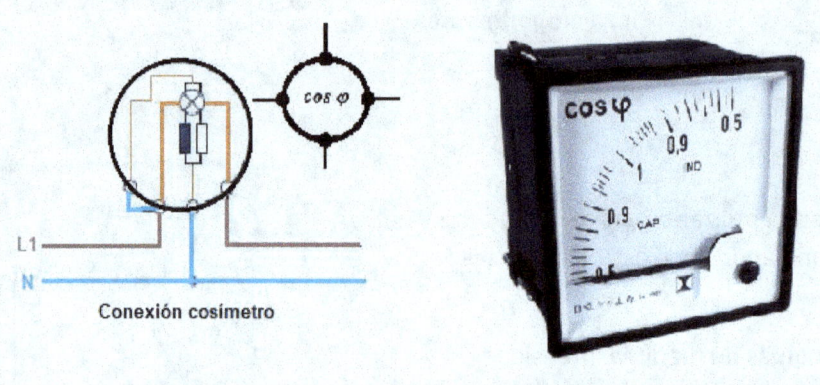

Conexión cosímetro

10.6. Actividades

- Cuestiones

1. Qué dice el teorema de Boucherot.

2. Cómo se representa la unidad imaginaria y cuál es su valor.

3. Cómo se suman dos números complejos.

4. Cómo se dividen dos números complejos en forma polar.

5. Qué temperaturas hay que considerar para calcular líneas por caída de tensión.

6. Indica las diferentes caídas de tensión que puede tener una derivación individual según el REBT.

7. Qué caídas de tensión corresponden a circuitos de alumbrado, de fuerza y de interior de viviendas.

8. Indica cuatro factores de los que depende la intensidad máxima que soporta una sección de conductor.

9. Señala los aparatos con que se mide intensidad, tensión y potencia eléctrica, indicando cómo se conectan a la línea.

10. Señala los aparatos con que se mide energía eléctrica, frecuencia y factor de potencia, indicando cómo se conectan a la línea.

- Ejercicios

1. Tenemos una línea monofásica de 230 V y 50 Hz, representada en la figura, con un motor de 3,5 kW y factor de potencia 0,82, tres lámparas incandescentes de 60 W cada una, una plancha eléctrica de 1500 W, un fluorescente de 500 W y factor de potencia 0,9 y un horno de inducción con una resistencia de resistencia 10 Ω y coeficiente de autoinducción 50 mH. Queremos saber la intensidad que circula por cada elemento y por la línea, además de la capacidad del condensador que aparece en la figura para corregir el factor de potencia a 0,96, indicando la corriente del condensador y la nueva corriente por la línea tras colocarlo.

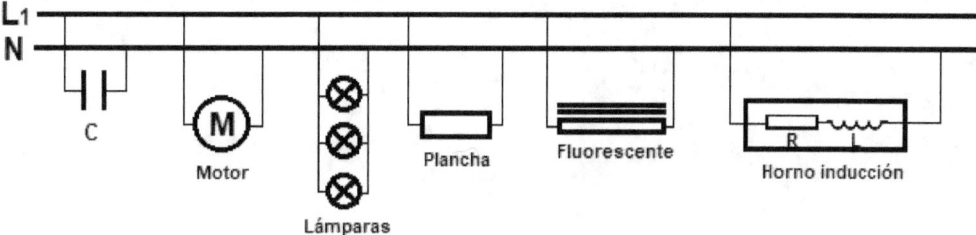

2. En el circuito de la figura, el valor de las impedancias es de $Z_1 = 4 + 5j$ y $Z_2 = 3 - j$. Se desea saber el valor de la impedancia total, así como la intensidad del circuito y tensiones en cada impedancia. La tensión de alimentación es de 230 V.

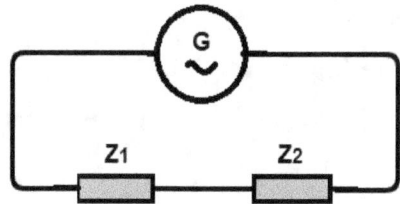

3. En el circuito de la figura, el valor de las impedancias es de $Z_1 = 3 + 4j$ y $Z_2 = 1 - 2j$. Se desea saber el valor de la impedancia total, la intensidad total y la intensidad en cada impedancia. La tensión de alimentación es de 230 V.

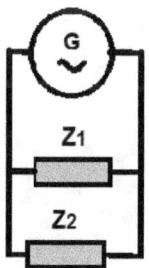

4. Partiendo del ejercicio 1, en que la potencia total conectada era de 8820 W, con un factor de potencia inicial de 0,7661 y al corregirlo de 0,96, sabemos que la línea que alimenta a 230 V a los receptores, es de cobre aislado con EPR, instalada en tubo enterrado y, con una longitud de 45 m, viviendo desde un Centro de transformación de abonado. Queremos saber la sección a utilizar por caída de tensión y calentamiento, tanto en las condiciones iniciales, como después de colocar el condensador.

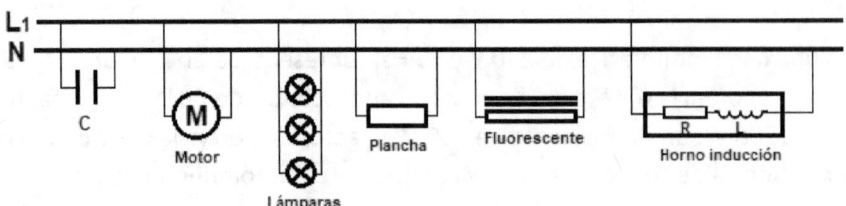

UNIDAD 11
SISTEMAS TRIFÁSICOS

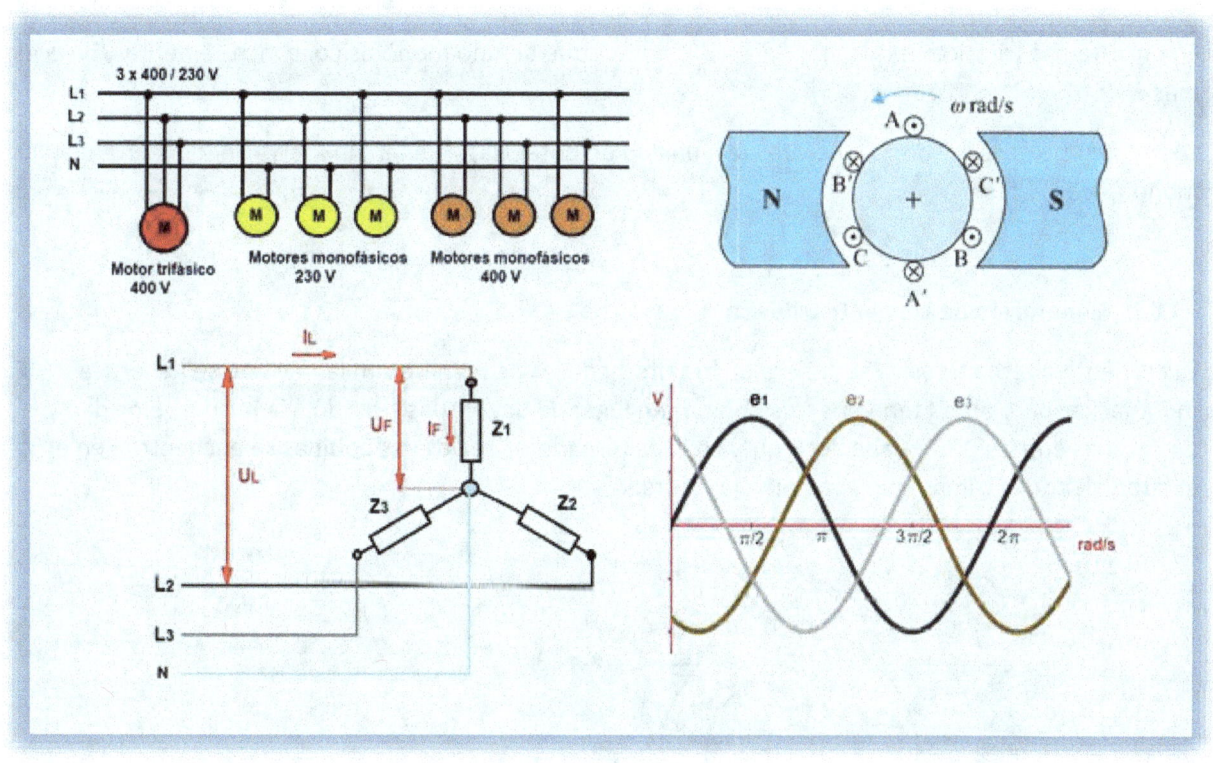

11. SISTEMAS TRIFÁSICOS

11.1. Ventajas frente a los monofásicos

Una de las ventajas de los sistemas trifásicos frente a los monofásicos es la posibilidad de tener dos tensiones diferentes, entre fases y entre fase y neutro, tal y como se aprecia en la figura, donde tenemos un motor trifásico conectado a 400 V (entre fases), y dos conjuntos de motores monofásicos, unos conectados entre fase y neutro (230 V) y otros conectados entre fases (400 V).

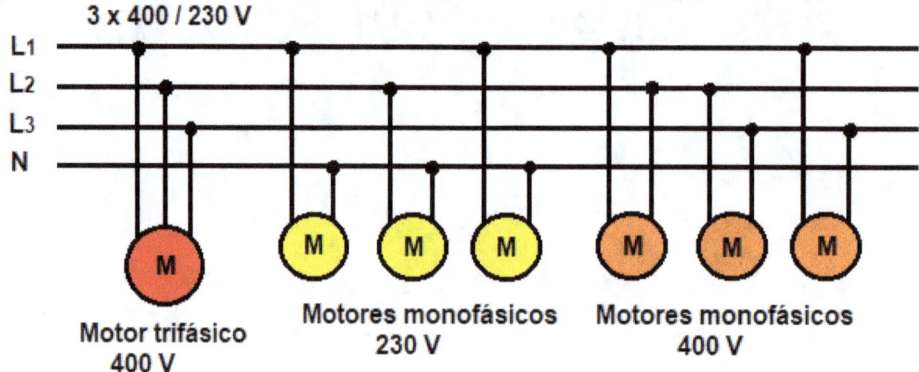

En un sistemas trifásico se transmite mayor potencia que en uno monofásico, concretamente $\sqrt{3}$ veces más.

Los motores trifásicos son más baratos (a igualdad de potencia) y tienen un mayor rendimiento que los monofásicos.

11.2. Generación de corriente trifásica

La corriente alterna trifásica se genera en los alternadores de manera similar a como se genera la monofásica, pero ahora tenemos tres bobinas en lugar de una, todas girando a la misma velocidad y desfasadas entre sí 120°. Cabe decir que, en los alternadores reales, las bobinas se encuentran en el estator, siendo el campo que gira quien las corta.

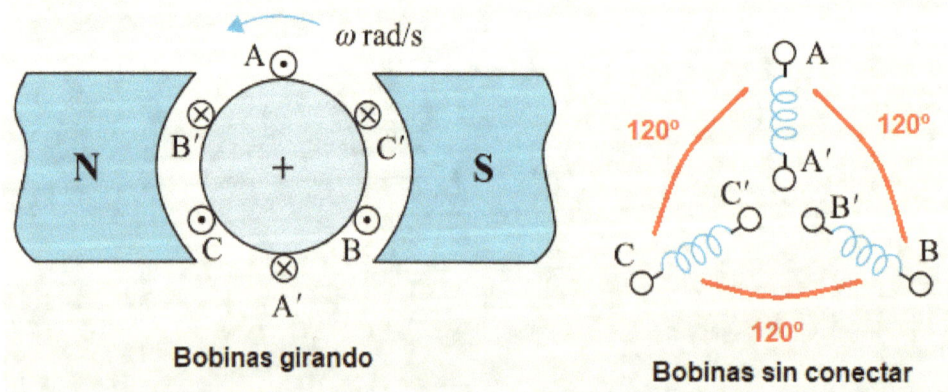

Al igual que ocurre con la corriente alterna monofásica, cada bobina genera una fuerza electromotriz (tensión) de forma senoidal que se repite a lo largo del tiempo con una frecuencia f, estando las ondas de cada bobina desfasadas entre sí 120°, tal y como se puede apreciar en la figura.

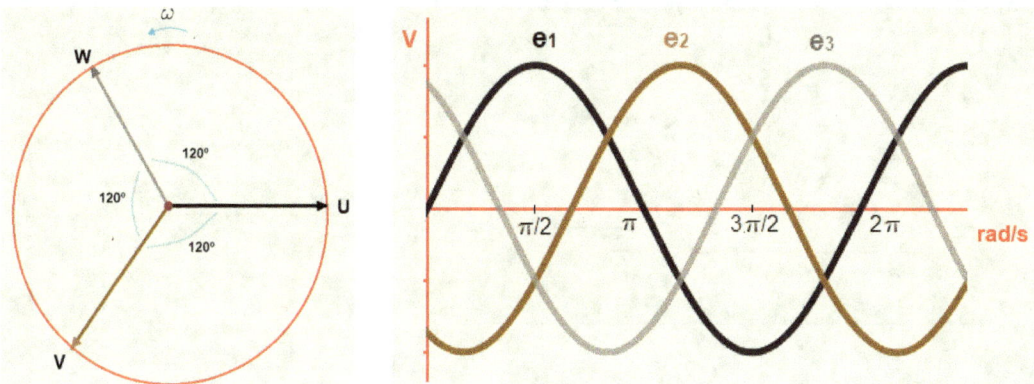

Los valores instantáneos de las fuerzas electromotrices de cada bobina (fase), serán:

$$e_1 = E_{máx} \cdot sen\,(\omega t)$$

$$e_2 = E_{máx} \cdot sen\,(\omega t - 2\pi/3)$$

$$e_3 = E_{máx} \cdot sen\,(\omega t - 4\pi/3)$$

11.3. Conexión de generadores trifásicos

La conexión de las bobinas de los generadores trifásicos (alternadores), se puede realizar de dos formas, en estrella o en triángulo.

Comenzaremos diciendo, que cada una de las bobinas va a generar una tensión que podemos considerar la tensión de fase U_F, independientemente de que esté conectada en estrella o en triángulo.

A la salida del generador, llamaremos tensión de línea U_L a la tensión que existe entre los terminales de dos fases diferentes.

- Conexión estrella

En esta conexión disponemos a la salida del generador de cuatro terminales, uno en cada extremo de las fases y un cuarto común al resto de extremos de cada fase.

Tendremos dos tipos de tensiones, la que existe entre los terminales de las fases, y la que existe entre cada terminal de fase y el punto neutro, común a las tres fases.

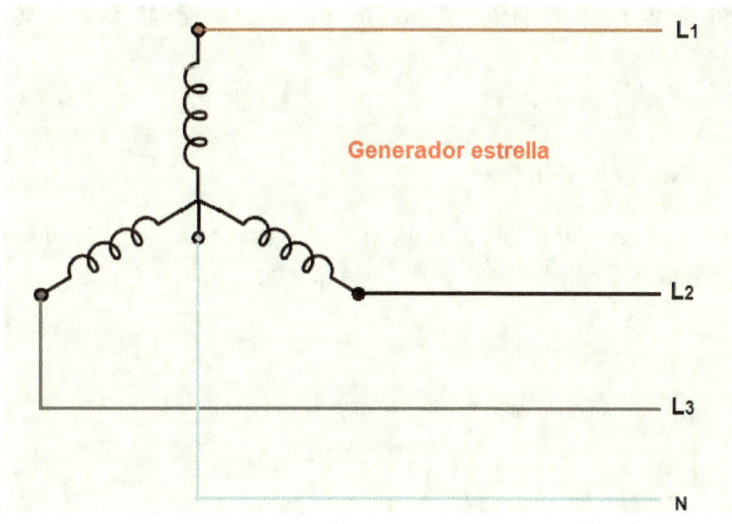

Las tres tensiones entre fases que tenemos son U_{12}, U_{23} y U_{31}

Las tres tensiones entre fase y neutro que tenemos son U_{1N}, U_{2N} y U_{3N}

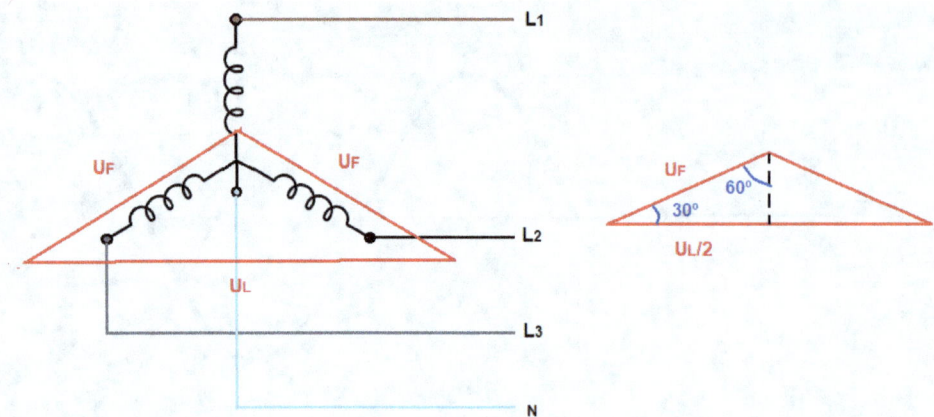

Si nos fijamos en el triángulo de la figura, donde aparecen tensiones de fases y de línea, aplicando trigonometría a la media mitad de la izquierda del triángulo, tenemos que:

$$\cos 30° = \frac{U_L/2}{U_F} = \frac{U_L}{2 \cdot U_F}$$

Sustituyendo el coseno de 30° por su valor, tenemos:

$$\frac{\sqrt{3}}{2} = \frac{U_L}{2 \cdot U_F} \quad \Rightarrow \quad U_L = \sqrt{3} \cdot U_F$$

Lo que quiere decir, que la tensión de línea o entre fases, es $\sqrt{3}$ veces mayor que la de fase, o sea, que la que hay entre fase y neutro.

Entre las tensiones de línea y de fase existe un desfase de 30°.

Ejercicio resuelto:

Disponemos de un alternador a la salida de una central, conectado en estrella y la tensión de la línea a la salida del mismo es de 15 kV. Queremos saber la tensión que genera cada una de las fases.

Si aplicamos la relación entre tensión de fase y de línea, en este caso tenemos:

$$U_F = \frac{U_L}{\sqrt{3}} = \frac{15}{\sqrt{3}} = 8,66 \, kV$$

- Conexión triángulo

En esta conexión solo disponemos de tres terminales de salida en el generador, tal y como se aprecia en la figura, y en este caso se aprecia que las tensiones de línea y las de fase coinciden y, por tanto:

$$U_L = U_F$$

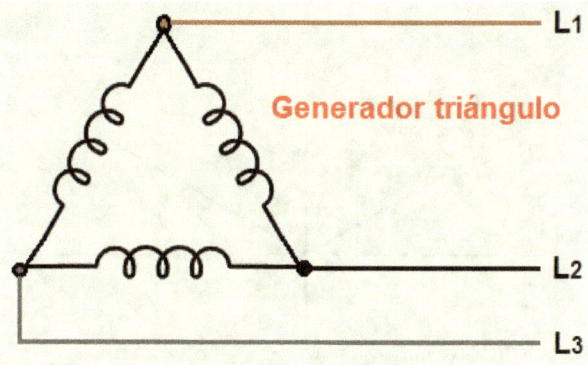

Como se puede deducir, solo hay un valor de tensión disponible, no dos como en el caso de la estrella al no existir neutro.

11.4. Conexión de receptores trifásicos

Al igual que ocurre con los generadores, los receptores conectados a una línea trifásica pueden hacerlo en estrella o en triángulo.

- Receptor en estrella

En caso de que el receptor esté conectado en estrella, la tensión que llega a cada fase del receptor es $\sqrt{3}$ menor que la de línea, mientras que, la intensidad por cada fase del receptor coindice con la intensidad de la línea.

$$U_F = \frac{U_L}{\sqrt{3}}$$

$$I_F = I_L$$

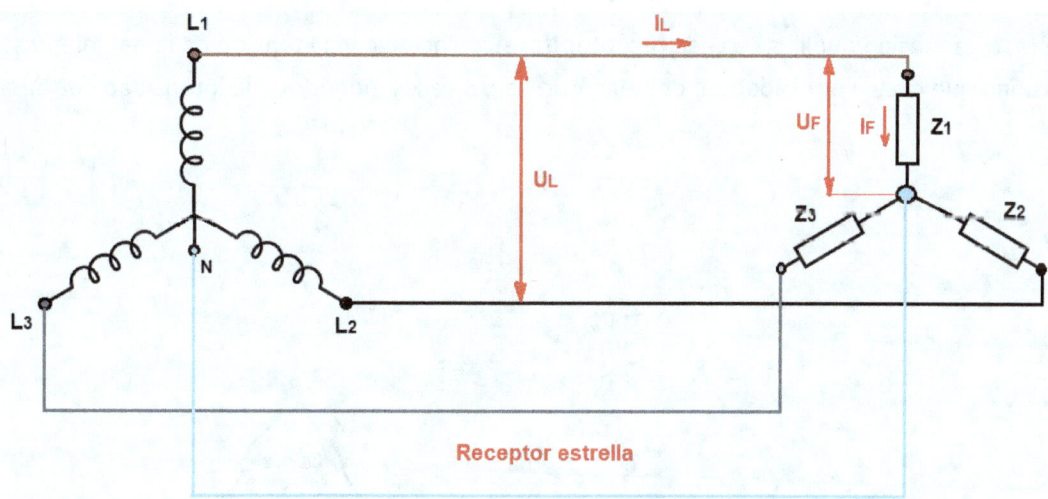

A continuación, podemos ver el diagrama vectorial de una conexión estrella.

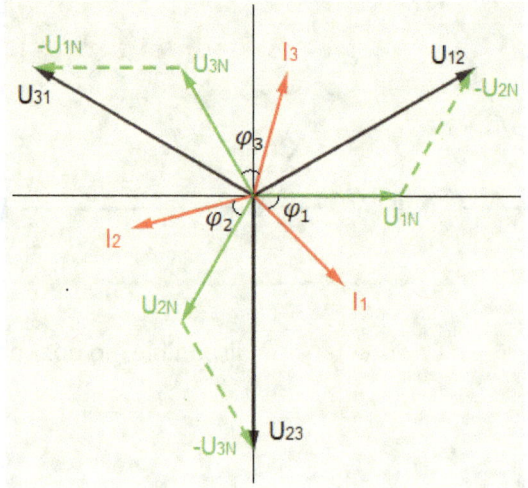

Ejercicio resuelto:

Tenemos tres impedancias de 50 Ω cada una, conectadas en estrella a una línea trifásica cuya tensión es de 400 V. Queremos determinar la tensión a que estará sometida cada impedancia, la intensidad que la atraviesa y la intensidad que circula por la línea.

La tensión de fase será la que hay en cada impedancia:

$$U_Z = U_F = \frac{U_L}{\sqrt{3}} = \frac{400}{\sqrt{3}} = 230,94 \, V$$

Al estar en estrella las intensidades de línea y de fase (impedancia), serán iguales:

$$I_L = I_F = \frac{U_F}{Z} = \frac{230,94}{50} = 4,6188 \, A$$

- Receptor en triángulo

En este caso, la tensión que llega a cada receptor (fase), coincide con la tensión de línea, mientras que, la intensidad que circula por cada fase del receptor, es $\sqrt{3}$ veces menor que la intensidad que circula por la línea.

$$U_F = U_L$$

$$I_F = \frac{I_L}{\sqrt{3}}$$

Receptor triángulo

Ejercicio resuelto:

Tenemos tres impedancias de 50 Ω cada una, conectadas en triángulo a una línea trifásica cuya tensión es de 400 V. Queremos determinar la tensión a que estará sometida cada impedancia, la intensidad que la atraviesa y la intensidad que circula por la línea.

La tensión de fase será la misma que la de la línea:

$$U_Z = U_F = U_L = 400\ V$$

La intensidad que circula por cada fase (impedancia), será:

$$I_F = \frac{U_F}{Z} = \frac{400}{50} = 8\ A$$

Al estar en triángulo, la intensidad por la línea, será:

$$I_L = I_F \cdot \sqrt{3} = 8 \cdot \sqrt{3} = 13,8564\ A$$

11.5. Potencias en trifásica

Vamos a ver cómo es la potencia en los dos tipos de conexión, tras lo cual, se demostrará que la fórmula es la misma en ambos casos.

- Conexión estrella

En este caso, la potencia activa de cada fase será:

$$P_F = U_F \cdot I_F \cdot \cos\varphi$$

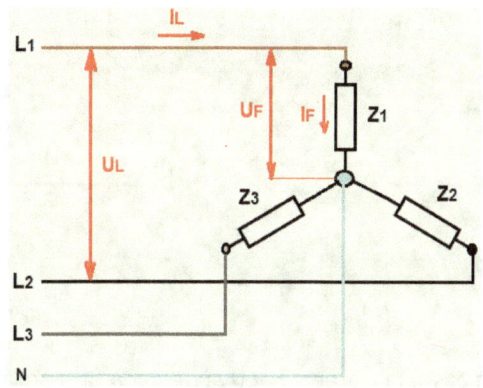

Y la potencia total trifásica:

$$P_T = 3 \cdot U_F \cdot I_F \cdot \cos\varphi$$

Si la ponemos en función de los valores de tensión e intensidad de línea, tendremos:

$$P_T = 3 \cdot U_F \cdot I_F \cdot \cos\varphi = 3 \cdot \frac{U_L}{\sqrt{3}} \cdot I_L \cdot \cos\varphi = \sqrt{3} \cdot U_L \cdot I_L \cdot \cos\varphi$$

De manera análoga, para las potencias reactiva y aparente, tendremos:

$$Q_T = \sqrt{3} \cdot U_L \cdot I_L \cdot \operatorname{sen}\varphi$$

$$S_T = \sqrt{3} \cdot U_L \cdot I_L = \sqrt{{P_T}^2 + {Q_T}^2}$$

Ejercicio resuelto:

Tenemos tres impedancias de 50 Ω y factor de potencia 0,8 cada una, conectadas en estrella a una línea trifásica cuya tensión es de 400 V. Queremos determinar las potencias trifásicas del conjunto.

Calculamos primero la intensidad que circula por la línea que coincide con la de la fase:

$$I_L = I_F = \frac{U_F}{Z} = \frac{400}{\sqrt{3} \cdot 50} = 4,6188\ A$$

Ahora calculamos la potencia activa trifásica, como:

$$\boldsymbol{P_T} = \sqrt{3} \cdot U_L \cdot I_L \cdot \cos\varphi = \sqrt{3} \cdot 400 \cdot 4,6188 \cdot 0,8 = \boldsymbol{2560\ W}$$

Para las potencias reactivas y aparente:

$$\boldsymbol{S_T} = \sqrt{3} \cdot U_L \cdot I_L = \sqrt{3} \cdot 400 \cdot 4,6188 = \boldsymbol{3200\ VA}$$

$$\boldsymbol{Q_T} = \sqrt{S_T^{\ 2} - P_T^{\ 2}} = \sqrt{3200^2 - 2560^2} = \boldsymbol{1920\ VAR}$$

- Conexión triángulo

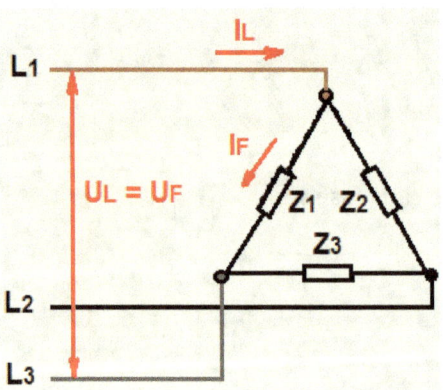

En este caso, la potencia activa de cada fase será:

$$P_F = U_F \cdot I_F \cdot \cos\varphi$$

Y la potencia total trifásica:

$$P_T = 3 \cdot U_F \cdot I_F \cdot \cos\varphi$$

Si la ponemos en función de los valores de tensión e intensidad de línea, tendremos:

$$\boldsymbol{P_T} = 3 \cdot U_F \cdot I_F \cdot \cos\varphi = 3 \cdot U_L \cdot \frac{I_L}{\sqrt{3}} \cos\varphi = \boldsymbol{\sqrt{3} \cdot U_L \cdot I_L \cdot \cos\varphi}$$

Se comprueba que, en ambos tipos de conexión, la potencia tiene la misma fórmula, expresada en función de los valores de línea:

$$\boldsymbol{P_T} = \boldsymbol{\sqrt{3} \cdot U_L \cdot I_L \cdot \cos\varphi}$$

Ejercicio resuelto:

Tenemos tres impedancias de 50 Ω y factor de potencia 0,8 cada una, conectadas en triángulo a una línea trifásica cuya tensión es de 400 V. Queremos determinar las potencias trifásicas del conjunto.

Calculamos primero la intensidad que circula por la línea, como:

$$I_L = I_F \cdot \sqrt{3} = \frac{U_F}{Z} \cdot \sqrt{3} = \frac{400}{50} \cdot \sqrt{3} = 13,8564\ A$$

Ahora calculamos la potencia activa trifásica, como:

$$\boldsymbol{P_T} = \sqrt{3} \cdot U_L \cdot I_L \cdot \cos\varphi = \sqrt{3} \cdot 400 \cdot \frac{400}{50} \cdot \sqrt{3} \cdot 0,8 = \boldsymbol{7680\ W}$$

Para las potencias reactivas y aparente:

$$\boldsymbol{S_T} = \sqrt{3} \cdot U_L \cdot I_L = \sqrt{3} \cdot 400 \cdot \frac{400}{50} \cdot \sqrt{3} = \boldsymbol{9600\ VA}$$

$$\boldsymbol{Q_T} = \sqrt{S_T{}^2 - P_T{}^2} = \sqrt{9600^2 - 7680^2} = \boldsymbol{5760\ VAR}$$

11.6. Corrección del factor de potencia

Para corregir el factor de potencia se actúa de forma análoga a como se hacía en corriente monofásica, es decir, se calcula primero la potencia reactiva trifásica necesaria para mejorar el coseno a partir del triángulo de potencias trifásico.

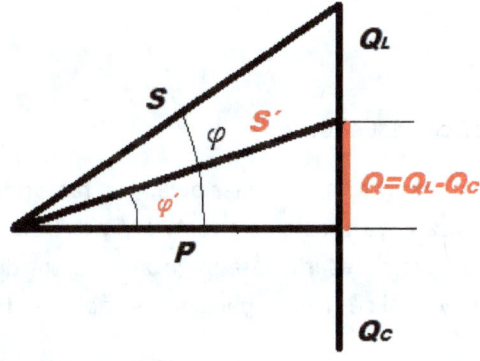

La potencia activa permanece igual en ambos casos y a partir de ello, determinamos el valor de las tangentes de ambos ángulos.

$$tg\ \varphi = \frac{Q_L}{P} \quad y \quad tg\ \varphi' = \frac{Q}{P}$$

De ambas ecuacciones despejamos los valores de Q y Q_L:

$$\boldsymbol{Q_L = P \cdot tg\ \varphi} \quad y \quad \boldsymbol{Q = P \cdot tg\ \varphi'}$$

De la ecuación Q = Q_L – Q_C, despejamso el valor de la Q_C, potencia reactiva total de los tres condensadores a colocar:

$$\boldsymbol{Q_C = Q_L - Q = P \cdot tg\ \varphi - P \cdot tg\ \varphi' = P \cdot (tg\ \varphi - tg\ \varphi')}$$

Al tratarse de trifásica, los condensadores se podrán conectar en estrella o en triángulo, por lo que vamos a ver ambos casos.

- Condensadores en estrella

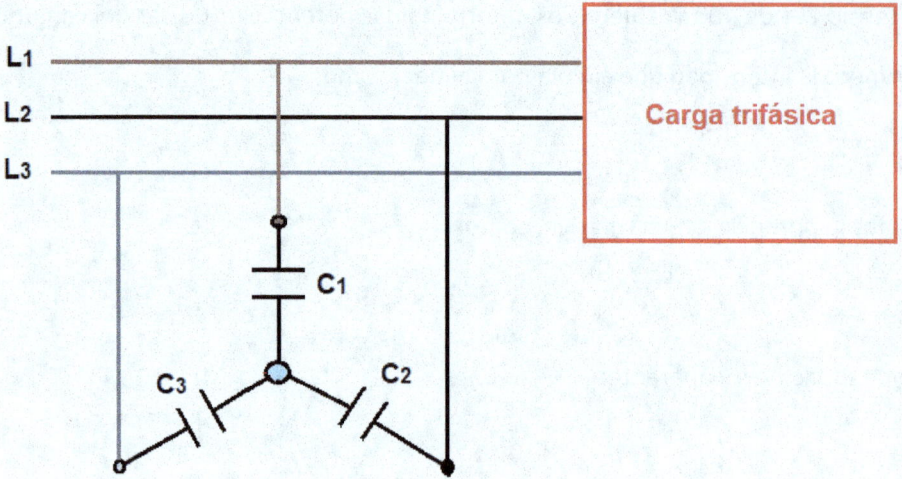

En este caso la tensión de cada condensador, será $\sqrt{3}$ veces menor que la de línea, y su potencia reactiva, la tercera parte de la total, por tanto su capacidad, será:

$$C_Y = \frac{Q_T/3}{2\pi \cdot f \cdot U_C^2} = \frac{Q_T}{3 \cdot 2\pi \cdot f \cdot (\frac{U_L}{\sqrt{3}})^2} = \frac{Q_T}{2\pi \cdot f \cdot U_L^2}$$

Ejercicio resuelto:

Tenemos tres impedancias de 50 Ω y factor de potencia 0,8 cada una, conectadas en triángulo a una línea trifásica cuya tensión es de 400 V y la frecuencia de 50 Hz. Queremos determinar la potencia reactiva capacitiva necesaria para mejorar el factor de potencia a 0,9, sabiendo que la potencia activa total es de 2560 W, así como la capacidad de cada condensador, sabiendo que están conectados en estrella.

Calculamos primero los ángulos correspondientes a los factores de potencia inicial y final:

$\varphi = \arccos \varphi = arcos\ 0{,}8 = 36{,}86°$

$\varphi' = \arccos \varphi' = arcos\ 0{,}9 = 25{,}84°$

Ahora la potencia reactiva total necesaria:

$Q_T = P \cdot (tg\ \varphi - tg\ \varphi') = 2560 \cdot (tg\ 36{,}86° - tg\ 25{,}84°) = \mathbf{679{,}55\ VAR}$

Ahora calculamos la capacidad de cada condensador conectado en estrella:

$C_Y = \dfrac{Q_T}{2\pi \cdot f \cdot U_L^2} = \dfrac{679{,}55}{2\pi \cdot 50 \cdot 400^2} = \mathbf{13{,}5192 \cdot 10^{-6}\ F = 13{,}5192\ \mu F}$

- Condensadores en triángulo

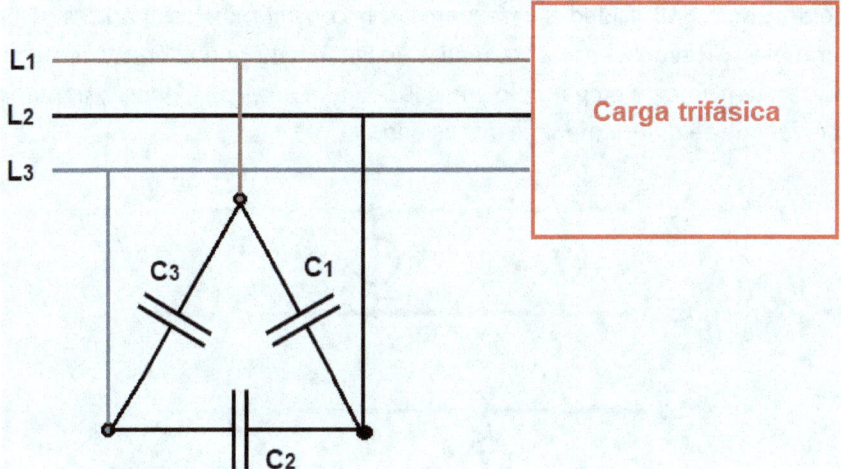

En este caso la tensión de cada condensador coincide con la de la de línea, y su potencia reactiva, la tercera parte de la total, por tanto su capacidad, será:

$$C_\Delta = \frac{Q_T/3}{2\pi \cdot f \cdot U_C^2} = \frac{Q_T}{3 \cdot 2\pi \cdot f \cdot U_L^2}$$

Ejercicio resuelto:

Tenemos tres impedancias de 50 Ω y factor de potencia 0,8 cada una, conectadas en triángulo a una línea trifásica cuya tensión es de 400 V y la frecuencia de 50 Hz. Queremos determinar la potencia reactiva capacitiva necesaria para mejorar el factor de potencia a 0,9, sabiendo que la potencia activa total es de 2560 W, así como la capacidad de cada condensador, sabiendo que están conectados en triángulo.

Calculamos primero los ángulos correspondientes a los factores de potencia inicial y final:

$\varphi = \arccos \varphi = arcos\ 0,8 = 36,86°$

$\varphi' = \arccos \varphi' = arcos\ 0,9 = 25,84°$

Ahora la potencia reactiva total necesaria.

$Q_T = P \cdot (tg\ \varphi - tg\ \varphi') = 2560 \cdot (tg\ 36,86° - tg\ 25,84°) = \mathbf{679,55\ VAR}$

Ahora calculamos la capacidad de cada condensador conectado en estrella:

$$C_\Delta = \frac{Q_T}{3 \cdot 2\pi \cdot f \cdot U_L^2} = \frac{679{,}55}{3 \cdot 2\pi \cdot 50 \cdot 400^2} = \mathbf{4,5064 \cdot 10^{-6}\ F = 4,5064\ \mu F}$$

Como hemos podido apreciar, la capacidad de los condensadores conectados en triángulo es la tercera parte que cuando se conectan en estrella.

11.7. Medidas de magnitudes en sistemas trifásicos

Para la medida de tensiones, intensidades y frecuencias, la conexión de los aparatos respectivos, voltímetro, amperímetro y frecuencímetro, se realiza de igual manera que en corriente monofásica, es decir, voltímetro y frecuencímetro en paralelo entre los conductores de la línea y amperímetro en serie con el conductor en el que se quiera medir la intensidad.

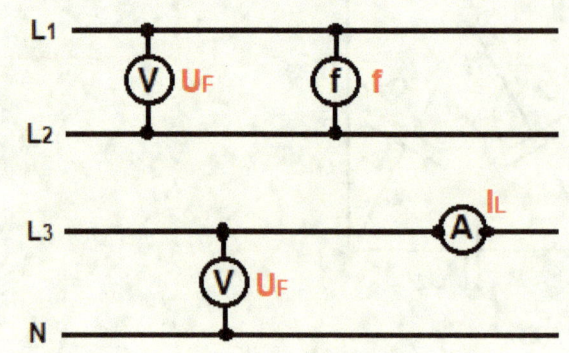

Para la medida de la potencia, hay varios métodos, con uno, dos o tres vatímetros.

- Medida de la potencia con un vatímetro

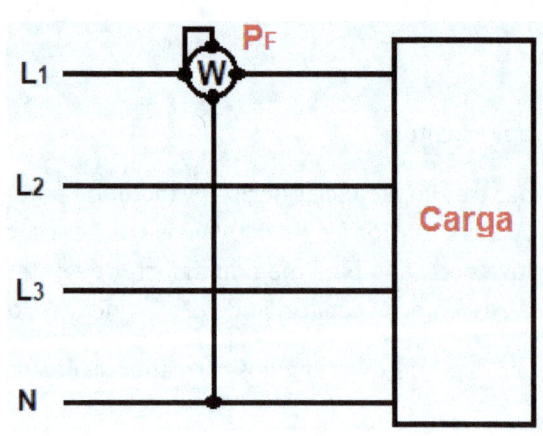

Se puede utilizar este método cuando el sistema está equilibrado, es decir, cuando la carga en las tres fases es la misma, siendo el caso más típico el de los motores.

Se mide con un vatímetro la potencia en una de las fases y la potencia total, será el triple de los que marque el vatímetro:

$$P_T = 3 \cdot P_W$$

- Medida de la potencia con dos vatímetros

Se utiliza cuando la línea carece de neutro, y en este caso, se conectan dos vatímetros como se aprecia en la figura, siendo la potencia total, la suma de las potencias que marca cada vatímetro:

$$P_T = P_{W1} + P_{W2}$$

En este caso, se puede determinar la potencia reactiva, mediante la siguiente expresión:

$$Q_T = \sqrt{3} \cdot (P_{W1} - P_{W2})$$

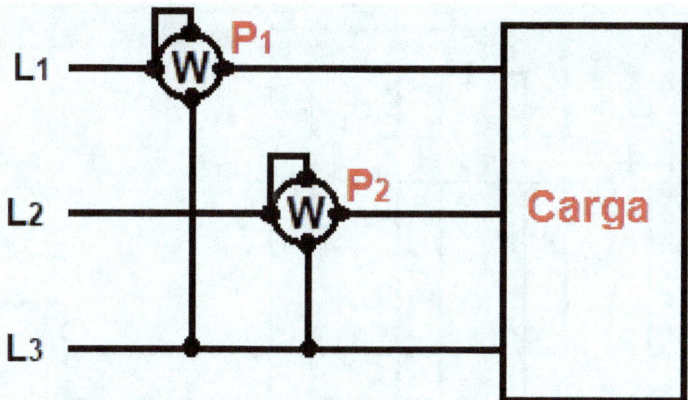

- Medida de la potencia con tres vatímetros

Se utiliza este método cuando el sistema está desequilibrado, es decir, cuando la carga en las tres fases es diferente, siendo el caso más típico cuando las cargas conectadas son monofásicas y no están equilibradas.

Se mide con un vatímetro la potencia en cada una de las fases y la potencia total, será la suma de los valores que marque cada vatímetro:

$$P_T = P_{W1} + P_{W2} + P_{W3}$$

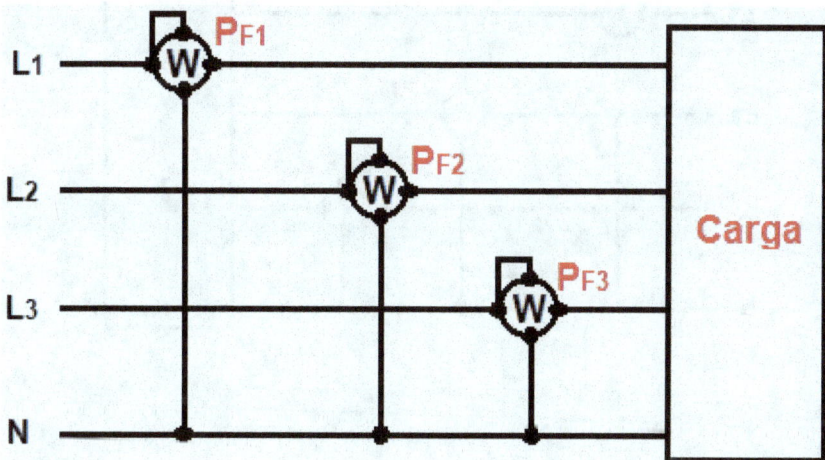

- Contador trifásico

Para medir la energía eléctrica consumida, se utilizan contadores trifásicos, que se conectan de manera análoga a los vatímetros, estando integrados todos en un solo aparato.

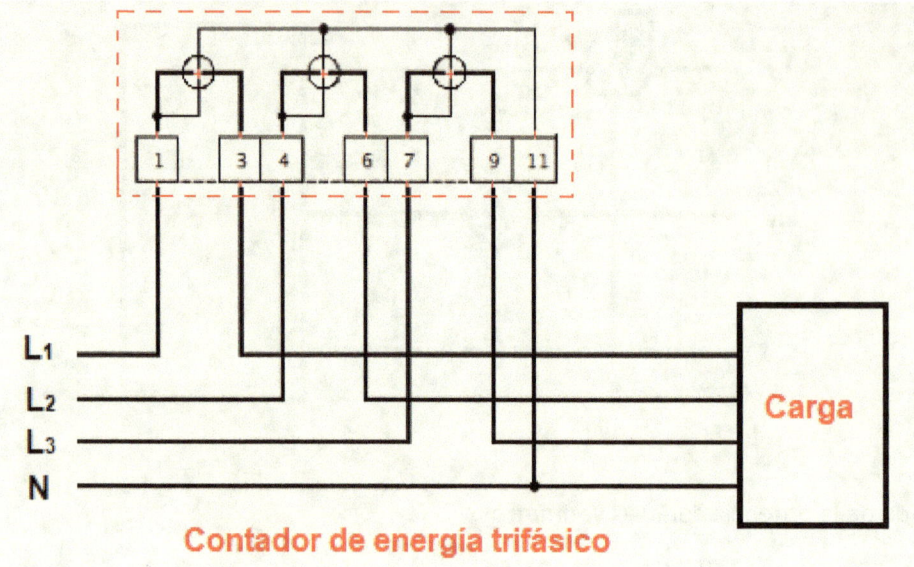

Contador de energía trifásico

- Medida del factor de potencia

Para medir el factor de potencia se hace uso del cosímetro, igual que ocurre en corriente alterna monofásica, y como se sabe, se conecta igual que un vatímetro, pudiendo medir el factor de potencia de cada fase si las cargas son diferentes y no están equilibradas.

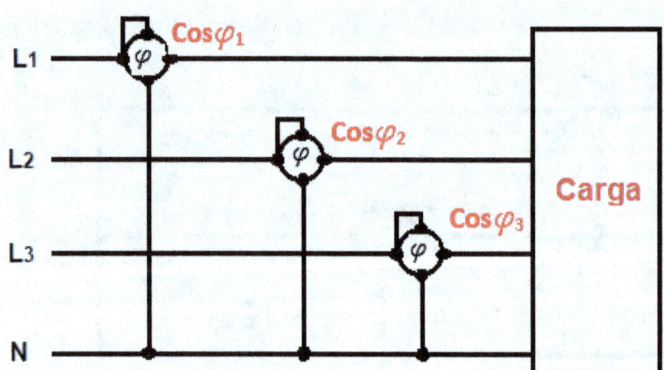

11.8. Cálculo de secciones según el REBT

Cuando se trata de línea monofásicas, que no suelen alimentar potencias excesivas, y para secciones que no superen los 25 mm² en cobre y 70 mm² en aluminio, no se tiene en cuenta la reactancia y para calcular la sección de utilizan las siguientes fórmulas, en función de la intensidad o de la potencia:

$$s = \frac{\sqrt{3} \cdot L \cdot I \cdot \cos\varphi}{\gamma \cdot u} \qquad y \qquad s = \frac{L \cdot P}{\gamma \cdot u \cdot U}$$

Siendo s la sección en mm², L la longitud de la línea en m, I la intensidad de la línea en A, $\cos\varphi$ el factor de potencia, P la potencia en W, γ la conductividad del conductor en m/Ω·mm², u la caída de tensión en V y U la tensión de línea en V.

A continuación, podemos ver un atabla donde figuran los valores de conductividad de cobre y aluminio para diferentes temperaturas:

Material	Valores de conductividad en m/Ω·mm2		
	Temperatura del conductor		
	20°C	Termoplásticos 70°C	Termoestables 90°C
Cobre Cu	58,0	48,5	45,5
Aluminio Al	35,7	29,7	27,8

Dentro de los materiales termoplásticos, tenemos el policloruro de vinilo PVC y la poliolefina, mientras que como termoestables están el etilenopropileno EPR y el polietileno reticulado XLPE.

Además de tener en cuenta el tipo de aislante para determinar la temperatura máxima que soporta el conductor y, por tanto, la conductividad a utilizar, hay que tener en cuenta las indicaciones del Reglamento Electrotécnico de Baja Tensión en cuanto a los porcentajes permitidos de caída de tensión, en función del tipo de línea, cuyos valores ya se vieron en el tema anterior de circuitos monofásicos.

En este aspecto, se diferencian varios tipos de líneas, como son, la acometida, la línea general de alimentación (LGA), la derivación individual (DI), así como si se trata de uno o varios usuarios, o si, el Centro de Transformación (CT) que alimenta es de la compañía o del abonado.

Ejercicio resuelto:

Calcular la sección necesaria de una línea trifásica que alimenta a 400 V un taller de 50 kW y permitiéndose una caída de tensión del 3 %, siendo la longitud de la línea de 25 m. El conductor es de cobre y su aislamiento polietileno reticulado.

Vamos a pasar la caída de tensión permitida a voltios:

$$u = \frac{3}{100} \cdot 400 = 12 \ V$$

Al ser XLPE el aislamiento, la conductividad se toma para 90°C y para el cobre:

$$\gamma_{90°C} = 45,5 \ \frac{m}{\Omega \cdot mm_2}$$

Ahora aplicamos la expresión para el cálculo de la sección:

$$s = \frac{L \cdot P}{\gamma \cdot u \cdot U} = \frac{25 \cdot 50000}{45,5 \cdot 12 \cdot 400} = 5,72 \ mm^2 \quad \Rightarrow \quad s = 6 \ mm^2$$

✓ Cálculo por intensidad

También llamado cálculo por calentamiento, se realiza consultando las tablas del Reglamento donde figuran las intensidades máximas que soportan las diferentes secciones de cable, dependiendo del tipo de conductor, aislamiento, características de montaje, etc...

Vamos a ver en las figuras que se muestran a continuación, las tablas correspondientes a conductores utilizados en instalaciones interiores o receptoras, en las que se pueden apreciar los diferentes métodos de instalación.

Conductores al aire a temperatura 40°C

Método de Instalación	Tipo de aislamiento térmico (XLPE o PVC) + número de conductores cargados (2 o 3) (temperatura máxima de los conductores en régimen permanente → 70 °C tipo PVC y 90 °C tipo XLPE)											
A1		PVC3 (70°C)			XLPE3 (90°C)	XLPE2 (90°C)						
A2	PVC3 (70°C)	PVC2 (70°C)		XLPE3 (90°C)	XLPE2 (90°C)							
B1			PVC3 (70°C)	PVC2 (70°C)				XLPE3 (90°C)		XLPE2 (90°C)		
B2		PVC3 (70°C)	PVC2 (70°C)				XLPE3 (90°C)	XLPE2 (90°C)				
C				PVC3 (70°C)		PVC2 (70°C)			XLPE3 (90°C)	XLPE2 (90°C)		
E						PVC3 (70°C)		PVC2 (70°C)			XLPE3 (90°C)	XLPE2 (90°C)
F							PVC3 (70°C)		PVC2 (70°C)		XLPE3 (90°C)	XLPE2 (90°C)

	mm²	2	3	4	5a	5b	6a	6b	7a	7b	8a	8b	9a	9b	10a	10b	11	12	13
Cobre	1,5	11	11,5	12,5	13,5	14	14,5	15,5	16	16,5	17	17,5	19	20	20	20	21	23	25
	2,5	15	15,5	17	18	19	20	21	22	23	24	26	27	26	28	30	32	34
	4	20	20	23	24	25	26	28	29	30	31	32	34	36	36	38	40	44	46
	6	25	26	29	31	32	34	36	37	39	40	41	44	46	46	49	52	57	59
	10	33	36	40	43	43	46	49	52	54	54	57	60	63	65	68	72	78	82
	16	45	48	53	59	61	63	66	69	72	73	77	81	83	87	91	97	104	110
	25	59	63	69	77	80	82	86	87	91	95	100	105	108	110	115	122	135	146
	35	72	77	86	95	100	101	106	109	114	119	124	127	133	137	143	153	168	182
	50	86	94	103	116	121	122	128	133	139	145	151	155	162	167	174	188	204	220
	70	109	118	130	148	153	155	162	170	178	185	193	199	208	214	225	243	262	282
	95	131	143	156	180	188	187	196	207	216	224	234	241	252	259	271	298	320	343
	120	150	164	179	207	217	216	226	240	251	260	272	280	293	301	314	350	375	397
	150	171	188	196	224	236	247	259	276	289	299	313	322	337	343	359	401	430	458
	185	194	213	222	256	268	281	294	314	329	341	356	368	385	391	409	460	493	523
	240	227	249	258	299	315	330	345	368	385	401	419	435	455	468	489	546	583	617
	300	259	285	295	343	360	398	398	432	414	461	468	516	524	547	549	630	674	713
Aluminio	2,5	11,5	12	13	14	15	16	16,5	17	17,5	18	19	20	20	20	21	23	25	
	4	15	16	17	19	20	21	22	22	23	24	25	26	28	27	29	31	34	
	6	20	20	22	24	25	27	29	28	30	31	32	33	35	36	38	40	44	
	10	26	27	31	33	35	38	40	40	41	42	44	46	49	50	52	56	60	
	16	35	37	41	46	48	50	52	53	55	57	60	63	66	66	70	76	82	82
	25	46	49	54	60	63	63	66	67	70	72	75	78	81	84	88	91	98	110
	35			74	78	78	81	83	87	89	93	97	101	104	109	114	122	136	
	50			90	94	95	100	101	106	108	113	118	123	127	132	140	149	167	
	70			115	121	121	127	130	136	139	145	151	158	162	170	180	192	215	
	95			140	146	147	154	159	166	169	177	183	192	197	206	219	233	262	
	120			161	169	171	179	184	192	196	205	213	222	228	239	254	273	306	
	150				187	196	205	213	222	227	237	246	257	264	276	294	314	353	
	185				212	222	232	243	254	259	271	281	293	301	315	337	361	406	
	240				248	261	273	287	300	306	320	332	347	355	372	399	427	482	
	300				285		313		331		366		400		429	462	494	558	

Conductores enterrados temperatura 25°C

Métodos D1/D2	Sección (mm²)	1,5	2,5	4	6	10	16	25	35	50	70	95	120	150	185	240	300
Cobre	PVC2	20	27	36	44	59	75	98	118	140	173	205	233	264	296	342	387
	PVC3	17	22	29	37	49	63	81	97	115	143	170	192	218	245	282	319
	XLPE2	24	32	42	53	70	91	116	140	166	204	241	275	311	348	402	455
	XLPE3	21	27	35	44	58	75	96	117	138	170	202	230	260	291	336	380
Aluminio	XLPE2	-	-	-	-	-	70	89	107	126	156	185	211	239	267	309	349
	XLPE3	-	-	-	-	-	58	74	90	107	132	157	178	201	226	261	295

Métodos de instalación:

A1: Conductores unipolares bajo tubo en pared aislante
A2: Conductores multipolares bajo tubo en pared aislante
B1: Conductores unipolares bajo tubo en pared de madera o mampostería o empotrados en obra
B2: Conductores multipolares bajo tubo en pared de madera o mampostería o empotrados en obra
C: Conductores unipolares o multipolares al aire sobre pared de madera o mampostería
E: Conductores multipolares al aire separados de la pared
F: Conductores unipolares en contacto al aire separados de la pared

Ejercicio resuelto:

Queremos calcular la sección por calentamiento de una línea trifásica que alimenta una industria cuya potencia alcanza los 80 kW trabajando con un factor de potencia de 0,92. Sabemos que la línea es de cobre aislado con etileno propileno, conductores unipolares, con una longitud de 40 m, siendo su tensión de 400 V y está instalada bajo tubo enterrado.

Al alimentar una industria se considera línea de fuerza y por tanto se permite una caída de tensión de un 5 %, según los esquemas vistos del Reglamento en el tema anterior.

Vamos a calcular la intensidad de la línea:

$$I_L = \frac{P}{\sqrt{3} \cdot U_L \cdot \cos\varphi} = \frac{80000}{\sqrt{3} \cdot 400 \cdot 0{,}92} = 125{,}51\ A$$

Una vez tenemos la intensidad, miraremos en la tabla de conductores enterrados, concretamente en los valores correspondientes a cobre y XLPE3.

En esa fila, miramos el primer valor de intensidad igual o superior a 125,51 A, siendo esta una intensidad de 138 A, que corresponde a una **sección de 50 mm²**.

11.9. Actividades

- Cuestiones

1. Indica las ventajas de los sistemas trifásicos frente a los monofásicos.

2. Qué tipos de conexión pueden tener los alternadores, señalando sus características.

3. Qué diferencia hay entre conectar los condensadores en estrella o triángulo para mejorar el factor de potencia en sistemas trifásicos.

4. Indica los métodos de medición de potencia en sistemas trifásicos.

- Ejercicios

1. Queremos saber la tensión de salida de una central eléctrica, sabiendo que la tensión que genera cada fase del alternador es de 13,5 kV y su conexión es en estrella.

2. En el esquema de la figura, queremos saber los valores de tensiones e intensidades, así como las potencias del receptor trifásico conectado, sabiendo que la línea es de 400 V y 50 Hz, y el valor de cada impedancia es de 4+3j.

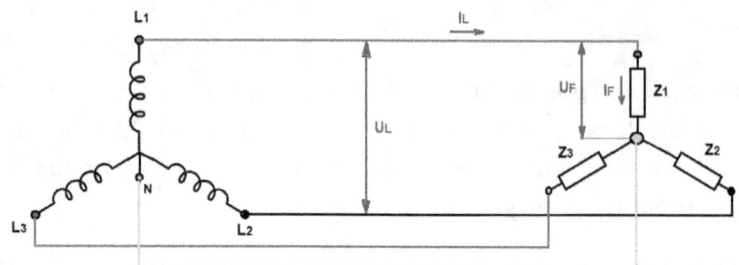

3. En el esquema de la figura, queremos saber los valores de tensiones e intensidades, así como las potencias del receptor trifásico conectado, sabiendo que la línea es de 400 V y 50 Hz, y el valor de cada impedancia es de 3+2j.

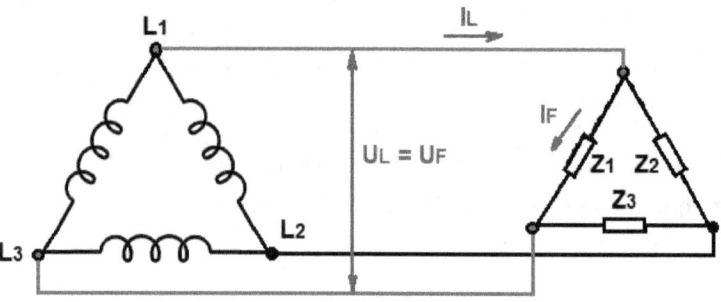

4. La línea de la figura, está alimentada a 400/230 V y 50 Hz, siendo la potencia del motor trifásico de 10 kW y su factor de potencia 0,93, las potencias de cada motor monofásico de 3 kW y su factor de potencia de 0,89, y las impedancias de 40+30j Ω. Se quiere calcular la intensidad de la línea, la que consume cada uno de los receptores, el factor de potencia global y la capacidad de los condensadores a conectar en triángulo para mejorar el factor de potencia global a 0,97. Calcular también la sección a utilizar en la línea de alimentación (antes y después de colocar los condensadores), sabiendo que es conductores multipolares de cobre, con polietileno reticulado, al aire separados de la pared, considerando una caída de tensión del 3,5 % y una longitud de 25 m.

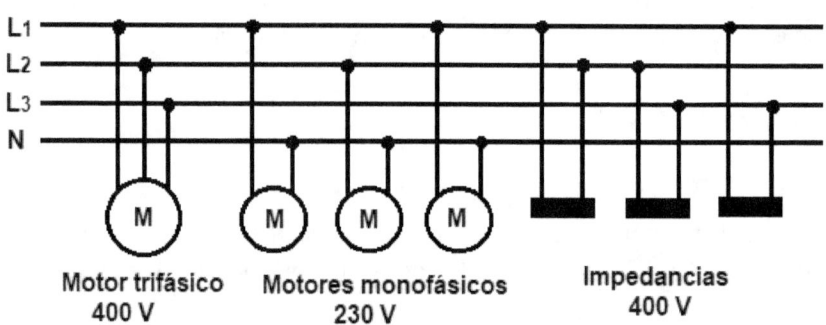

UNIDAD 12
SEGURIDAD ELÉCTRICA

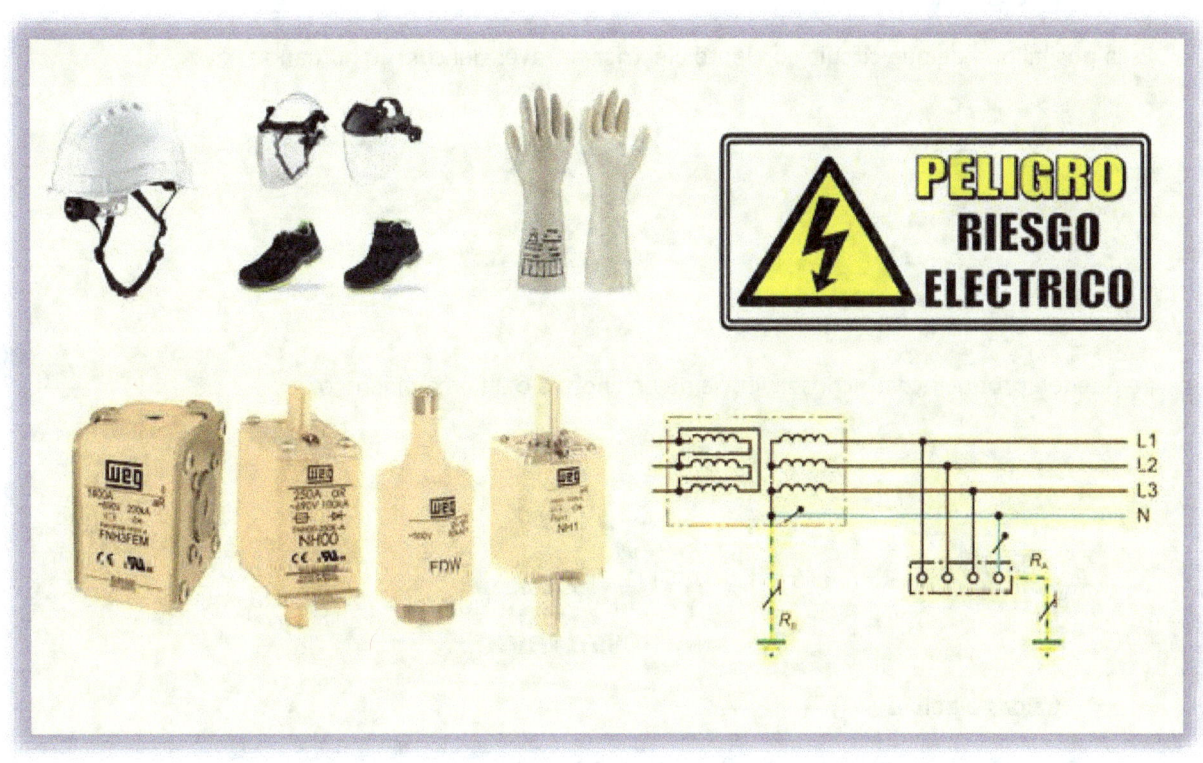

12. SEGURIDAD ELÉCTRICA

12.1. Riesgo eléctrico

El riesgo eléctrico existe en todo trabajo que implique manipular o maniobrar instalaciones eléctricas, ya sean de baja o alta tensión, como pueden ser mantenimiento o utilización de aparamenta eléctrica en entornos húmedos o mojados.

Los riesgos eléctricos específicos más habituales son:

- ✓ Electrocución

Es la posibilidad de que circule corriente eléctrica a través del cuerpo humano.

- ✓ Quemaduras

Se pueden producir como consecuencia de un choque o un arco eléctrico.

- ✓ Caídas o golpes

Son ocasionados tras recibir un choque o un arco eléctrico.

- ✓ Incendios o explosiones

Producidos como consecuencia de un accidente eléctrico.

12.2. Efectos de la corriente eléctrica y sus factores

Los efectos que produce la corriente eléctrica en el cuerpo humano varían dependiendo de los órganos a los que afecte:

- ✓ Piel

Es el primer elemento en entrar en contacto con la corriente, produciendo manchas en las zonas de entrada y de salida cuando es baja tensión, pudiendo ocasionar quemaduras graves o destrucción de tejidos profundos cuando se trata de alta tensión.

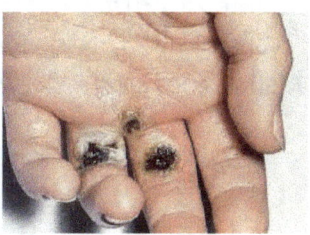

- ✓ Músculos

Cuando la corriente alcanza los músculos y lo hace de forma continua, puede producir la tetanización, lo que ocasiona que la persona no sea capaz de soltarse por sí sola del material conductor. La tetanización puede alcanzar los músculos respiratorios llegando a provocar la muerte por asfixia.

- ✓ Corazón

La circulación de corriente eléctrica afecta al corazón provocando un descontrol en sus contracciones, produciéndose la denominada fibrilación ventricular, pues el ritmo de contracciones del ventrículo se altera, pudiendo llegar a producir una parada cardiaca.

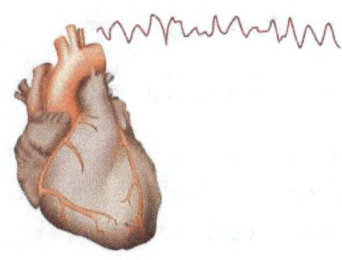

✓ Sistema nervioso

Como consecuencia del paso de la corriente eléctrica, el sistema nervioso que funciona mediante impulsos eléctricos sufre alteraciones que pueden afectar entre otros al oído, a la vista o al riñón, pudiendo provocar ceguera y en casos extremos ocasionar una parada cardiaca.

- Factores que influyen en el paso la corriente eléctrica

Hay diferentes factores que afectan a las consecuencias de la circulación de la corriente eléctrica por el cuerpo humano, hecho que se produce cuando se entra en contacto entre dos puntos sometidos a una tensión, y siendo los más importantes:

✓ Intensidad

Su valor en miliamperios mA es determinante en las consecuencias que puede tener sobre el cuerpo humano.

En cuanto a los efectos producidos por los diferentes valores, tenemos:

- A partir de 0,05 mA, se produce cosquilleo en la lengua
- A partir de 1,1 mA, aparece cosquilleo en la mano
- Entre 0 y 25 mA, puede producirse tetanización muscular
- Entre 25 y 30 mA, hay riesgo de asfixia
- A partir de 30 mA, aparece fibrilación ventricular
- Superados los 4 A, se produce una parada cardiaca

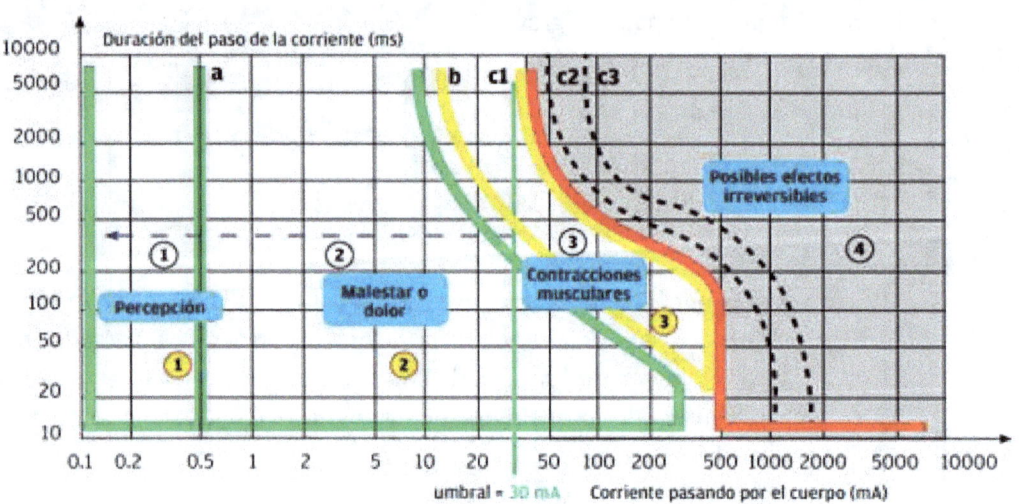

**Efectos de la corriente en el cuerpo humano
Norma IEC 60479-1**

✓ Frecuencia de la corriente

Cabe distinguir la corriente continua de la alterna, pues la continua no tiene frecuencia y sus efectos se producen por el calentamiento que ocasiona, no siendo tan peligrosa como la alterna, aunque puede llegar a producir una embolia debido al fenómeno de electrolisis que produce en la sangre.

Por su parte, al alterna al tener una frecuencia determinada, afecta a la frecuencia cardiaca y al ritmo del sistema nervioso, provocando espasmos y fibrilación. A medida que aumenta su frecuencia, la peligrosidad disminuye, siendo prácticamente nula a partir de 10000 Hz.

- ✓ Impedancia del cuerpo

Hay que tener en cuenta que la impedancia del cuerpo no es constante, dependiendo entre otros factores de la tensión a que se ve sometido y a su humedad. También influyen otros factores, como la edad, el sexo, el estado de ánimo, etc...

Por suerte, gran parte de los efectos de la corriente se quedan en la piel, en forma de quemaduras, no llegando toda la energía eléctrica al interior del cuerpo. De hecho, es mayor el peligro cuando la piel está húmeda, pues desciende considerablemente su impedancia, facilitando el paso a través de ella de la corriente.

Tensión de contacto (V)	Trayectoria mano-mano, piel seca, c. alterna, frecuencia 50-60 Hz, superficie de contacto 50-100 cm²		
	Impedancia total (Ω) del cuerpo humano que no son sobrepasados por el		
	5% de las personas	50% de las personas	95% de las personas
25	1.750	3.250	6.100
50	1.450	2.625	4.375
75	1.250	2.200	3.500
100	1.200	1.875	3.200
125	1.125	1.625	2.875
220	1.000	1.350	2.125
700	750	1.100	1.550
1.000	700	1.050	1.500
valor asintótico	650	750	850

Impedancia del cuerpo frente a la corriente alterna

Tensión de contacto (V)	Trayectoria mano-mano, piel seca, c. continua superficie de contacto 50-100 cm²		
	Impedancia total (Ω) del cuerpo humano que no son sobrepasados por el		
	5% de las personas	50% de las personas	95% de las personas
25	2.200	3.875	8.800
50	1.750	2.990	5.300
75	1.510	2.470	4.000
100	1.340	2.070	3.400
125	1.230	1.750	3.000
220	1.000	1.350	2.125
700	750	1.100	1.550
1.000	700	1.050	1.500
valor asintótico	650	750	850

Impedancia del cuerpo frente a la corriente continua

- ✓ Tensión eléctrica

Es otro de los factores que influyen, y de forma considerable, en los efectos de la corriente eléctrica, pues según la ley de Ohm, a mayor tensión aplicada, mayor será el valor de la corriente.

En la tabla anterior, se puede apreciar también que, al aumentar la tensión, disminuye el valor de la impedancia del cuerpo y, por tanto, aumenta doblemente el valor de la corriente, por el aumento de tensión, y por la disminución de la impedancia.

Los peores efectos los causan las altas tensiones, aunque con tensiones denominadas bajas (230, 127 V), se pueden producir electrocuciones.

Se considera que las tensiones por debajo de los 50 V no tienen capacidad de generar daños importantes al organismo y se denominan tensiones de seguridad, dependiendo su valor de seguridad del emplazamiento donde se produzcan:

- En emplazamientos secos 50 V
- En emplazamientos húmedos o mojados 24 V
- En emplazamientos sumergidos 12 V

Ejercicio resuelto

Se quiere saber la corriente que atravesará a una persona en un momento en el que su impedancia es de 5500 Ω, al verse sometida a una tensión de 230 V.

Aplicando la ley de Ohm, tenemos la solución:

$$I = \frac{U}{Z} = \frac{230}{5500} = 41,\widehat{81} \cdot 10^{-3}\, A = 41,\widehat{81}\ mA$$

- ✓ Tiempo de contacto

Es evidente que cuanto más tiempo dure el contacto y, por tanto, el paso de la corriente, mayores serán sus consecuencias, tal y como se puede apreciar en el gráfico visto anteriormente sobre los efectos del paso de la corriente sobre el cuerpo humano.

- ✓ Trayectoria de la corriente

A la hora de determinar la peligrosidad del paso de la corriente, influyen también los dos puntos entre los cuales se produce su paso, es decir, la trayectoria que siga esa corriente dentro del cuerpo.

Las trayectorias más peligrosas son las que atraviesan órganos vitales como son el corazón, el cerebro, los riñones, etc...

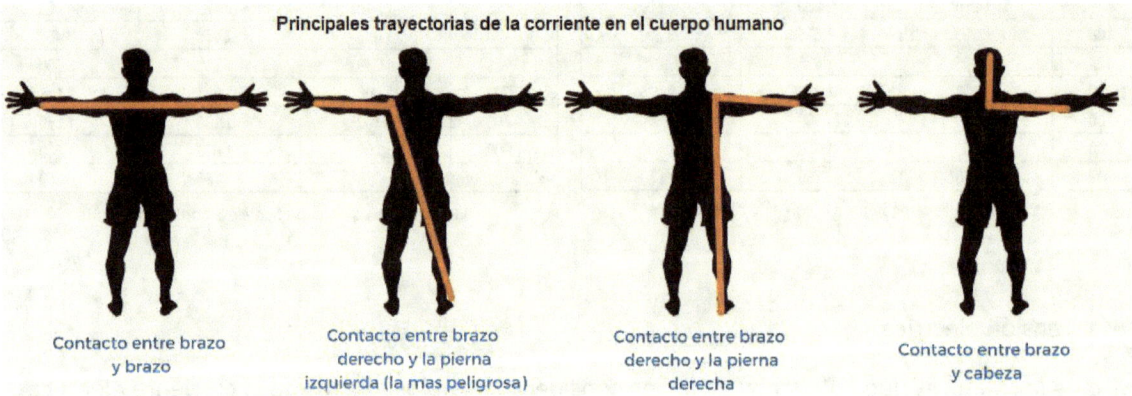

12.3. Protecciones eléctricas de instalaciones y máquinas

Para proteger las instalaciones y las máquinas eléctricas, existen diferentes sistemas y dispositivos que evitarán accidentes y daños en ellas:

- Cortacircuito fusible

Es un dispositivo que corta de manera automática la corriente cuando esta alcanza valores indeseados, siendo su capacidad de corte muy elevada. Se coloca en serie en el circuito y está constituido por un filamento, normalmente de menor sección que el conductor y de un material que funde antes que el del conductor para que el conductor no se pueda deteriorar.

Su actuación evita la destrucción del conductor y también las de las máquinas que este último esté alimentando, y lo puede hacer por sobrecargas o cortocircuitos. Las sobrecargas se producen cuando el consumo es más elevado de lo normal y se produce un aumento de la intensidad, mientras que el cortocircuito se provoca cuando se unen de forma accidental dos conductores activos, apareciendo corrientes muy elevadas.

El fusible tiene dos parámetros importantes, su calibre, que es la corriente que soporta con normalidad sin llegar a actuar por fusión, y el poder de corte, que es la máxima corriente que es capaz de extinguir en caso de cortocircuito.

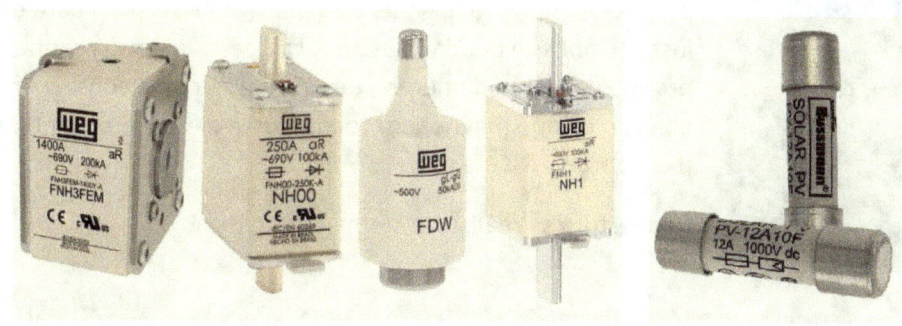

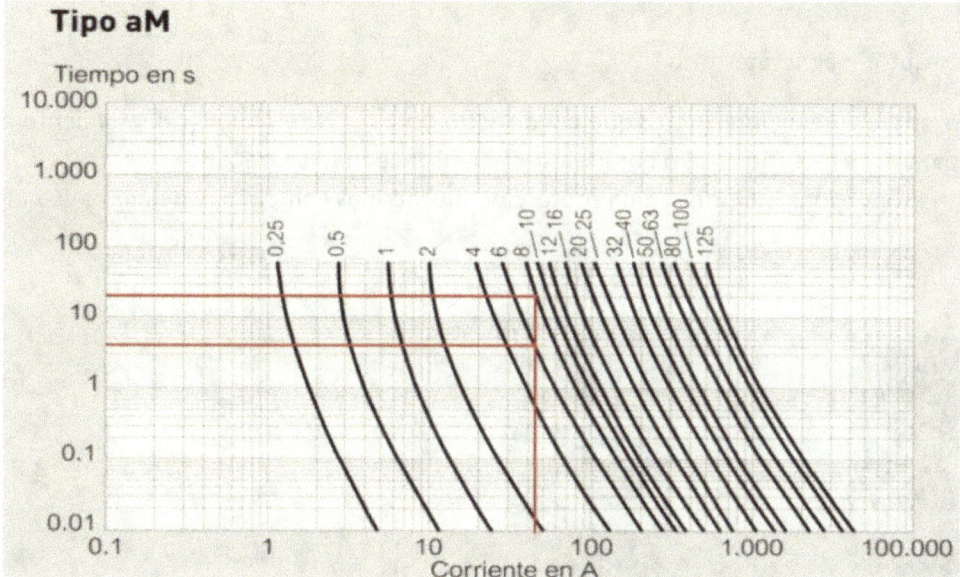

En la gráfica, se observan las curvas de fusión de fusibles tipo aM, especiales para proteger motores. Cada curva corresponde a un calibre diferente, observándose que, para una misma intensidad (45 A), el tiempo de fusión es menor en el fusible de menor calibre (6 A-2,5 s), que en el de más calibre (8 A-15 s).

- Relé térmico

Permite regular la corriente de forma que actúa abriendo el circuito al valor que previamente se determine en él. Es muy útil en los motores para evitar sobrecalentamientos por sobreintensidades, y la apertura la puede realizar de forma automática o mediante un aviso para que un operario la lleve a cabo de forma manual.

Una vez que hace la apertura, puede volver a cerrar el circuito al cabo de un tiempo tras enfriarse los contactos que se abrieron.

- Interruptor electromagnético

Es un interruptor preparado para actuar abriendo el circuito cuando se producen intensidades muy elevadas (cortocircuito) para evitar que las instalaciones se puedan destruir. La apertura de sus contactos se produce muy rápidamente pues se realiza como consecuencia de un elevado campo magnético creado por la elevada corriente, siendo prácticamente instantánea.

La apertura se realiza de forma automática.

- Interruptor magnetotérmico

En este caso, se trata de un interruptor que puede actuar por efecto térmico (calentamiento de sus contactos) para sobreintensidades, o por efecto magnético cuando se trata de intensidades de cortocircuito. Proporciona, por tanto, una protección mucho más completa, y de ahí su uso tan extendido.

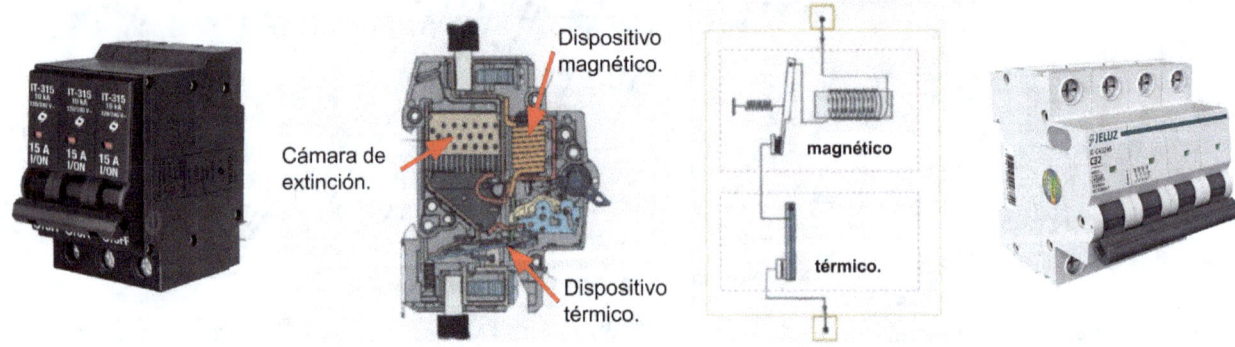

- Tomas de tierra

Las tomas de tierra consisten en electrodos unidos a tierra y conectados mediante un conductor a las partes metálicas de las máquinas o cualquier otro elemento metálico susceptible de entrar en contacto accidental con tensión.

Su finalidad es, derivar a tierra las corrientes que se puedan producir cuando estas partes metálicas entran en tensión, evitando que cuando una persona toque en dichas partes metálicas (masas), pueda quedar sometida a una tensión peligrosa.

- Interruptor diferencial

Consiste en un interruptor que provoca la apertura del circuito cuando se produce alguna fuga de corriente del mismo, normalmente intensidades pequeñas, mediante la detección de esa diferencia de intensidades entre las que llegan al receptor y las que retornan por el circuito.

Suele actuar en combinación con las tomas de tierra pues cuando una parte metálica entra en tensión y está conectada a tierra, se produce una fuga de corriente que no retorna por el circuito, provocando la actuación del diferencial. Se sitúa a continuación del interruptor magnetotérmico.

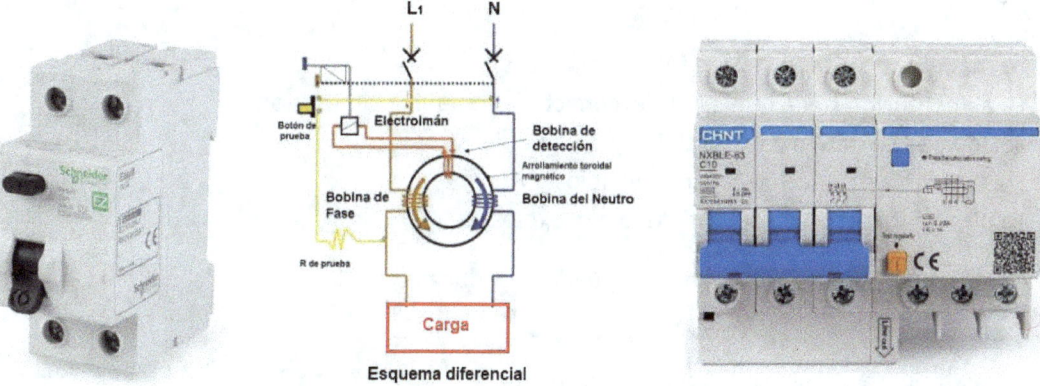

12.4. Accidentes eléctricos

La gran mayoría de los accidentes eléctricos se producen por manipular los equipos e instalaciones sin los conocimientos necesarios y por no tomar las debidas medidas de seguridad.

Para evitar esto hay una serie de recomendaciones como son:

- ✓ Las cinco reglas de oro para dejar sin tensión una instalación:

1. Desconexión: abriendo todas las fuentes de tensión
2. Evitar realimentación: mediante enclavamiento o bloqueo de los dispositivos de apertura
3. Comprobar ausencia de tensión: mediante pértigas o equipos de medida de tensión
4. Poner a tierra y en cortocircuito: uniendo entre sí todas las fases y conectándolas a tierra
5. Señalización: colocando señales o balizas indicando el riesgo eléctrico y delimitando la zona de trabajo

- ✓ Para reponer la tensión se debe seguir la secuencia inversa:

1. Retirar la señalización y el balizamiento de la zona de trabajo
2. Retira la puesta a tierra y en cortocircuito de la alimentación
3. Desbloquear los elementos de apertura de la instalación
4. Cerrar los dispositivos de corte para reponer la tensión

- ✓ Para la manipulación de máquinas eléctricas (motores o generadores) se deben seguir los siguientes principios:

1. La máquina no debe estar en funcionamiento
2. La alimentación tiene que estar desconectada (máquina sin tensión)
3. Los bornes se deben cortocircuitar y poner a tierra
4. Desactivar la protección contra incendios
5. La atmósfera no deber ser inflamable ni explosiva

Los principales accidentes eléctricos que se pueden producir son electrocuciones, quemaduras y caídas con golpes.

- ✓ Para atender a los accidentados se deben procurar primeros auxilios como son:

1. Separación de las partes con tensión
2. Reanimación cardiopulmonar (RCP)
3. Atención por quemaduras, hemorragias y fracturas

> ¿Cómo hacer una RCP paso a paso?
> - Paso 1: Evaluar la situación.
> - Paso 2: Comprobar la conciencia.
> - Paso 3: Comprobar la respiración.
> - Paso 4: Llamar a los servicios de emergencia.
> - Paso 5: Colocar a la persona en posición adecuada.
> - Paso 6: Realizar las compresiones torácicas.
> - Paso 7: Realizar la ventilación boca a boca (opcional)

- ✓ Para prevenir accidentes es necesario hacer uso de equipos de protección individual tales como:

1. Ropa ignifuga y antiestática para evitar acumulación de carga eléctrica
2. Casco aislante con barbuquejo para protección frente a golpes en la cabeza
3. Protección facial y ocular para evitar proyecciones en los ojos y la cara
4. Protección auditiva frente a ruidos
5. Guantes aislantes e ignífugos para proteger frente a contactos directos y quemaduras
6. Calzado de seguridad aislante para protección de los pies frente a golpes y descargas eléctricas

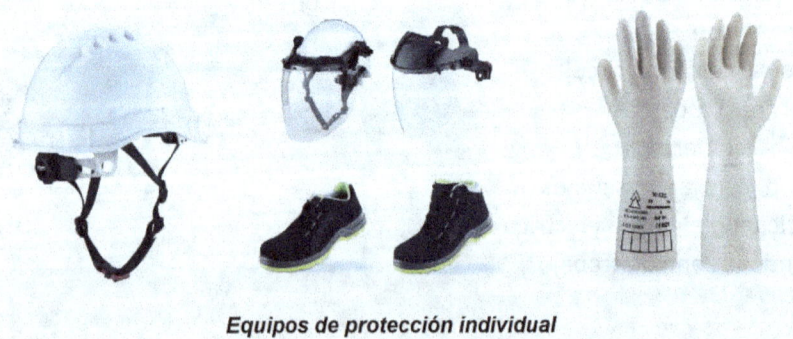

Equipos de protección individual

12.5. Contactos directos e indirectos

A la hora de que una persona entre en contacto con una tensión se pueden distinguir dos tipos de contactos, directos o indirectos.

- Contactos directos

Se producen cuando se entra en contacto con una parte activa de una instalación, es decir, un elemento que en condiciones normales está sometido a tensión, como puede ser el conductor de una fase.

Para evitarlos, las partes en tensión deben estar separadas de forma que no se pueda acceder a ellas, por ejemplo, llevando aislamientos o mediante barreras físicas (pantallas). También nos protegemos de ellos haciendo uso de los equipos de protección individual, o haciendo uso de herramientas aisladas para llevar a cabo las manipulaciones y mantenimiento.

Contacto directo

- Contactos indirectos

Contacto indirecto

Se producen al entrar en contacto con elementos que se han puesto de forma accidental con tensión cuando habitualmente no la tienen, como puede ser la carcasa de un motor.

Para evitarlos, se pueden utilizar equipos de clase II o doble aislamiento, y en caso de no ser así, conectando las partes metálicas a tierra para que, al producirse una fuga a tierra al entrar en tensión, el interruptor diferencial actúe abriendo el circuito y cortando la alimentación.

12.6. Esquemas del neutro

A la hora de realizar los sistemas de distribución de la energía eléctrica nos podemos encontrar con diferentes esquemas, dependiendo de cómo se encuentren conectados la alimentación y los receptores con respecto a tierra, y partiendo de que en la alimentación se conecta a ella a través del neutro.

- Esquema TT

En este sistema, la alimentación se encuentra puesta directamente a tierra, mientras que las masas (partes metálicas) de la instalación están conectadas a su puesta a tierra independiente.

Es el sistema más habitual utilizado en la alimentación de instalaciones domésticas y la protección se lleva a cabo mediante interruptores automáticos y diferenciales.

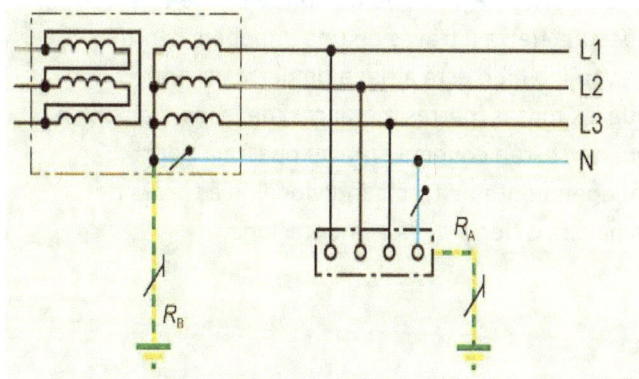

- Esquema TN

Tiene tres variantes, dependiendo de cómo estén conectados los receptores a la tierra de protección, estando en todos ellos la alimentación conectada directamente a tierra.

✓ Esquema TN-S

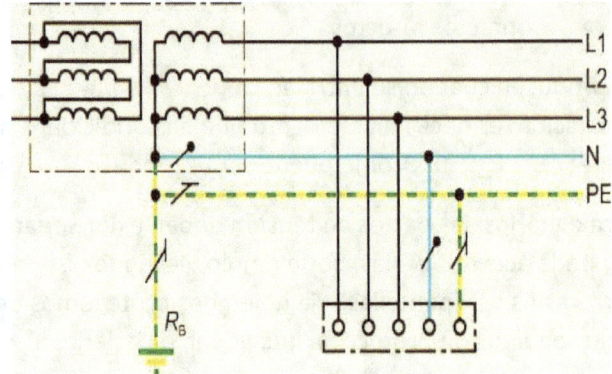

Las masas de los receptores están conectadas a un conductor de protección separado de todo el sistema que viene de la puesta a tierra de la alimentación.

✓ Esquema TN-C

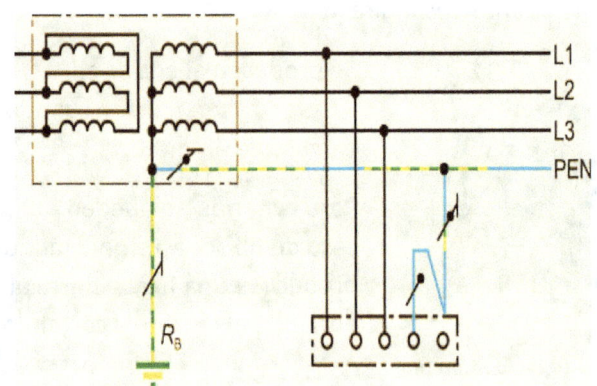

Las masas de los receptores están conectadas a la puesta a tierra de la alimentación a través del neutro que hace las veces de conductor de protección.

✓ Esquema TN-S-C

Las masas de los receptores están conectadas a la puesta a tierra de la alimentación de ambas formas, unas a través del neutro que hace las veces de conductor de protección, y otras a través de un conductor de protección, es decir, es una combinación de los dos anteriores.

- Esquema IT

En este sistema, la alimentación se encuentra puesta a tierra a través de una impedancia muy elevada, o bien está aislada de tierra, mientras que las masas (partes metálicas) de la instalación pueden están conectadas a su puesta a tierra independiente de forma individual, o a través de la puesta a tierra de la alimentación.

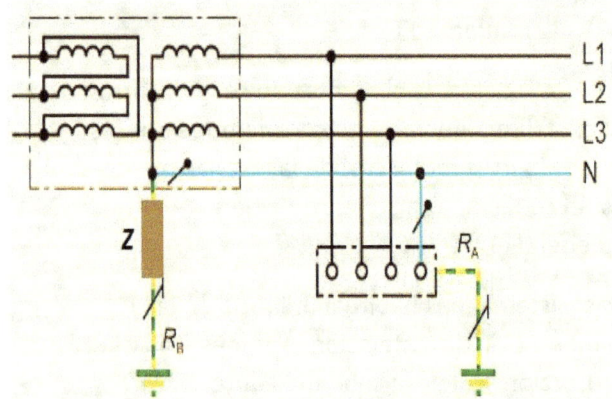

En este caso la protección se realiza mediante un dispositivo de vigilancia de asilamiento, ya que las corrientes de fallo no son detectadas por fusibles ni por diferenciales.

12.7. Actividades

- Cuestiones

1. Indica cuáles son los riesgos eléctricos más habituales.

2. A qué órganos afecta principalmente la corriente eléctrica y qué puede provocar en cada uno de ellos.

3. Señala los factores que influyen en el paso de la corriente eléctrica por el cuerpo humano.

4. Cuáles son las tensiones de seguridad para los diferentes emplazamientos según su grado de humedad.

5. Qué protecciones se utilizan para proteger las instalaciones y máquinas eléctricas.

6. Indica lo que son el calibre y el poder de corte de un fusible.

7. Cómo actúa un interruptor magnetotérmico en sus dos maneras de funcionamiento.

8. Cuáles son las llamadas cinco reglas de oro.

9. Indica cuáles son los primeros auxilios a prestar a un accidentado eléctrico.

10. Señala seis equipos de protección individual utilizados en trabajos eléctricos.

11. Define lo que son contactos directos e indirectos.

12. Cuáles son los diferentes esquemas del neutro.

- Ejercicios

1. Sabiendo que a partir de 30 mA, una persona puede sufrir un accidente grave, ¿qué valor mínimo de impedancia del cuerpo humano, evita ese peligro en una vivienda?

2. Se quiere saber el valor mínimo de puesta a tierra que debe tener un local húmedo para quedar protegido por un diferencial de 10 mA.

3. Tenemos una piscina y queremos saber que sensibilidad mínima debe tener el diferencial a colocar para proteger a las personas si el valor de la resistencia de puesta a tierra es de la instalación es de 250 Ω.

UNIDAD 13
TRANSFORMADORES

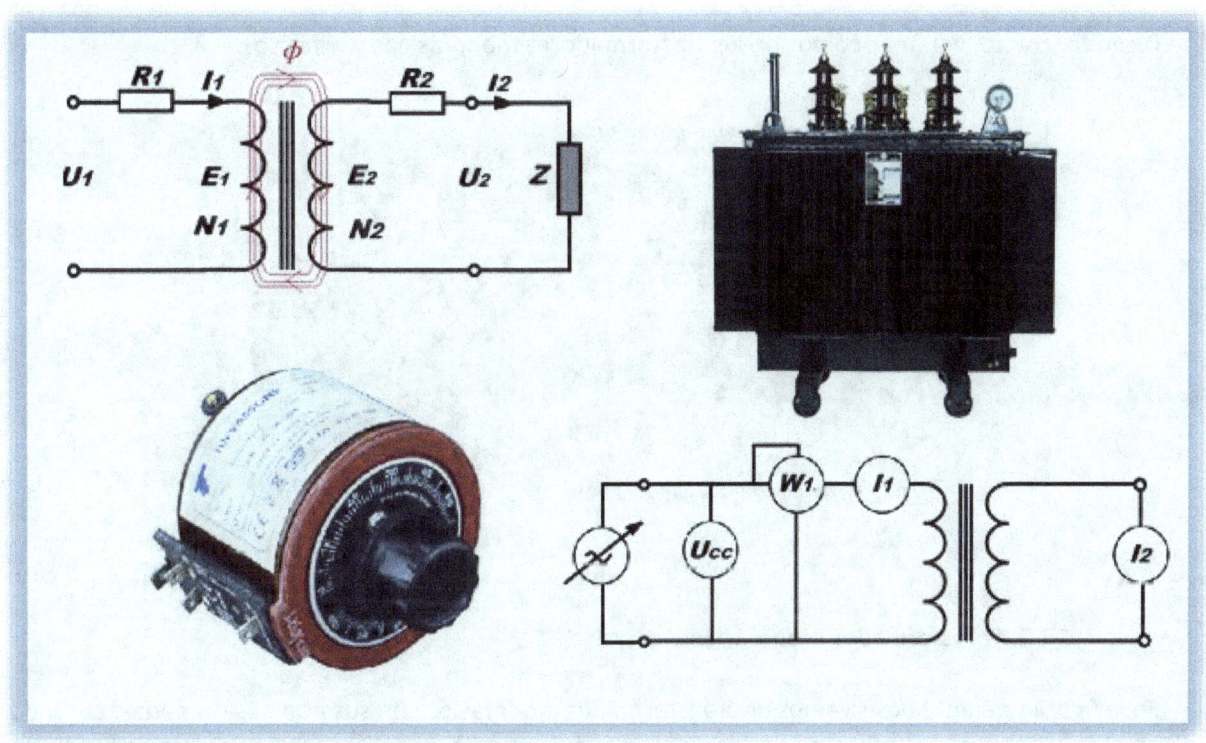

13. TRANSFORMADORES

13.1. Principio de funcionamiento

El funcionamiento de un transformador se basa en el principio de inducción electromagnética mediante el cual, al aplicar una fuerza electromotriz a una bobina (primario) aparece en ella un flujo magnético que, cerrándose a través de un núcleo magnético de hierro, atraviesa una segunda bobina (secundario), provocando en ella una nueva fuerza electromotriz cuyo valor va a depender principalmente del número de espiras de ambas bobinas.

Según sabemos de la ley de Faraday, la fuerza electromotriz en la bobina viene dada por:

$$e = -N \cdot \frac{\Delta \Phi}{\Delta t}$$

De lo cual se deduce que el flujo debe ser variable y, por tanto, un trasformador sólo puede funcionar con corriente alterna y no con continua.

También se ve que el valor de la fuerza electromotriz (tensión) en cada bobina va a depender de su número de espiras.

Dicho todo esto, veremos cómo son los trasformadores monofásicos y trifásicos.

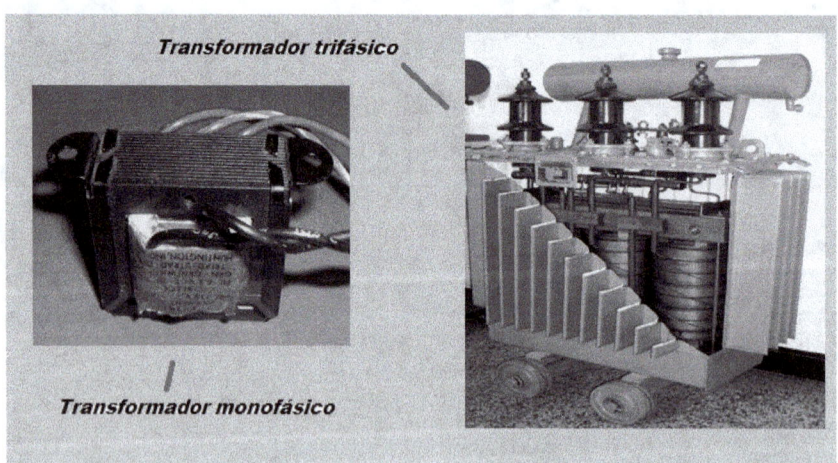

13.2. Transformador monofásico

En la figura siguiente observamos un transformador monofásico con sus bobinas primaria y secundaria en el que, como se ha dicho en el principio de funcionamiento, al aplicar tensión al primario, por efecto de la inducción electromagnética aparece una tensión en la del secundario, pudiéndose decir que se cumple de forma muy aproximada:

$$\frac{U_1}{U_2} = \frac{N_1}{N_2} = m$$

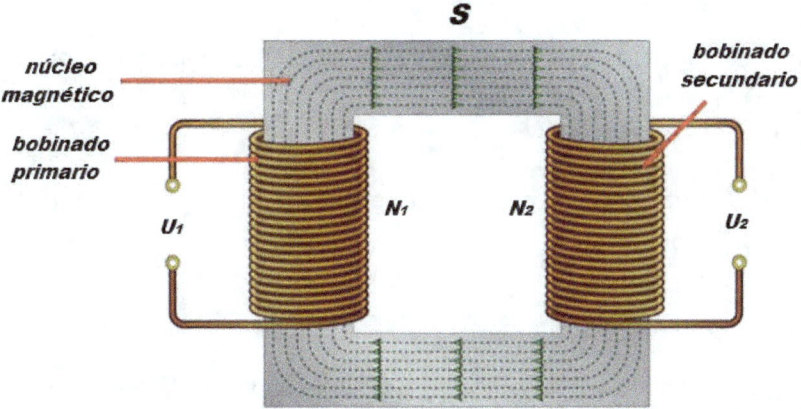

El valor de la relación de transformación m, nos indica la relación entre tensión primaria y secundaria, siendo mayor que uno cuando la tensión primaria es mayor que la secundaria (transformador reductor), y menor que uno cuando la tensión secundaria es mayor que la primaria (transformador reductor). Los trasformadores monofásicos son reversibles, es decir, una vez fabricados pueden actuar como elevadores o como reductores según la bobina a la que se le aplique la tensión primaria.

- Transformador ideal

  ✓ En vacío

En un transformador ideal, en que se supone no hay pérdidas magnéticas ni eléctricas, al aplicar tensión al primario, circula por él una pequeña corriente llamada de vacío I_o que va a generar un flujo común en ambas bobinas, respondiendo la bobina del primario con una fuerza electromotriz contraria a la tensión que se le aplica, al igual que la bobina del secundario, quedando ese diagrama de vectores parecido a lo que se ve en la figura.

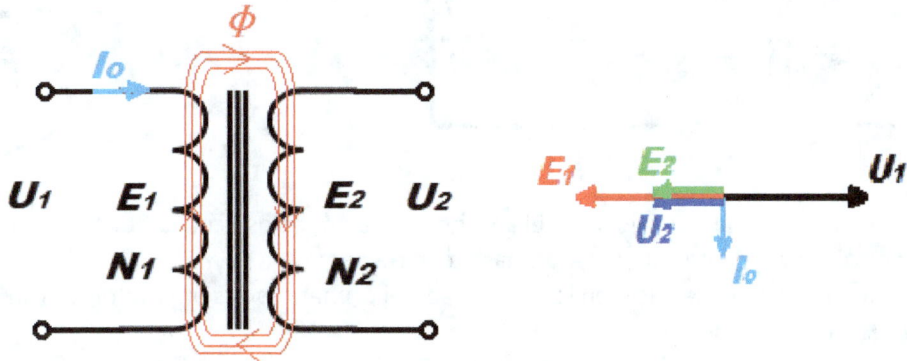

Se aprecia que las dos fuerzas electromotrices generadas en las bobinas, al ser atravesadas por el flujo, se oponen a la causa que las produce, la tensión aplicada al primario, coincidiendo la tensión en el secundario con la fuerza electromotriz de su bobina.
Los valores de los vectores de primario y secundario dependerán del número de espiras de sus respectivas bobinas.
Se cumple prácticamente que:

$$m = \frac{E_1}{E_2} = \frac{U_1}{U_2} = \frac{N_1}{N_2}$$

Los valores eficaces de ambas fuerzas electromotrices se pueden establecer como:

$$E_1 = 4,44 \cdot f \cdot N_1 \cdot \Phi_{máx} \qquad y \qquad E_2 = 4,44 \cdot f \cdot N_2 \cdot \Phi_{máx}$$

Siendo las fuerzas electromotrices *E* en voltios *V*. La frecuencia *f* en hertzios *Hz*, *N* el *número* de *espiras* y $\Phi_{máx}$ el flujo máximo en weber *Wb*.

✓ En carga

En el transformador ideal, cuando se sitúa una carga en el secundario, al haber en él una tensión, se produce una circulación de intensidad que intenta producir un flujo extra en la bobina, de fuerza magnetomotriz N_2I_2. Para que no se altere el flujo inicial, se produce un aumento de intensidad en el primario que genera una fuerza magnetomotriz N_1I_1 que se opone a la anterior, permaneciendo el flujo inicial sin alteración y cumpliéndose con ello que:

$$N_1 \cdot I_1 = N_2 \cdot I_2$$

Y, por tanto:

$$\frac{N_1}{N_2} = \frac{I_2}{I_1} = m = \frac{U_1}{U_2}$$

Comprobándose que, en el transformador, la relación de tensiones e intensidades es inversa.

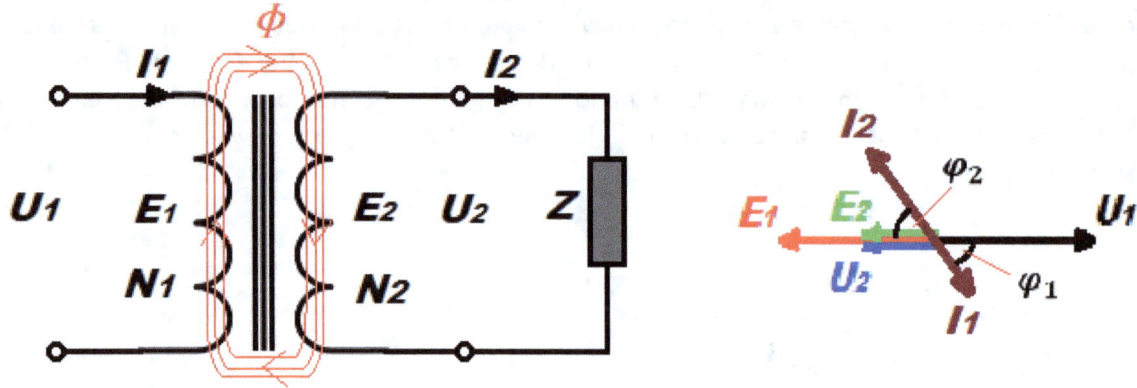

Se aprecia en la figura cómo la intensidad en el secundario va en retraso con su tensión, el mismo retraso que se produce en la intensidad del primario con respecto a la suya.
Se ha despreciado la corriente de vacío en la intensidad del primario por ser su valor muy inferior a ella, entre un 4% y 5%.

También se puede ver que, al ser ideal, el transformador no tiene pérdidas de potencia y se cumple que todas las potencias, activa, reactiva y aparente, son iguales en el primario y secundario y, por tanto:

$$S_1 = S_2 \qquad ; \qquad U_1 \cdot I_1 = U_2 \cdot I_2$$

$$P_1 = P_2 \qquad ; \qquad U_1 \cdot I_1 \cdot \cos\varphi_1 = U_2 \cdot I_2 \cdot \cos\varphi_2$$

$$Q_1 = Q_2 \qquad ; \qquad U_1 \cdot I_1 \cdot \operatorname{sen}\varphi_1 = U_2 \cdot I_2 \cdot \operatorname{sen}\varphi_2$$

Ejercicio resuelto:

Tenemos un transformador de 400/230 V al que hay conectada una carga de 1 kW funcionando con un factor de potencia de 0,85. Queremos saber las intensidades por ambas bobinas y número de espiras del primario si en el secundario hay 100 espiras. Se supone que es un transformador ideal.

De la potencia activa conectada en el secundario, despejamos su intensidad:

$$I_2 = \frac{P_2}{U_2 \cdot \cos \varphi_2} = \frac{1000}{230 \cdot 0{,}85} = \mathbf{5{,}115\ A}$$

Para calcular la intensidad del primario, la despejamos de la relación de transformación:

$$m = \frac{U_1}{U_2} = \frac{400}{230} = \frac{I_2}{I_1} = \frac{5{,}115}{I_1} \quad \Rightarrow \quad I_1 = 5{,}115 \cdot \frac{230}{400} = \mathbf{2{,}941\ A}$$

Igualmente hacemos para el número de espiras:

$$m = \frac{U_1}{U_2} = \frac{400}{230} = \frac{N_1}{N_2} = \frac{N_1}{100} \quad \Rightarrow \quad N_1 = \frac{400}{230} \cdot 100 = \mathbf{173{,}91 \approx 174}$$

- **Transformador real**

    ✓ En vacío

La corriente que aparece con el trasformador real en vacío (corriente de vacío), tiene como misión crear el flujo magnético, y estará desfasada respecto a la tensión que se aplica algo menos de 90°, debido a que la bobina también tiene resistencia, quedando como se ve el diagrama de tensiones e intensidad.

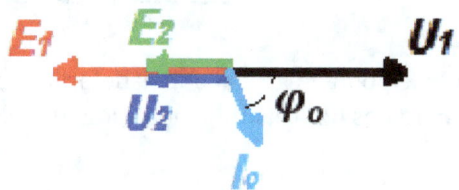

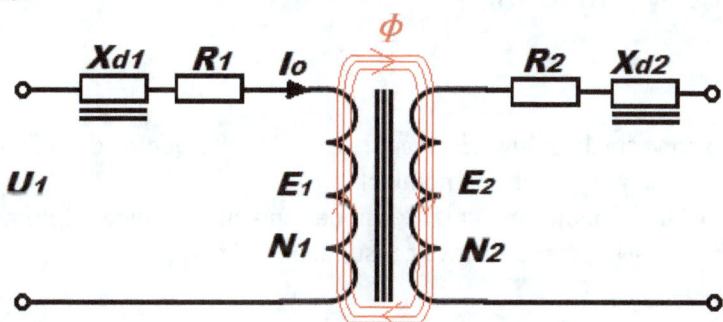

Las **pérdidas en el núcleo magnético**, al estar incluyendo las de histéresis, **aumentarán con la frecuencia** que se aplique al transformador, ya que aumentará el número de ciclos de histéresis en el mismo. Estas pérdidas provocarán el calentamiento del núcleo.

    ✓ En carga

Cuando se trata de un transformador real se comprueba que cuando se le conecta una carga, la tensión que aparece en el secundario disminuye, y esto se debe a que en ambos bobinados existe una resistencia y al circular la corriente por ellos se produce una caída de tensión, provocando esta reducción en la tensión de salida. Además de esa caída de tensión, también se perderá potencia por efecto Joule.

También se van a producir pérdidas en el núcleo magnético que, sumadas a las anteriores, harán que la potencia en el secundario no sea idéntica a la del primario.

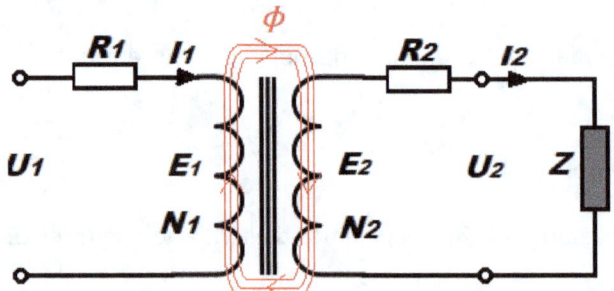

Hay que tener en cuenta, respecto al flujo, que no todo él pasa por ambas bobinas, ya que cierta parte se dispersa, es el llamado flujo de dispersión que tendrá cada bobina, y va a suponer que haya en ellas una reactancia de dispersión que se sumará a la caída de tensión.

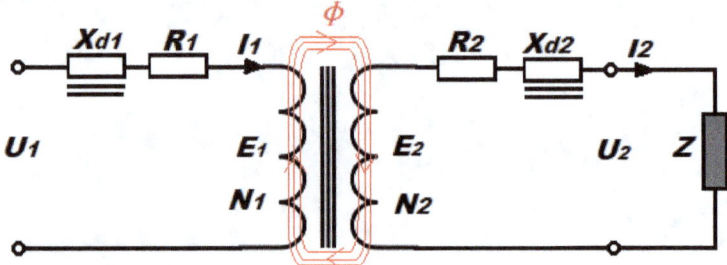

No se le podrá aplicar al bobinado primario más tensión de la nominal pues aumentaría la intensidad y las pérdidas por calentamiento (Joule) podrían deteriorarlo.

13.3. Ensayo en vacío y en cortocircuito

- Ensayo en vacío

Para realizar el ensayo en vacío de un transformador se realiza el esquema de la figura, aplicando con una fuente de alterna al primario su tensión nominal.
Con los aparatos de medida podemos medir las tensiones en ambas bobinas (voltímetros), la intensidad del primario (amperímetro) y la potencia activa consumida (vatímetro).

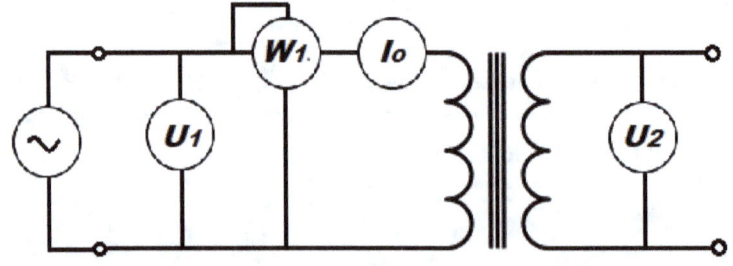

Mediante el ensayo en vacío se obtienen la intensidad de vacío I$_o$, la relación de transformación m y las pérdidas en el núcleo magnético, denominadas pérdidas en el hierro P$_{Fe}$.
Para realizar el ensayo, se aplica al primario la tensión nominal dejando abierto el secundario.

Los voltímetros estarán midiendo las tensiones en primario y secundario que, al estar en vacío, serán prácticamente iguales a las fuerzas electromotrices de ambos.

El vatímetro estará midiendo las pérdidas en el ensayo que serán las del hierro y el cobre, pero estas últimas, al estar en vacío, se pueden despreciar al ser muy pequeña la corriente de vacío que sólo atraviesa el primario:

$$P_o = U_1 \cdot I_o \cdot cos\,\varphi_o \approx P_{Fe}$$

Ejercicio resuelto:

Se somete un transformador al ensayo en vacío midiendo el voltímetro primario 400 V y el secundario 230 V, además el amperímetro está midiendo 0,1 A y el vatímetro 10 W. Queremos saber la relación de transformación, las pérdidas en el hierro, la intensidad de vacío, y el valor del factor de potencia en el ensayo.

La relación de transformación se obtiene de la medida de los voltímetros:
$$m = \frac{U_1}{U_2} = \frac{400}{230} = 17,3913$$

Las pérdidas en el hierro coinciden muy aproximadamente con la medida del vatímetro:
$$P_{Fe} \approx 10\,W$$

La intensidad de vacío será la medida en el amperímetro:
$$I_o = 0,1\,A$$

Para calcular en factor de potencia en el ensayo, lo despejamos de la fórmula de la potencia activa:
$$cos\,\varphi_o = \frac{P_o}{U_1 \cdot I_o} = \frac{10}{400 \cdot 0,1} = 0,25$$

- Ensayo en cortocircuito

Para realizar este ensayo se debe montar el siguiente esquema, y así poder obtener los valores que se sacan del mismo:

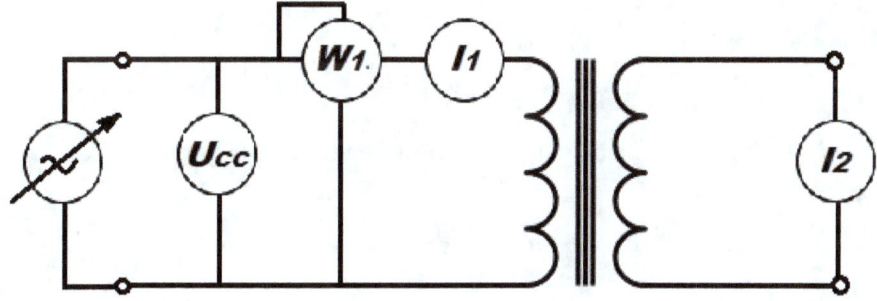

Con este ensayo se pretenden evaluar las pérdidas en el cobre, los valores de impedancia, reactancia y resistencia de cortocircuito, además de la tensión de cortocircuito en tanto por ciento con sus componentes y el factor de potencia correspondiente.

Se debe proceder de la siguiente manera: se cortocircuita el secundario mediante un amperímetro que medirá la intensidad que circula por él y, a continuación, mediante una fuente de tensión regulable, se comienza a aplicar tensión al primario hasta que el amperímetro situado en él esté midiendo la intensidad nominal del transformador, tomando en ese momento las medidas del resto de aparatos.

A la tensión que mida el voltímetro situado en el primario se le denomina tensión de cortocircuito U_{cc}, y el vatímetro estará midiendo la potencia consumida en el ensayo, que será muy similar a la correspondiente a las pérdidas por efecto Joule en los bobinados, llamadas pérdidas en el cobre. Las pérdidas en el hierro son despreciables al estar aplicada una tensión del orden del 4 o 5% la nominal y, por tanto, el flujo más débil, siendo muy bajas las pérdidas en el hierro.

Estas pérdidas en el cobre serán las producidas en ambos bobinados, es decir:

$$P_{Cu} = I_1^2 \cdot R_1 + I_2^2 \cdot R_2$$

La potencia que mida el vatímetro vendrá dada por:

$$P_{cc} = U_{cc} \cdot I_{1n} \cdot \cos \varphi_{cc}$$

Para saber el valor de la impedancia de cortocircuito con los valores de tensión e intensidad, tenemos al aplicar la ley de Ohm:

$$Z_{cc} = \frac{U_{cc}}{I_{1n}}$$

Y para la resistencia y reactancia de cortocircuito:

$$R_{cc} = Z_{cc} \cdot \cos \varphi_{cc} \quad y \quad X_{cc} = \sqrt{Z_{cc}^2 - R_{cc}^2}$$

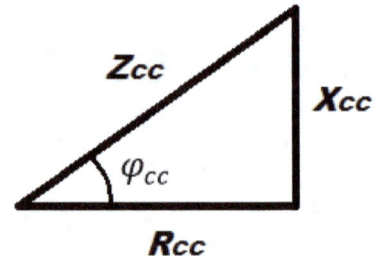

Esos tres valores sirven para determinar el triángulo de impedancia de cortocircuito.

De manera análoga, se calculan las componentes de la tensión de cortocircuito U_{cc}:

$$U_{Rcc} = U_{cc} \cdot \cos \varphi_{cc} \quad y \quad U_{Xcc} = \sqrt{U_{cc}^2 - U_{Rcc}^2}$$

Es más habitual que la tensión de cortocircuito se exprese en tanto por ciento:

$$u_{cc} = \frac{U_{cc}}{U_{1n}} \cdot 100$$

En la figura se puede ver el diagrama vectorial del ensayo.

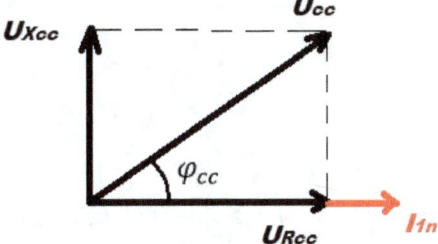

Por último, el factor de potencia de cortocircuito se desprende de la ecuación de la potencia de cortocircuito:

$$\cos \varphi_{cc} = \frac{P_{cc}}{U_{cc} \cdot I_{1n}}$$

Ejercicio resuelto:

Tenemos un transformador monofásico de 400/230 V y potencia 10 kVA y se le realiza el ensayo de cortocircuito, midiéndose una potencia de 200 W cuando se aplica una tensión de 16 V para que circule su intensidad nominal. Queremos saber el factor de potencia de cortocircuito, la impedancia, resistencia y reactancia de cortocircuito, además de la tensión porcentual de cortocircuito y sus componentes.

Calculemos primero la intensidad nominal, a partir de la potencia del transformador:

$$I_{1n} = \frac{S}{U_{1n}} = \frac{10000}{400} = 25\ A$$

El factor de potencia lo sacamos de la fórmula de la potencia activa medida en el ensayo:

$$\cos \varphi_{cc} = \frac{P_{cc}}{U_{cc} \cdot I_{1n}} = \frac{200}{16 \cdot 25} = 0,5$$

La impedancia de cortocircuito será:

$$Z_{cc} = \frac{16}{25} = 0,64\ \Omega$$

La resistencia y reactancia de cortocircuito se calculan como:

$$R_{cc} = 0,64 \cdot 0,5 = 0,32\ \Omega \quad ; \quad X_{cc} = \sqrt{0,64^2 - 0,32^2} = 0,5542\ \Omega$$

La tensión porcentual de cortocircuito será:

$$u_{cc} = \frac{U_{cc}}{U_{1n}} \cdot 100 = \frac{16}{400} \cdot 100 = 4\ \%$$

Y sus componentes:

$$u_{Rcc} = u_{cc} \cdot \cos\varphi_{cc} = 4 \cdot 0{,}5 = 2\,\% \quad ; \quad u_{Xcc} = \sqrt{u_{cc}^2 - u_{Rcc}^2} = \sqrt{4^2 - 2^2} = 3{,}4641\,\%$$

- Cortocircuito con tensión nominal

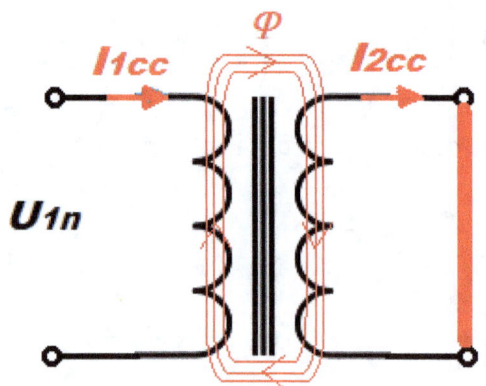

En la vida real, se puede dar la circunstancia de que, por accidente, se produzca un cortocircuito en el secundario del transformador estando funcionando con su tensión nominal en el primario. En este caso, los valores de intensidades de cortocircuito en primario y secundario se pueden calcular de la siguiente manera:

$$I_{1cc} = \frac{U_{1n}}{Z_{cc}}$$

Teniendo en cuenta que en el ensayo de cortocircuito teníamos:

$$u_{cc} = \frac{U_{cc}}{U_{1n}} \cdot 100 \quad y \quad I_{1n} = \frac{U_{cc}}{Z_{cc}}$$

Sustituyendo en la fórmula de arriba, los valores de U1n y Zcc, despejados de las dos de abajo, tenemos que:

$$I_{1cc} = \frac{\frac{U_{cc}}{u_{cc}} \cdot 100}{\frac{U_{cc}}{I_{1n}}} = \frac{I_{1n}}{u_{cc}} \cdot 100$$

Análogamente, para la intensidad de cortocircuito por el secundario tenemos:

$$I_{2cc} = \frac{I_{2n}}{u_{cc}} \cdot 100$$

Ejercicio resuelto:

Tenemos un transformador monofásico 400/230 de 5 kVA, en el que sabemos que su tensión de cortocircuito es de un 5 %. Queremos saber que intensidades de cortocircuito se producirán en primario y secundario en caso de accidente.

Primero calculamos las intensidades nominales de ambos bobinados:

$$I_{1n} = \frac{S}{U_{1n}} = \frac{5000}{400} = 12{,}5\,A \quad ; \quad I_{2n} = \frac{S}{U_{2n}} = \frac{5000}{230} = 21{,}7391\,A$$

Ahora ya podemos calcular sus intensidades de cortocircuito:

$$I_{1cc} = \frac{I_{1n}}{u_{cc}} \cdot 100 = \frac{12,5}{5} \cdot 100 = 250\ A = 0,25\ kA$$

$$I_{2cc} = \frac{I_{2n}}{u_{cc}} \cdot 100 = \frac{21,7391}{5} \cdot 100 = 434,78\ A = 0,4347\ kA$$

13.4. Caída de tensión

Como ya se ha visto en un transformador real, los bobinados tienen cada uno sus valores de resistencia y reactancia en serie en cada uno. Esto ocasiona, que la tensión U_2 a la salida del secundario no coincida exactamente con su fuerza electromotriz E_2, siendo la diferencia entre ambas la caída de tensión que tiene lugar en el bobinado, y que a pesar de que ambos valores son vectores, se puede considerar esa diferencia la resta algebraica entre los dos valores:

$$u = E_2 - U_2$$

También se puede representar dicho valor en porcentaje con respecto a la fuerza electromotriz del secundario, lo que se denomina también coeficiente de regulación ε:

$$\varepsilon = \frac{u}{E_2} \cdot 100 = \frac{E_2 - U_2}{E_2} \cdot 100$$

Cuando el transformador está sometido a una carga en el secundario con un factor de potencia ($\cos\varphi$) determinado, este coeficiente de regulación se puede determinar mediante la siguiente expresión:

$$\varepsilon = u_{Rcc} \cdot \cos\varphi + u_{Xcc} \cdot \sen\varphi$$

Ejercicio resuelto:

Tenemos un transformador monofásico 400/230 V de 100 kVA en cuyo ensayo de cortocircuito se le ha aplicado una tensión de 20 voltios, siendo el factor de potencia del ensayo de cortocircuito de 0,55. Se quiere saber cuál será la tensión que tendrá en el secundario cuando funcione a su carga nominal con un factor de potencia de 0,85.

Calculamos primero su tensión de cortocircuito en porcentaje:

$$u_{cc} = \frac{U_{cc}}{U_{1n}} \cdot 100 = \frac{20}{400} \cdot 100 = 5\ \%$$

A partir de ella, calculamos sus componentes R y X, haciendo uso del factor de potencia de cortocircuito:

$$u_{Rcc} = u_{cc} \cdot \cos\varphi_{cc} = 5 \cdot 0{,}55 = 2{,}75\ \%$$

$$u_{Xcc} = \sqrt{u_{cc}^2 - u_{Rcc}^2} = \sqrt{5^2 - 2{,}75^2} = \sqrt{17{,}4375} = 4{,}1758\ \%$$

Ya podemos calcular el coeficiente de regulación, con el factor de potencia de la carga:

$$\varepsilon = u_{Rcc} \cdot \cos\varphi + u_{Xcc} \cdot \text{sen}\,\varphi = 2{,}75 \cdot 0{,}85 + 4{,}1758 \cdot 0{,}5267 = 2{,}3375 + 2{,}1994 = 4{,}5369\,\%$$

A partir de él, calculamos la caída de tensión:

$$u = \frac{4{,}5369}{100} \cdot 230 = 10{,}4348\,V$$

Finalmente, determinamos la tensión a la salida del secundario:

$$\boldsymbol{U_2 = E_2 - u = 230 - 10{,}4348 = 219{,}5652\,V}$$

- Índice de carga

Cuando un transformador está funcionando no siempre lo hace con su intensidad nominal, es decir, a su carga nominal. Se denomina índice de carga a la relación ente la intensidad real y la nominal, representándose con la letra C:

$$C = \frac{I_2}{I_{2n}}$$

Este índice de carga afecta a otras expresiones como el coeficiente de regulación, que se ve afectado por ese índice al igual que cualquier otra expresión que se ve afectada por la intensidad, como las caídas de tensión.

$$\varepsilon = C \cdot (u_{Rcc} \cdot \cos\varphi + u_{Xcc} \cdot \text{sen}\,\varphi)$$

13.5. Rendimiento

Los trasformadores ideales no existen y por tanto la potencia que absorben a la entrada no coincide con la que proporcionan a la salida, siendo la diferencia las pérdidas internas, unas producidas en los bobinados (pérdidas del cobre) y otras en el núcleo magnético (pérdidas del hierro).

La relación entre ambas potencias, a la salida y la entrada, es lo que se denomina rendimiento, de forma similar a cualquier máquina, y se representa mediante la expresión:

$$\eta\,\% = \frac{P_{sal}}{P_{ent}} \cdot 100 = \frac{P_2}{P_2 + P_{Fe} + C^2 \cdot P_{Cu}} \cdot 100$$

Si queremos tener en cuenta el factor de potencia con que trabaja el transformador y su índice de carga, la fórmula más completa sería:

$$\eta\,\% = \frac{C \cdot S \cdot \cos\varphi}{C \cdot S \cdot \cos\varphi + P_{Fe} + C^2 \cdot P_{Cu}} \cdot 100$$

El hecho de que el índice de carga se eleve al cuadrado para evaluar las pérdidas en el cobre se debe a que son proporcionales al cuadrado de la intensidad, y el índice no se aplica a las del hierro, pues estas son constantes sin verse afectadas por la intensidad ya que dependen de la tensión aplicada al primario.

El máximo rendimiento de un transformador se produce cuando las pérdidas en el hierro coinciden con las pérdidas en el cobre, es decir:

$$P_{Fe} = C^2 \cdot P_{Cu}$$

Ejercicio resuelto:

Tenemos un transformador 400/230 de 50 kVA cuyas pérdidas en el hierro son de 100 W y en el cobre de 25 W tras efectuar sus ensayos en vacío y en cortocircuito. Queremos calcular su rendimiento cuando trabaje a tres cuartos de su carga nominal con un factor de potencia de 0,85.

Como trabaja a tres cuartos de carga, su índice de carga será:
$C = \dfrac{3}{4} = 0,75$

Ahora determinamos su rendimiento, mediante la siguiente expresión:

$$\eta\ \% = \frac{C \cdot S \cdot \cos\varphi}{C \cdot S \cdot \cos\varphi + P_{Fe} + C^2 \cdot P_{Cu}} \cdot 100 = \frac{0,75 \cdot 50000 \cdot 0,85 \cdot 100}{0,75 \cdot 50000 \cdot 0,85 + 100 + 0,75^2 \cdot 250} = \mathbf{99,25\ \%}$$

13.6. Autotransformador

El autotransformador es un transformador especial en el que solo existe un bobinado que actúa como primario y secundario, con una toma intermedia que determina la diferencia de espiras y, por tanto, de tensiones de cada lado.

Las corrientes de primario y secundario están en oposición, y por el bobinado común circula la diferencia entre ambas corrientes.
Tiene varias ventajas respecto al convencional, reduciendo el tamaño, el gasto en cobre, menores caídas de tensión, menor coste, mayor rendimiento y transfiere más potencia.
También presenta sus inconvenientes, como la conexión eléctrica entre primario y secundario que puede provocar inseguridad al operario con peligro de que, si se corta una espira, el secundario queda a la misma tensión que el primario al no existir aislamiento entre primario y secundario.

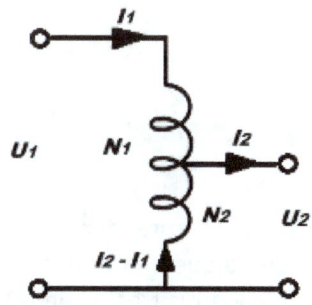

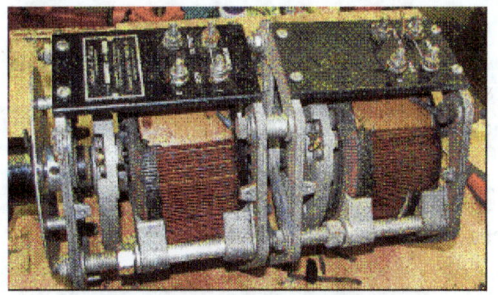

Autotransformador

Su relación de transformación sería similar a la de uno normal:

$$m = \frac{N_1}{N_2} = \frac{U_1}{U_2}$$

Hay una variante del autotransformador que es la del de regulación, que consiste en que la toma intermedia se puede deslizar en la bobina, pudiendo variar el número de espiras del secundario y, por tanto, la tensión de salida.

13.7. Transformador trifásico

Al igual que ocurre con los sistemas de corriente trifásica, también tenemos transformadores trifásicos preparados para funcionar con ese tipo de corriente, siendo los que más se emplean para la distribución de energía ya que esta se suele hacer con sistemas trifásicos.

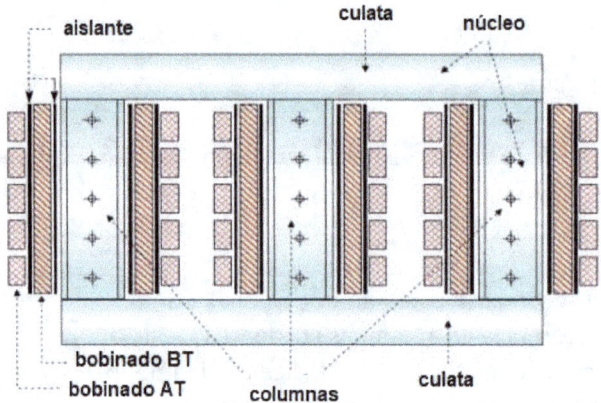

Partes transformador trifásico

Se puede entender su funcionamiento de manera similar a como lo hace uno monofásico, teniendo en cuenta que ahora serían tres monofásicos conectados entre sí, es decir, tres bobinas primarias por un lado y otras tres secundarias por el otro.

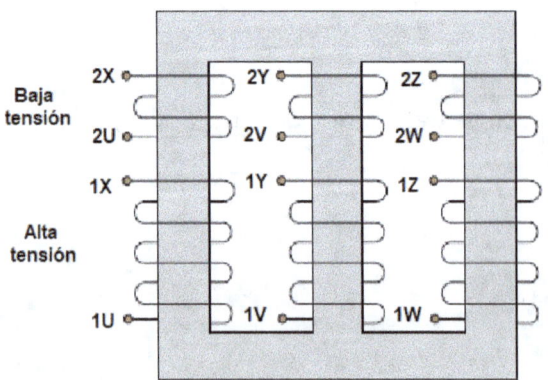

Normalmente, el bobinado primario suele ser el de alta tensión (más espiras) y el bobinado secundario, el de baja tensión (menos espiras).

En la figura se aprecian los bobinados de primario (alta) y secundario (baja), pudiéndose comprobar que los de cada lado no están conectados entre sí. Ya veremos más adelante que hay diferentes formas de conectarlos.

Al tratarse de transformadores que pueden tener grandes potencias y, por tanto, tamaños elevados, a veces se construyen a partir de tres transformadores monofásicos (banco de transformadores), facilitando así su transporte, al poderlo hacer de uno en uno, y su sustitución, al no necesitar reemplazar nada más que el deteriorado cuando esto ocurra.

 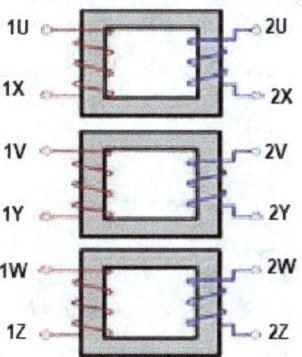

13.8. Grupo de conexión

Como ya hemos dicho, las tres bobinas de cada lado del transformador se pueden conectar de diferentes maneras: en estrella (Y), en triángulo (D) o en zigzag (Z). Los símbolos se escriben en mayúscula cuando se trata del lado de alta tensión, y en minúscula (y, d y z) cuando se trata del lado de baja tensión.

En la conexión estrella, la tensión que llega a cada bobina es $\sqrt{3}$ veces menor que la tensión de la línea, mientras que la intensidad por la bobina coincide con la que circula por la línea.

En la conexión triángulo, la tensión de la bobina coincide con la de la línea. Mientras que la intensidad de la bobina es $\sqrt{3}$ veces menor que la de la línea.

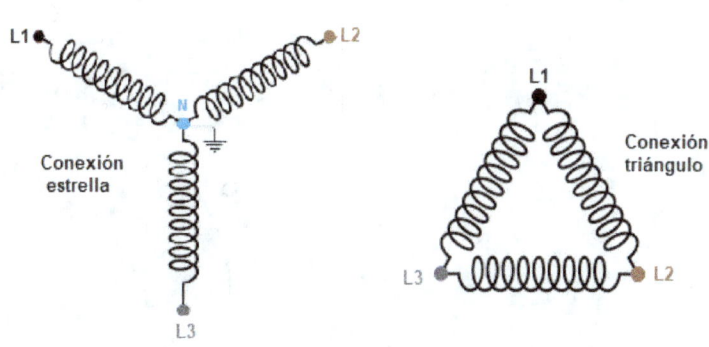

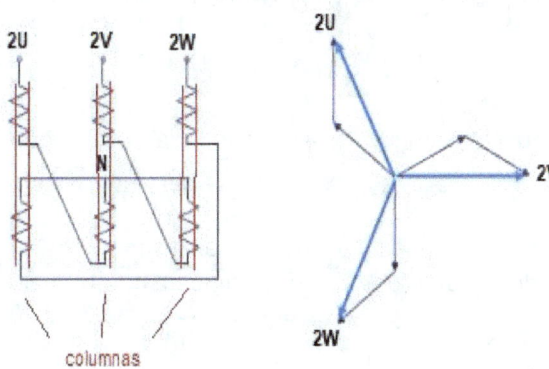

La conexión zigzag es una variante de la estrella en la que cada bobina está partida en dos tramos y cada uno de ellos se bobina en sentido contrario.

Se denomina grupo de conexión, a la manera de representar cómo están conectados ambos bobinados del transformador, de alta y de baja, y se representa por las dos letras correspondientes a cada bobinado.

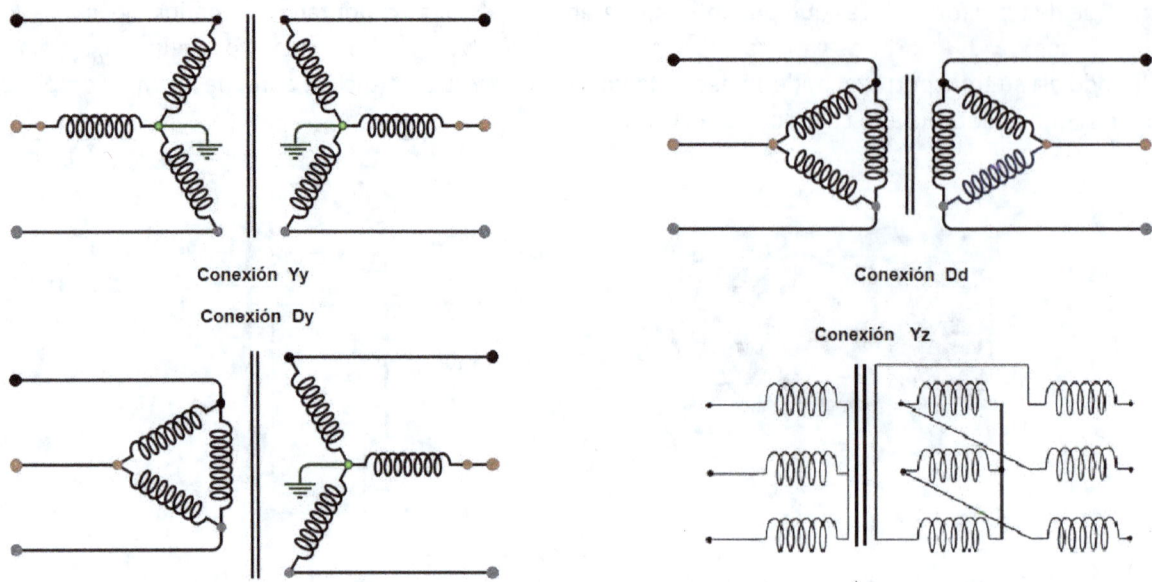

Junto al grupo de conexión, se indica el índice horario, que indica el desfase que hay entre la tensión primaria y secundaria de cada bobina homóloga. Se llama horario porque se numera como las horas de un reloj, y el desfase son los grados de separación entre ambas manecillas. La manecilla de los minutos siempre permanece en las 12 y representa el vector de alta tensión, siendo la manecilla que marca las horas la que corresponde al vector de la tensión de baja y que nos marca la hora.

Como ejemplo, podemos ver en la figura el desfase entre tensión primaria y secundaria de 150º que corresponde al índice horario 5.

No todos los índices horarios se utilizan a la hora de hacer las conexiones de los transformadores, siendo los más empleados el 0, 5, 6 y 11. Suelen ir acompañados de su grupo de conexión para determinar las características del transformador.

Las conexiones más habituales son Dy0, Dz0, Dd6, Yy6, Dz6, Dy5, Yd5, Yz5, Dy11, Yd11 e Yz11.

Tabla de grupos de conexión

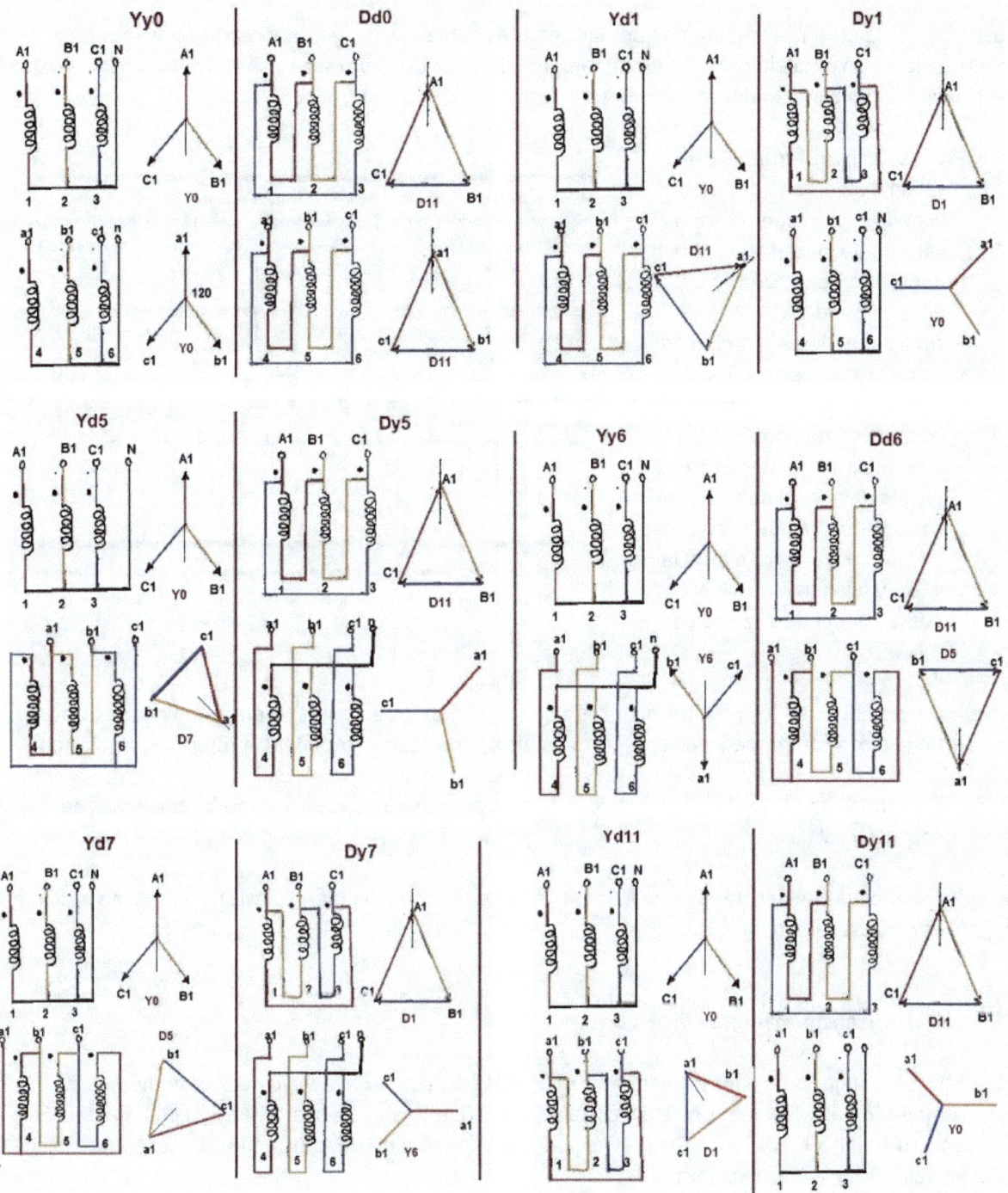

En la tabla superior se pueden ver los índices horarios más empleados junto con sus grupos de conexión habituales con sus diagramas.

13.9. Acoplamiento de transformadores

Muchas veces la potencia demandada por las líneas es muy elevada, y es necesario acoplar varios trasformadores en paralelo para aumentar la potencia. Para que esto sea posible, los transformadores que se acoplan en paralelo deben cumplir unas determinadas condiciones:

- ✓ Los valores instantáneos a la salida de los transformadores a acoplar tienen que coincidir en valor o, de lo contrario, al haber diferencia de tensión entre ellos, se produciría una circulación de corriente entre transformadores que no se aportaría a la línea. Para comprobar que no existe diferencia de tensión entre terminales de salida al conectarlos, se puede colocar un voltímetro entre ellos y la línea, y cuando marque cero, se podrán conectar a la línea de salida común.

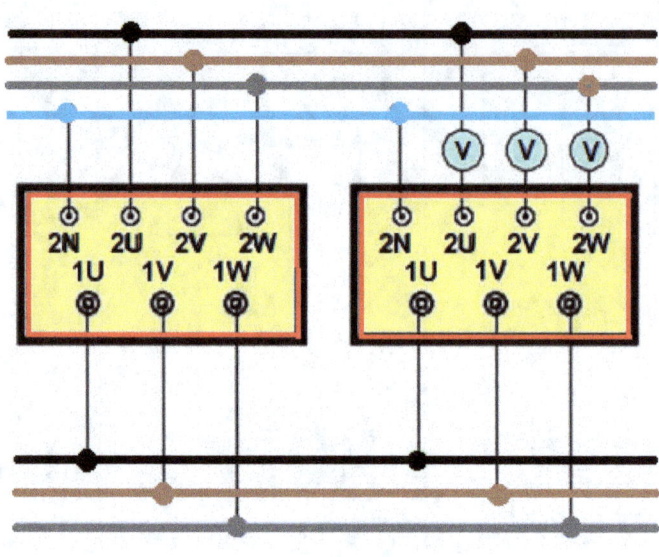

- ✓ Las potencias de los transformadores a conectar deben ser iguales o diferir en no más de 1/3. Si tiene diferentes impedancias de cortocircuito, el de menor impedancia repartirá más potencia.

- ✓ Los grupos de conexión de los trasformadores debe ser iguales, así como las tensiones de entrada y salida.

De todo lo reflejado, se desprende que lo ideal es que cuando se acoplen transformadores en paralelo, tengan las mismas características.

13.10. Transformador de distribución

El ejemplo que mejor refleja los transformadores trifásicos, por ser el de uso más extendido, es el transformador de distribución, y más concretamente el que trasforma la alta tensión en baja tensión para ser distribuida a los usuarios finales. También se le denomina transformador de potencia, por manejar valores elevados de la misma.

El esquema de conexión más empleado en estos transformadores es el Dyn11, que como se ve, tiene una n detrás de la y del secundario, cuyo significado es que el neutro de la estrella es accesible y, por tanto, la línea que sale de él, lleva tres fases y neutro, lo que permite tener dos tensiones accesibles, 400 voltios entre fases y 230 entre fase y neutro.

Se suelen emplear potencias que van de 100 kVA hasta 1500 kVA (las más habituales), siendo los de menor potencia los que están situados sobre postes, por lo que se denominan aéreos, y los de más potencia van dentro de recintos que, pueden ser de obra civil, o estar bajo una envolvente.
Las tensiones más habituales en el primario son de 15 kV, 20 kV y 30 kV.

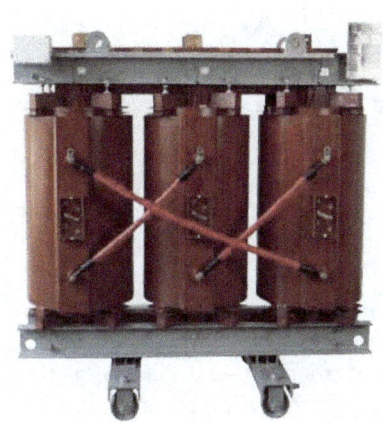
Transformador seco

Transformador en baño de aceite

Dependiendo de cómo estén aislados los bobinados, los tenemos de tipo seco, habitualmente con resina epoxi, y en baño de aceite, que es el que hace de aislante.

Los secos tienen la ventaja de ser de menor tamaño y más seguros frente al fuego.

El recinto donde se sitúan recibe el nombre de Centro de Transformación (CT).

INTERIOR TRANSFORMADOR TRIFÁSICO

- Ensayo en vacío

La manera en que se realiza el ensayo en vacío de los transformadores trifásicos es análoga a la de los monofásicos, siendo los mismos parámetros los que se obtienen, con la diferencia que ahora las expresiones a utilizar serán las correspondientes a corriente trifásica.

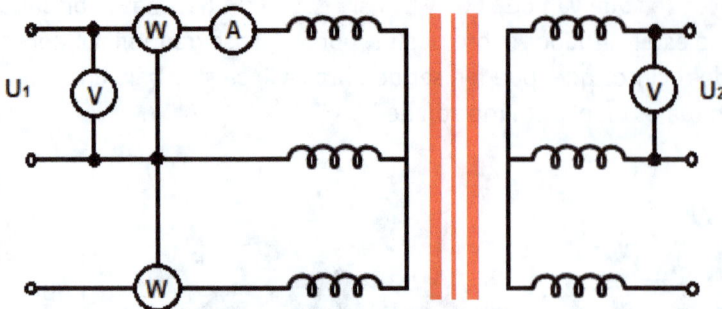

Los dos vatímetros están conectados por el método Aarón, de manera que la suma de las medidas de ambos nos da la potencia activa consumida den el ensayo, y coincidirá aproximadamente con las pérdidas en el hierro:

$$P_{Fe} = W_1 + W_2 = P_o = \sqrt{3} \cdot U_{L1n} \cdot I_o \cdot cos\varphi_0$$

También determinaremos la relación de transformación, si bien al ser trifásico, hay dos relaciones diferentes, la de fase, que es la relación entre las espiras de las fases de primario y secundario, y la de línea que es la relación entre tensiones de línea de primario y secundario medidas por los dos voltímetros situados en el ensayo:

$$m_f = \frac{N_1}{N_2} \quad ; \quad m_L = \frac{U_{1L}}{U_{2L}}$$

También determinaremos la intensidad de vacío I_o que será la que mida el amperímetro.

Ejercicio resuelto:

Se somete al ensayo en vacío a un transformador trifásico 20 kV/420 V de 150 kVA con conexión Dy, y se mide una intensidad de 0,45 A, siendo la medida de los dos vatímetros en conexión Aarón de 425 W en cada uno. Se desea saber el factor de potencia en el ensayo, la intensidad de vacío, así como las relaciones de trasformación de línea y de fase.

La potencia medida en el ensayo será la suma de las medidas de los dos vatímetros, es decir:

$P_o = 425 + 425 = 850 \; W$

La intensidad de vacío coincide con la medida del amperímetro, por tanto:

$I_o = 0,45 \; A$

Para saber el factor de potencia del ensayo, lo despejamos de la fórmula de la potencia activa:

$$\cos\varphi_o = \frac{P_o}{\sqrt{3} \cdot U_{1L} \cdot I_o} = \frac{850}{\sqrt{3} \cdot 20000 \cdot 0,45} = \mathbf{0,0545}$$

La relación de transformación de línea será:

$$m_L = \frac{U_{1L}}{U_{2L}} = \frac{20000}{420} = \mathbf{47,619}$$

Al estar el primario en triángulo y el secundario en estrella, la relación entre fases será:

$$m_f = \frac{U_{1f}}{U_{2f}} = \frac{U_{1L}}{U_{2L}/\sqrt{3}} = \frac{20000 \cdot \sqrt{3}}{420} = \mathbf{82,4786}$$

- Ensayo en cortocircuito

Como ya ocurría con el de vacío, el ensayo de cortocircuito de un transformador trifásico se realiza de manera análoga al del monofásico.

Se cortocircuita el secundario y se aplica tensión al primario hasta que circule la intensidad nominal.

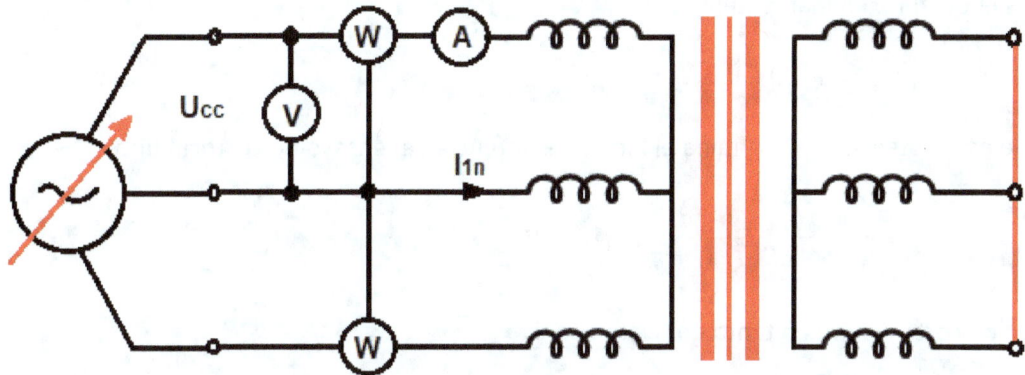

Al estar en conexión Aarón ambos vatímetros, la suma de sus medidas coincidirá con la potencia activa consumida en el ensayo que será aproximadamente igual a las pérdidas en el cobre:

$$P_{Cu} = W_1 + W_2 = P_{cc} = \sqrt{3} \cdot U_{cc} \cdot I_{1n} \cdot \cos \varphi_{cc}$$

Por otra parte, se determina la impedancia de cortocircuito como:

$$Z_{cc} = \frac{U_{cc}/\sqrt{3}}{I_{1n}}$$

Y a partir de ella sus componentes:

$$R_{cc} = Z_{cc} \cdot \cos \varphi_{cc} \quad ; \quad X_{cc} = Z_{cc} \cdot \operatorname{sen} \varphi_{cc} = \sqrt{Z_{cc}^2 - R_{cc}^2}$$

Por último, se determina la tensión de cortocircuito porcentual, siendo esta:

$$u_{cc} = \frac{U_{cc}}{U_{1n}} \cdot 100$$

Ejercicio resuelto:

Se somete al ensayo en cortocircuito a un transformador trifásico 20 kV/420 V de 150 kVA con conexión Dy, aplicando al primario 1000 V para que circule por el primario la intensidad nominal, siendo la medida de los dos vatímetros en conexión Aarón de 1800 W en cada uno. Se desea saber el factor de potencia en el ensayo, la intensidad nominal que mide el amperímetro del primario, la tensión de cortocircuito porcentual, así como la impedancia de cortocircuito y sus componentes.

La intensidad nominal se determina a partir de la potencia nominal del transformador.

$$I_{1n} = \frac{S_n}{\sqrt{3} \cdot U_{1n}} = \frac{150000}{\sqrt{3} \cdot 20000} = 4,33\ A$$

La potencia en el ensayo será la que coincida con la medida de los dos vatímetros y serán las pérdidas en el cobre, siendo aproximadamente:

$$P_{Cu} \approx P_{cc} = W_1 + W_2 = 1800 + 1800 = 3600\ W$$

A partir de esta potencia se determina el factor de potencia del ensayo de cortocircuito:

$$\cos\varphi_{cc} = \frac{P_{cc}}{\sqrt{3} \cdot U_{cc} \cdot I_{1n}} = \frac{3600}{\sqrt{3} \cdot 1000 \cdot 4,33} = 0,48$$

La tensión de cortocircuito en tanto por ciento será:

$$u_{cc} = \frac{U_{cc}}{U_{1n}} \cdot 100 = \frac{1000}{20000} \cdot 100 = 5\ \%$$

Al estar el primario en triángulo, la impedancia tendrá la tensión de línea y su intensidad será $\sqrt{3}$ veces menor que la de línea, por tanto:

$$Z_{cc} = \frac{U_{cc}}{I_{1n}/\sqrt{3}} = \frac{1000 \cdot \sqrt{3}}{4,33} = 400\ \Omega$$

La resistencia y reactancia de cortocircuito, se calculan como:

$$R_{cc} = Z_{cc} \cdot \cos\varphi_{cc} = 400 \cdot 0,48 = 192\ \Omega \quad ; \quad X_{cc} = \sqrt{400^2 - 192^2} = 350,9\ \Omega$$

13.11. Actividades

- Cuestiones

1. ¿Qué ocurre si conectamos el primario de un trasformador monofásico 230/127 V a una fuente de corriente continua de 230?

2. ¿Cómo están relacionadas las tensiones e intensidades en un transformador monofásico con respecto al número de espiras en cada bobinado?

3. ¿Cómo influye la frecuencia en el funcionamiento de un transformador?

4. Indica las pérdidas que tiene un transformador y cómo se produce cada una de ellas.

5. ¿Qué se determina en el ensayo en vacío de un transformador?

6. ¿Qué se determina en el ensayo en cortocircuito de un transformador?

7. Explica cómo se realiza el ensayo en vacío de un transformador.

8. Explica cómo se realiza el ensayo en cortocircuito de un transformador.

9. ¿Para qué sirve el coeficiente de regulación de un transformador?

10. Indica el significado del índice de carga.

11. ¿Cómo se consigue que el rendimiento de un transformador sea máximo?

12. Indica las ventajas de un autotransformador.

13. Indica los inconvenientes de un autotransformador.

14. ¿Qué es el grupo de conexión de un transformador?

15. ¿Qué es el índice horario de un transformador?

16. Indica las condiciones para acoplar transformadores en paralelo.

- Ejercicios

1. ¿Cuántas espiras debe tener el secundario de un transformador monofásico 400/230 si el primario tiene 1000 espiras? Indica también la intensidad que circula por cada bobinado si su potencia es de 100 kVA.

2. Determina las tensiones de primario y secundario de un transformador monofásico de 50 Hz si son atravesados por un flujo magnético de valor eficaz 5 mWb, si el número de espiras de sus bobinados son respectivamente, 1500 y 750.

3. Calcula el factor de potencia con que trabaja un transformador monofásico de 5 kVA si se le conecta una carga de 3500 W y circula por él, la intensidad nominal.

4. En el ensayo en vacío de un transformador monofásico 400/230 V, la potencia medida es de 80 W y su factor de potencia 0,25. Se quiere determinar su corriente de vacío, pérdidas en el hierro y relación de transformación.

5. Al realizar el ensayo en cortocircuito de un transformador monofásico 230/127 V y 100 VA, se obtiene una potencia de 3 W, aplicando una tensión de 9,2 V para que circule su intensidad nominal. Se quiere saber su tensión de cortocircuito porcentual, la impedancia de cortocircuito y sus componentes (resistencia y reactancia) y las pérdidas en el cobre cuando trabaje a la mitad de carga.

6. Queremos saber la tensión real en el secundario de un transformador monofásico 1500/230 V y 100 kVA cuya tensión de cortocircuito es del 4 % y ha consumido 200 W durante el ensayo de CC a corriente nominal. En el momento de determinar dicha tensión, tiene conectada una carga de 30 kVA con un factor de potencia de 0,8. Determinar también su rendimiento máximo con ese factor de potencia, sabiendo que las pérdidas en el hierro son de 35 W.

7. Se le somete a un ensayo de cortocircuito a un transformador trifásico de 20 kV/420 V y 400 kVA de potencia, siendo su grupo de conexión Dy5. En el ensayo realizado a intensidad nominal ha consumido una potencia de 4500 W y se han aplicado 1000 V. Sabemos que en el ensayo en vacío ha consumido 700 W. Queremos determinar: el factor de potencia de cortocircuito, la impedancia de cortocircuito y sus componentes, la tensión de cortocircuito en tanto por ciento y sus componentes, tensión a la salida cuando trabaje a 3/4 de carga con factor de potencia 0,82 y la intensidad de cortocircuito por las líneas primaria y secundaria.

UNIDAD 14
MÁQUINAS ROTATIVAS DE CORRIENTE ALTERNA

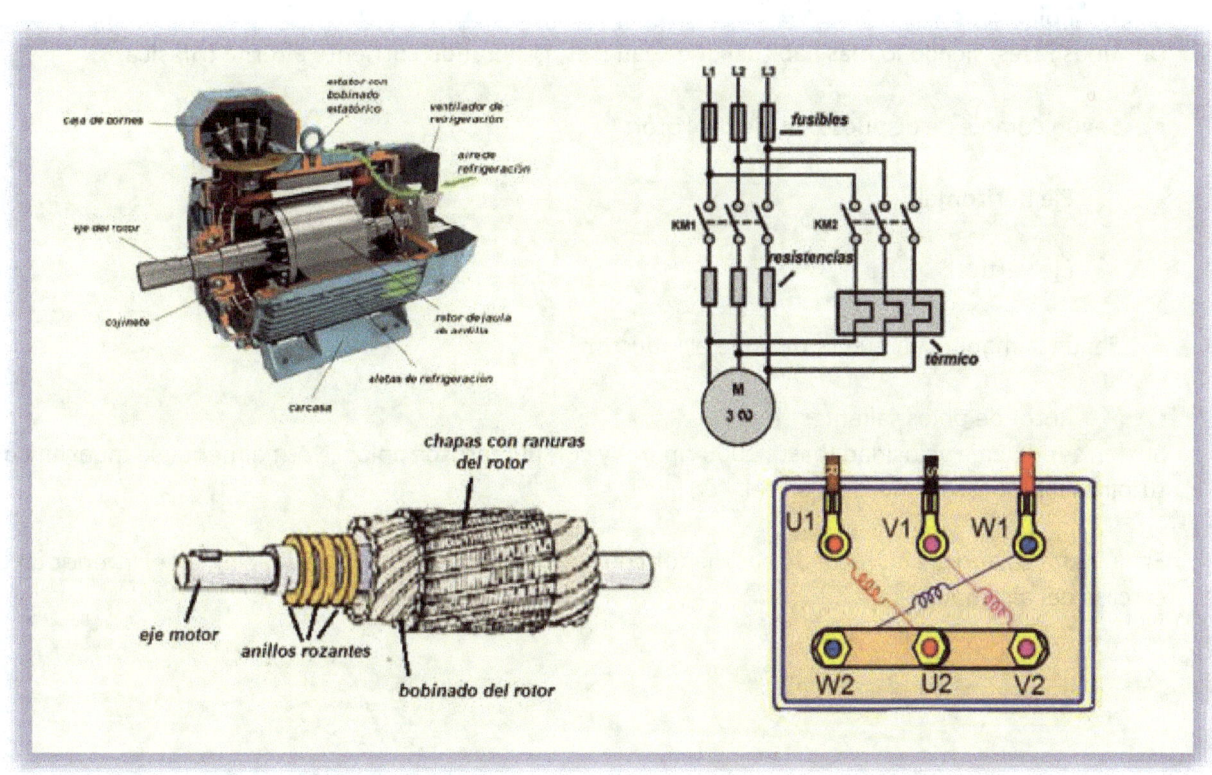

14. MÁQUINAS ROTATIVAS DE CORRIENTE ALTERNA

14.1. Tipos y utilidad del alternador

El alternador tiene como utilidad principal la generación en grandes cantidades de energía eléctrica en corriente alterna, al contrario que la dinamo, que se utiliza como generador de energía de continua en pequeñas cantidades. Cuando se necesitan cantidades elevadas de energía en forma de corriente continua se obtiene de rectificar corriente alterna (transformarla en continua) proveniente de un generador mediante rectificadores.

Al igual que en las máquinas de corriente continua, tenemos un inductor que genera el flujo de excitación y un inducido que corta ese flujo generando la fuerza electromotriz.

Hay diferentes tipos de alternadores en función de cómo se clasifiquen:

- Según el número de fases que tenga el inducido.

    ✓ Monofásicos

De una sola fase, generan corriente alterna monofásica

    ✓ Polifásicos

De varias fases, siendo lo más habitual que sean tres, generando corriente alterna trifásica.

- Según cómo esté dispuesto el eje del rotor:

    ✓ Eje horizontal

    ✓ Eje vertical

- Según la manera en que se dispone el inductor:

    ✓ Rotor de polos salientes

Suelen ser de baja velocidad (hasta 1000 r.p.m.) y con numerosos polos. Normalmente se mueven con turbinas hidráulicas o motores diésel.

En la figura se aprecia un rotor de alternador con tres pares de polos, y su situación en el interior de la carcasa del alternador.

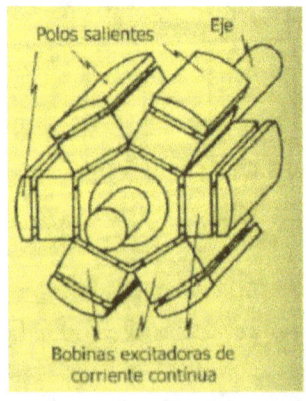
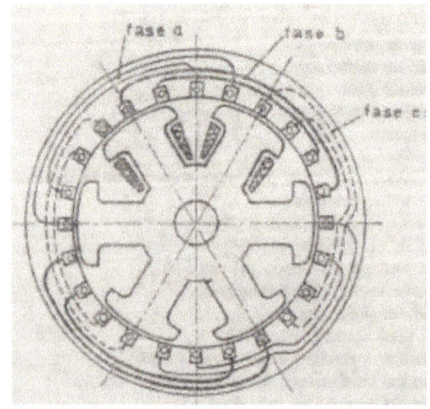

✓ Rotor liso o cilíndrico

Se utilizan para alternadores de grandes potencias y velocidades elevadas, con menor diámetro de rotor que el de polos salientes.

Son movidos mediante turbinas de vapor o gas y tiene pocos pares de polos, no más de dos, por tanto, con velocidades de 1500 o 3000 r.p.m.

En la figura se aprecia un rotor de alternador con rotor liso y su situación en el interior de la carcasa del alternador.

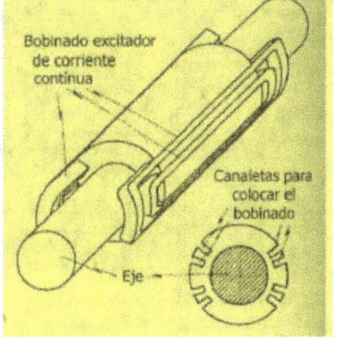 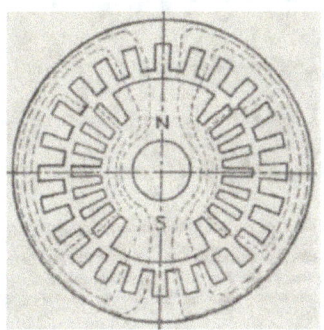

14.2. Constitución del alternador trifásico

El alternador es una máquina síncrona, es decir, que gira a una velocidad constante que depende de la frecuencia de la red eléctrica que alimenta.

Está constituido por un bobinado inductor alimentado por corriente continua, situado en la parte giratoria (rotor), y otro bobinado inducido, generalmente de tres fases, situado en la parte fija (estator) en el que se genera la corriente alterna.
Entre la carcasa y el rotor, existe un pequeño espacio de aire denominado entrehierro.

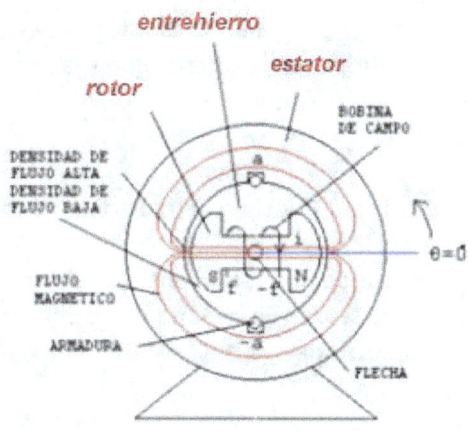

- Estator

Es la parte fija del alternador, también denominada carcasa, y formada por un paquete de chapas al silicio que dispone de unas ranuras donde se sitúan los conductores del inducido que suelen ser tres bobinas conectadas en estrella.

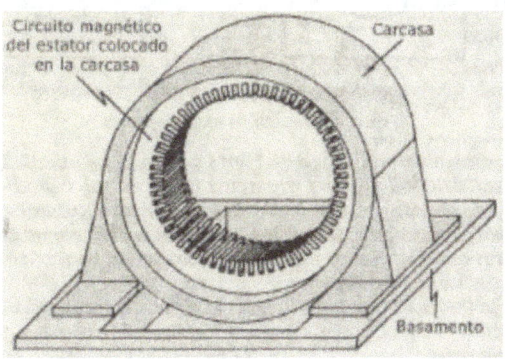 

- Rotor

Es la parte interior situada en el eje del alternador, pudiendo ser de polos salientes o liso, y en él está situado el bobinado inductor o de excitación, y está formado por un núcleo magnético de acero al silicio o a veces macizo.

En la parte exterior de los polos hay una zona llamada de expansión que tiene por objeto adaptarse a la forma circular del estator.

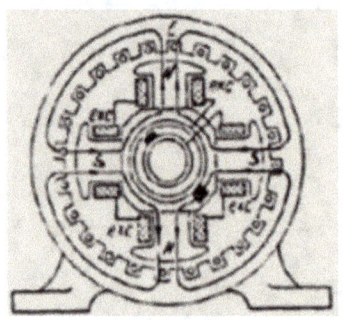 

- Entrehierro

Es el espacio de aire entre el rotor y el estator, en el que la densidad del campo es más débil al tratarse de aire, por lo que se intenta que sea lo más pequeño posible, lo justo para que no se produzca el roce entre rotor y estator.

14.3. Principio de funcionamiento

El principio de funcionamiento del alternador se basa en la ley de Faraday por la cual, cuando un conductor se mueve cortando un campo magnético, aparece entre sus extremos una fuerza electromotriz de valor:

$$E = \beta \cdot L \cdot v$$

Siendo E la fuerza electromotriz en voltios V, β el campo en weber Wb, L la longitud del conductor en metros m y v la velocidad perpendicular con que corta el campo en m/s.

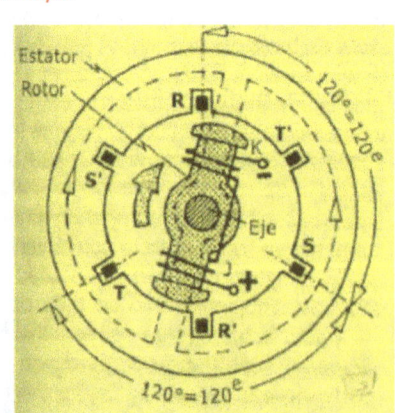

Al alternador se le hace girar mediante energía mecánica, y el rotor donde está el inductor que es alimentado con una corriente continua, crea un campo magnético giratorio que corta los conductores situados en el estator, generándose en ellos una fuerza electromotriz alterna.

Como se aprecia en la figura anterior, al haber tres bobinados (fases), separadas entre sí 120°, se generan tres fuerzas electromotrices senoidales desfasadas entre ellas esos 120°, cuyos valores instantáneos son:

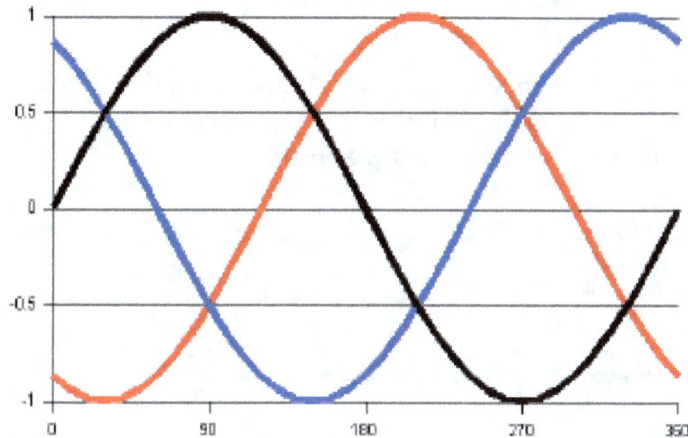

$$e_1 = E_{máx} \cdot sen\, \omega \cdot t$$
$$e_2 = E_{máx} \cdot sen\left(\omega \cdot t - \frac{2\pi}{3}\right)$$
$$e_3 = E_{máx} \cdot sen\left(\omega \cdot t - \frac{4\pi}{3}\right)$$

La velocidad de giro del alternador, llamada velocidad síncrona, viene impuesta por la frecuencia de la corriente que genera, dependiendo del número de pares de polos de la máquina, y viene dada por la expresión:

$$n_s = \frac{60 \cdot f}{p}$$

Siendo n_s la velocidad síncrona de giro del alternador en r.p.m., f la frecuencia de la tensión en hertzios Hz y p el número de pares de polos del inductor.

Quedando determinada la frecuencia por la fórmula:

$$f = \frac{p \cdot n_s}{60}$$

Ejercicio resuelto:

Determinar la velocidad de giro de un alternador que tiene dos pares de polos siendo la frecuencia de la tensión que genera de 50 Hz.

Aplicando la fórmula de la velocidad, tenemos:

$$n_s = \frac{60 \cdot f}{p} = \frac{60 \cdot 50}{2} = 50\, Hz$$

El valor de la fuerza electromotriz inducida en cada fase en valor eficaz se ve en la siguiente expresión:
$$E_f = 4,44 \cdot N \cdot f \cdot K_b \cdot \Phi_{máx}$$

Siendo E_f el valor de la fuerza electromotriz en voltios V, N el número de conductores activos por fase en el estator, f la frecuencia en hertzios Hz, K_b un factor que depende del bobinado de la fase y $\Phi_{máx}$ el flujo máximo del inductor en weber Wb.

Ejercicio resuelto:

Tenemos un alternador trifásico bipolar que tiene 150 conductores por fase y cuyo inductor aporta un flujo máximo de 15 mWb. La frecuencia generada es de 50 Hz y el factor del bobinado es de 0,85. Se desea saber la tensión a la salida de la línea si las fases están conectadas en estrella.

Aplicamos la fórmula de la tensión generada por fase:

$$E_f = 4{,}44 \cdot N \cdot f \cdot K_b \cdot \Phi_{máx} = 4{,}44 \cdot 150 \cdot 50 \cdot 0{,}85 \cdot 15 \cdot 10^{-3} = 424{,}575\ V$$

Al estar los bobinados de las fases conectados en estrella, la tensión de la línea será:

$$U_L = \sqrt{3} \cdot E_f = 735{,}385\ V$$

14.4. Acoplamiento de alternadores

Hay veces que una red eléctrica necesita disponer de más potencia de la inicial y para ello es necesario acoplar alternadores en paralelo con los que ya la alimentan.

Para realizar el acoplamiento, los alternadores deben cumplir varias condiciones:

- ✓ Generar la misma tensión
- ✓ Tener la misma frecuencia
- ✓ El orden de fases debe ser el mismo
- ✓ Al conectarlos deben tener en fase las tensiones, es decir, con el mismo valor instantáneo

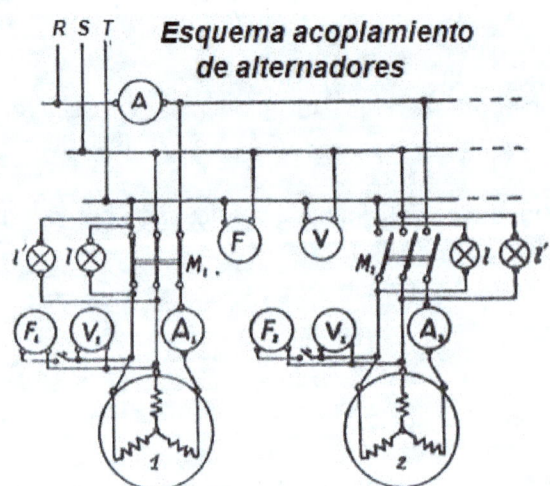

Hoy en día, para realizar este acoplamiento se utilizan sistemas automatizados ya programados para que, en el momento de la conexión, se cumplan todas estas condiciones.

14.5. Constitución y tipos de motores asíncronos trifásicos

Los motores asíncronos trifásicos se caracterizan por su sencillez de construcción, y al contrario que en el generador síncrono (alternador), la velocidad del rotor es inferior a la de giro del campo magnético creado por el estator.
Sus partes principales son:

✓ Estator
En él se encuentra el bobinado inductor recorrido por una corriente alterna al aplicarle tensión.

✓ Rotor
En el interior del estator tiene alojado el inducido donde se genera otra corriente alterna que, al interactuar con el campo inductor, produce el giro.
Las bobinas del estator están dispuestas en el interior de ranuras, mientras que el rotor puede ser de jaula de ardilla o bobinado.

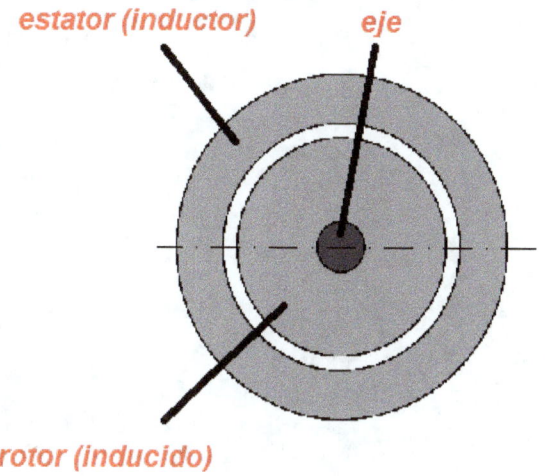

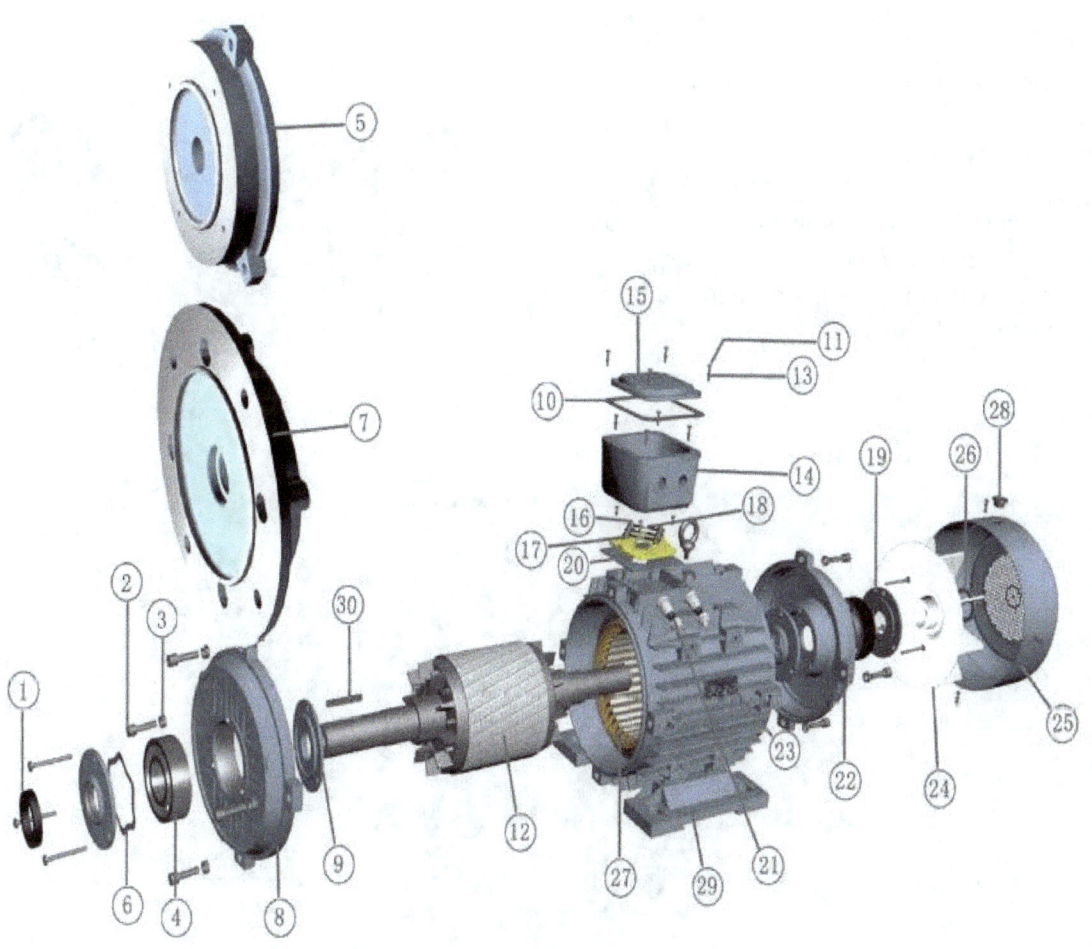

Despiece motor asíncrono

1. Junta de Aceite Tornillo
2. Arandela Fijación
3. Cojinete o Rodamiento
4. IM B14 Brida
5. Muelle – Retén
6. IM B5 Brida
7. Escudo Delantero
8. Tapa Interna Rodamiento
9. Junta
10. Tornillo
11. Rotor
12. Arandela de Fijación
13. Base Caja de Bornes
14. Tapa Caja de Bornes
15. Bloque de Bornes
16. Bornes
17. Bloque Conexión
18. Tapa Rodamiento Exterior
19. Placa de Bornes
20. Presa Estopa
21. Escudo Trasero
22. Placa de Características
23. Ventilador
24. Protección del Ventilador
25. Fijación del Ventilador
26. Estator
27. Tapón
28. Patas – IM B3
29. Chaveta

- Tipos de motores asíncronos trifásicos

  ✓ Con rotor de jaula de ardilla

Es un bobinado formado por unas barras alojadas en las ranuras del rotor que quedan unidas entre sí por sus dos extremos mediante sendos aros o anillos que las cortocircuitan.

Rotor de jaula de ardilla

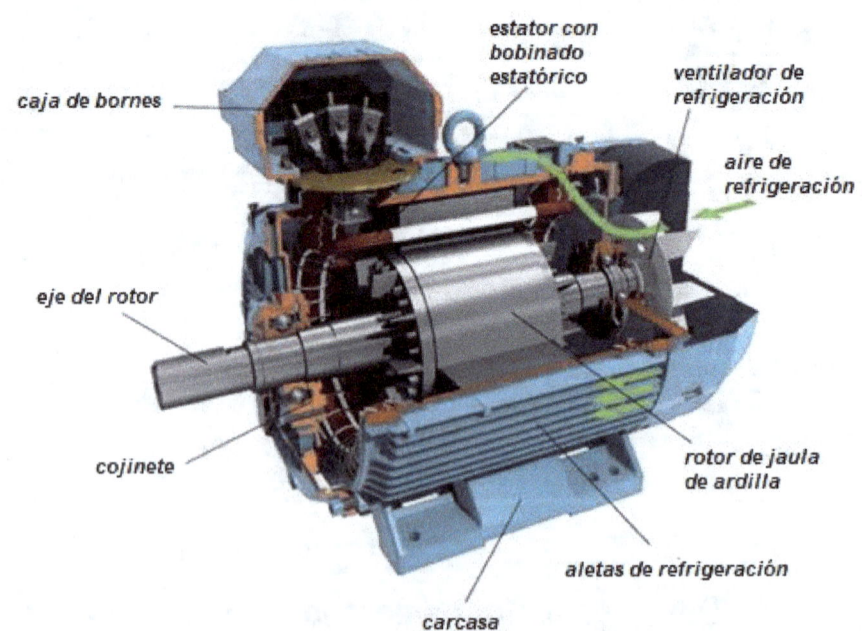

Motor de jaula de ardilla

- ✓ Con rotor bobinado

Está constituido por un bobinado trifásico cuyas fases se conectan al exterior a través de un colector de tres anillos y sus correspondientes escobillas. Lo habitual es que estos tres anillos estén cortocircuitados, aunque a veces se intercalan resistencias en serie en cada una de las bobinas para limitar su corriente.

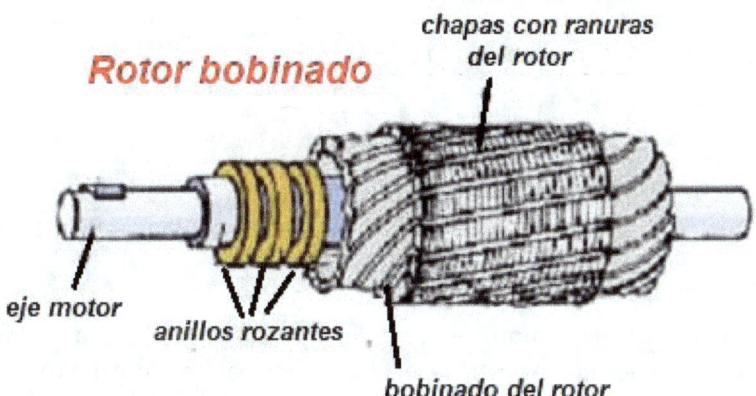

14.6. Principio de funcionamiento

Al aplicar una corriente trifásica al bobinado inductor situado en el estator, este genera un campo magnético giratorio (cuya velocidad es la de sincronismo) que corta los conductores del bobinado situado en el rotor, produciéndose en ellos una fuerza electromotriz que genera una corriente y una fuerza que viene dada por la ley de Laplace, y su sentido por la regla de la mano izquierda.

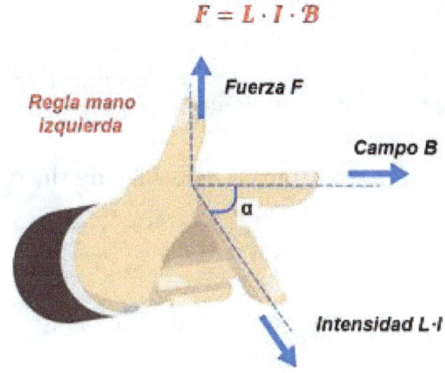

La velocidad síncrona del campo giratorio del estator tiene como expresión:

$$n_s = \frac{60 \cdot f}{p}$$

Siendo n_s la velocidad síncrona del campo en r.p.m., f la frecuencia en hertzios Hz y p el número de pares de polos del estator.

Ejercicio resuelto:

Determina la velocidad de sincronismo de un motor asíncrono trifásico que tiene tres pares de polos y está alimentado a 60 Hz.

Aplicando la fórmula de la velocidad:

$$n_s = \frac{60 \cdot f}{p} = \frac{60 \cdot 60}{3} = 1200 \; r.p.m.$$

- Deslizamiento

Al generarse el par de fuerzas en los conductores del rotor, este comienza a girar en el mismo sentido del campo magnético, pero a una velocidad ligeramente inferior, ya que, si lo hiciese a la misma velocidad que el campo giratorio, este no cortaría los conductores, estos no producirían fuerza electromotriz ni corriente, y por tanto dejaría de haber un par de fuerzas que impulsase al rotor.

Esa diferencia de velocidades entre el campo del estator y el rotor es lo que se denomina deslizamiento, y se suele expresar en porcentaje mediante la fórmula:

$$S\% = \frac{n_s - n}{n_s} \cdot 100$$

Siendo n_s la velocidad del campo giratorio del estator y n la velocidad del rotor, estando ambas velocidades en r.p.m.

El deslizamiento es mínimo cuando el motor está en vacío sin carga en el eje, de valores cerca del 0,1 %, y va aumentando cuando lo hace la carga en el eje, alcanzando valores cercanos al 4 %.

Ejercicio resuelto:

Un motor trifásico gira en funcionamiento normal a 1460 r.p.m., siendo de dos pares de polos. Se quiere saber su deslizamiento.

Primero hallamos la velocidad de sincronismo:

$$n_s = \frac{60 \cdot f}{p} = \frac{60 \cdot 50}{2} = 1500 \, r.p.m.$$

Ahora ya calculamos el deslizamiento, como:

$$S\% = \frac{n_s - n}{n_s} \cdot 100 = \frac{1500 - 1460}{1500} \cdot 100 = 2,\widehat{6} \%$$

A continuación, podemos ver una tabla con características de motores trifásicos de 400 V, 1500 r.m.p., de diferentes potencias.

Potencia	Potencia	Corriente nominal	Corriente de arranque	Velocidad	Rendimiento	Cos φ
0,5 CV	0,37 kW	1,09 A	4,4 Xn	1.390 rpm	74%	0,7
0,75 CV	0,55 kW	1,43 A	7 Xn	1.440 rpm	75%	0,79
1 CV	0,75 kW	1,92 A	6,5 Xn	1.415 rpm	76%	0,92
1,5 CV	1,9 kW	2,75 A	5,5 Xn	1.440 rpm	77%	0,79
2 CV	1,50 kW	3,37 A	7,5 Xn	1.420 rpm	90%	0,94
3 CV	2,20 kW	4,91 A	7,5 Xn	1.420 rpm	93%	0,92
4 CV	3 kW	6,42 A	7,5 Xn	1.420 rpm	94%	0,95
5,5 CV	4 kW	9,45 A	7,5 Xn	1.430 rpm	96%	0,94
7,5 CV	5,5 kW	11,9 A	7,3 Xn	1.470 rpm	99%	0,95
9 CV	7,5 kW	15,1 A	7,5 Xn	1.470 rpm	99%	0,95
15 CV	11 kW	22,9 A	7 Xn	1.470 rpm	90%	0,94
20 CV	15 kW	30,3 A	6 Xn	1.460 rpm	91%	0,93
25 CV	19,5 kW	36,5 A	7,5 Xn	1.470 rpm	92%	0,94
30 CV	22 kW	42,2 A	7,5 Xn	1.475 rpm	92%	0,96

Tabla motores trifásicos de jaula con velocidad 1500 r.p.m. y tensión 400 V

Ejercicio resuelto:

Tenemos un motor trifásico de 5,5 C.V. correspondiente a la tabla de la figura anterior. Queremos saber que potencia absorbe de la red, su corriente en el arranque, par nominal y deslizamiento.

Para calcular la potencia eléctrica que absorbe de la red, la despejamos del rendimiento teniendo en cuenta su potencia útil en el eje que es la de la tabla:

$$P_e = \frac{P_u}{\eta \%} \cdot 100 = \frac{4000}{96} \cdot 100 = \mathbf{4166,\widehat{6}\ W}$$

Para calcular la corriente en el arranque, nos fijamos en la tabla que indica que es 7,5 veces el valor de la nominal:

$$I_{arr} = 7,5 \cdot I_n = 7,5 \cdot 9,45 = \mathbf{70,875\ A}$$

Vamos a calcular su velocidad nominal en radianes, antes de hallar su par nominal:

$$\omega_n = \frac{2\pi \cdot n_n}{60} = \frac{2\pi \cdot 1430}{60} = 149{,}7492\ rad/s$$

Ya podemos calcular su par nominal:

$$M_n = \frac{P_u}{\omega_n} = \frac{4000}{149{,}7482} = \mathbf{27,7113\ N \cdot m}$$

Por último, calculamos el deslizamiento a partir de su expresión en porcentaje:

$$S_n \% = \frac{n_s - n_n}{n_s} \cdot 100 = \frac{1500 - 1430}{1500} \cdot 100 = \mathbf{4,\widehat{6}\ \%}$$

14.7. Característica mecánica

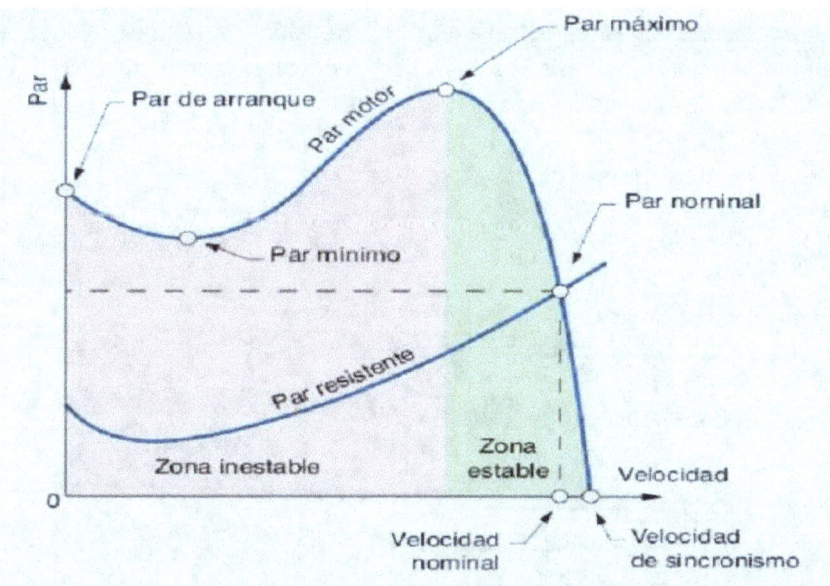

Característica mecánica par-velocidad motor asíncrono trifásico

En la figura anterior se puede apreciar la característica mecánica de un motor trifásico donde se observa la relación entre el par que suministra el motor y el par resistente que hay en el eje, desde el momento del arranque, hasta que alcanza su velocidad nominal que como se aprecia es menor a la de sincronismo.

Se puede ver que, en el arranque, el par es del orden de un 40 o 50 % mayor que el par nominal, siendo en ese caso la velocidad del motor máxima. Hasta alcanzar el motor el par máximo (aproximadamente el doble del nominal) su comportamiento es inestable, y a partir de él se alcanza la zona de estabilidad en el funcionamiento, alcanzando el par nominal cuando se igualan el par motor y el par resistente de la carga en el eje.

Ejercicio resuelto:

Para el ejercicio de la página anterior, se sabe que el par de arranque es un 45 % superior al nominal y el par máximo un 95 %. Se desea saber el valor de ambos pares para ese motor de 5,5 C.V. de potencia útil.

El par de arranque será:

$$M_{arr} = 1{,}45 \cdot M_n = 1{,}45 \cdot 27{,}7113 = \mathbf{40{,}1813}\ N \cdot m$$

Y el par máximo:

$$M_{máx} = 1{,}95 \cdot M_n = 1{,}45 \cdot 27{,}7113 = \mathbf{54{,}037}\ N \cdot m$$

14.8. Sistemas de arranque

Antes de hablar de sistemas de arranque, vamos a ver las maneras de conectar los bobinados del motor trifásico, ya que habitualmente permiten poder conectarlos de dos maneras, en estrella (Y) o en triángulo (Δ).

Cuando permite las dos conexiones, en estrella admite la tensión más alta de la línea, y en triángulo la más baja. Por ejemplo, si un motor trifásico es de 400/230 voltios, si se conecta a 400 V, deberá realizarse la conexión en estrella y si se conecta a 230 V, deberá conectarse en triángulo.

Es decir, la tensión menor del motor es la que aguanta cada bobina.

- ✓ Conexión estrella

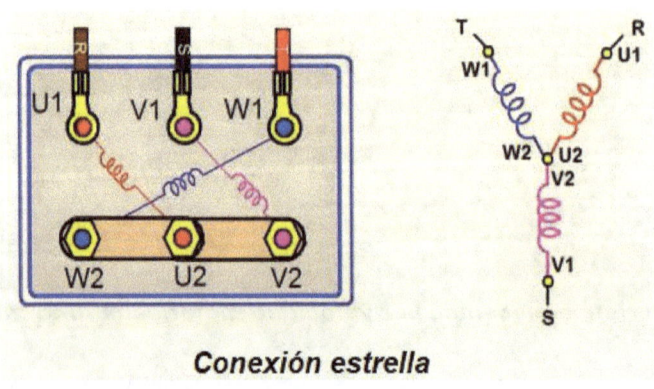

Conexión estrella

Con esta conexión, a cada bobina le llega $\sqrt{3}$ veces menos tensión que la de la línea:

$$U_b = \frac{U_L}{\sqrt{3}}$$

✓ Conexión triángulo

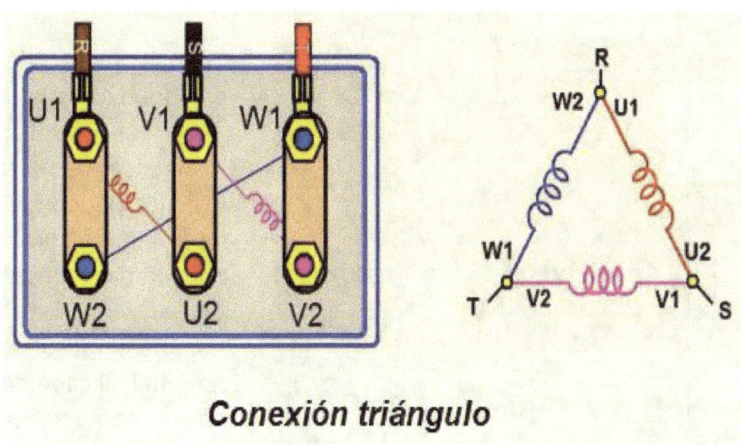

Conexión triángulo

En este caso a cada bobina le llega la tensión de la línea.

$$U_b = U_L$$

En la figura siguiente, podemos ver un ejemplo de cómo es la placa de características de un motor trifásico con posibilidad de conexión estrella y triángulo.

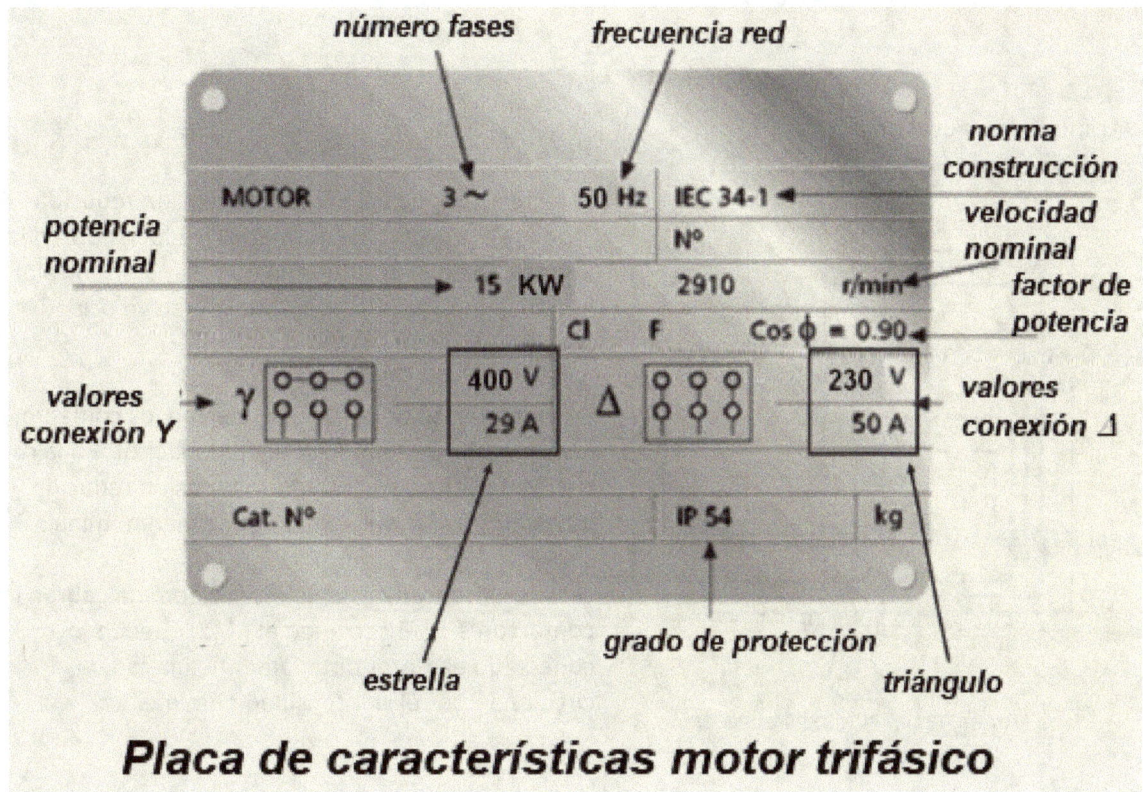

- Arranque estrella - triángulo

Hoy en día, para realizar el arranque limitando la corriente se lleva a cabo el arranque estrella triángulo, en el cual, se comienza con la conexión estrella (al llegar menos tensión a la bobina, absorbe menor intensidad, concretamente la tercera parte), para pasar luego a la conexión triángulo.

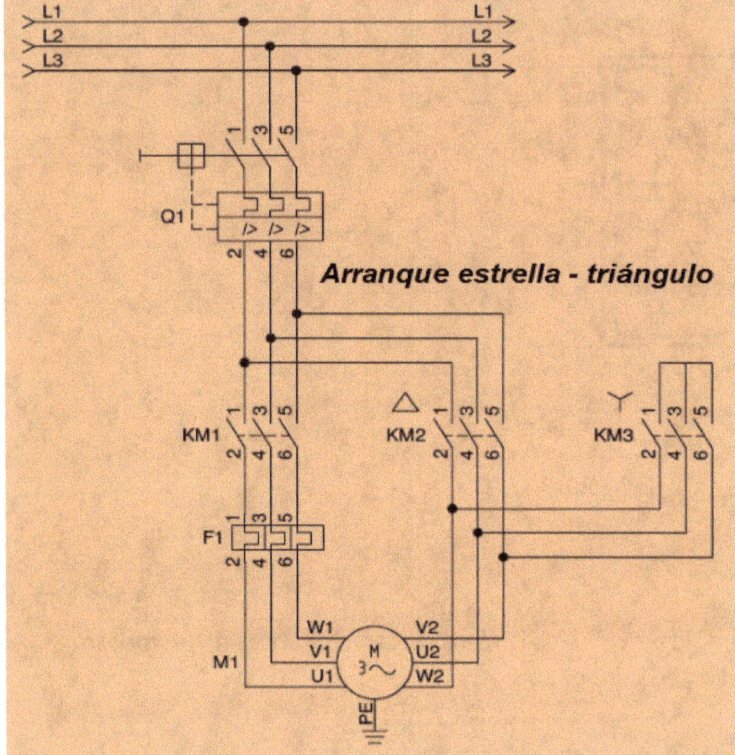

En la figura se observa el esquema del arranque estrella triángulo.

Al arrancar se cierran los contactores KM1 y KM3, con el 1 llega la corriente a las bobinas y con el 2 quedan conectadas en estrella.

Cuando el motor alcanza la velocidad nominal, al cabo de unos segundos se abre el contactor 3 y se cierra el 2 que, junto con el 1 cerrado, deja las bobinas del estator conectadas en triángulo.

La figura muestra el esquema de fuerza. Hay otro esquema de mando que es el que actúa sobre los contactores para que abran o cierren según se programe con un temporizador.

- Arranque con autotransformador

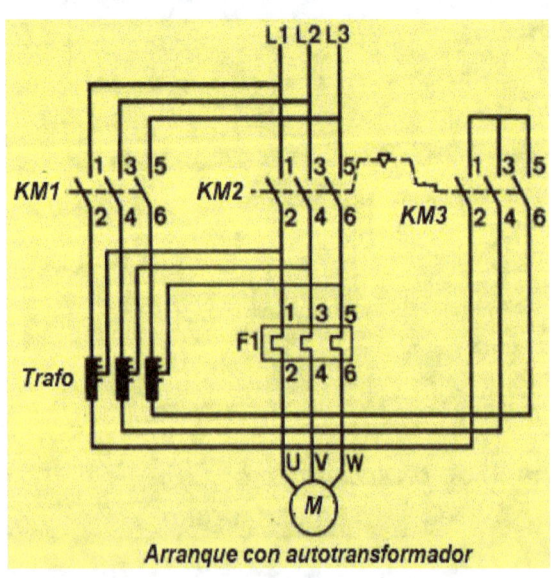

En este arranque, se aplica una tensión reducida mediante un autotransformador (reduciendo así la intensidad en el arranque) para dejarla en su valor nominal una vez el motor adquiere su velocidad nominal.

En el momento del arranque, cierran los contactores KM 1 y KM3, quedando conectado el motor a la red a través del autotransformador a tensión reducida hasta alcanzar la velocidad de régimen nominal.

Una vez alcanzada esta velocidad nominal, abren los contactores 1 y 3 cerrando el KM2, quedando conectado el motor directamente a la red y circulando por él la intensidad nominal.

- Arranque con resistencias estatóricas

Consiste en agregar durante el arranque resistencias en serie con cada bobinado del estator, limitando así la corriente durante el arranque.

Se pueden ver las resistencias situadas en serie con el bobinado del estator.

Al arrancar el motor, se cierra el contactor KM1 quedando abierto el KM2, con lo cual quedan intercaladas en serie las resistencias, reduciendo así la intensidad durante el arranque.

Una vez producido el arranque, se abre el contactor KM1 cerrando el KM2, quedando alimentado el motor a la tensión de la red y protegido por el térmico que se puede ver en el esquema

- Arranque directo

En este caso, el motor arranca conectado directamente a la conexión de la red, sin que se limite la intensidad del arranque, motivo por el cual, este tipo de arranque solo es factible para motores de baja potencia para evitar corrientes excesivas durante su puesta en marcha.

Se puede ver como el motor queda conectado directamente a la red, bastando con cerrar el interruptor automático y el contactor KM para realizar el arranque directo dl mismo.

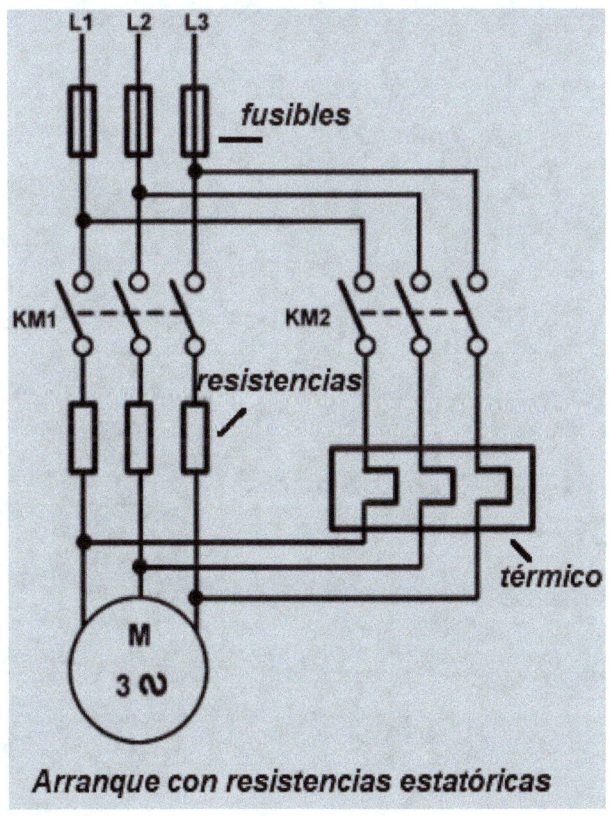

Arranque con resistencias estatóricas

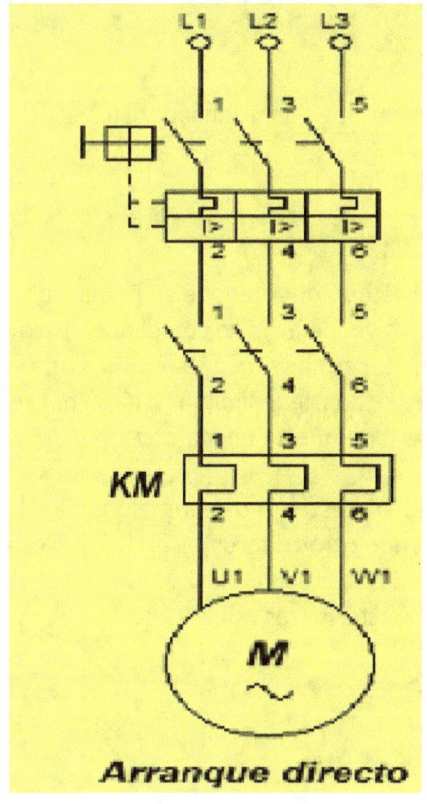

Arranque directo

- Arranque con resistencias rotóricas

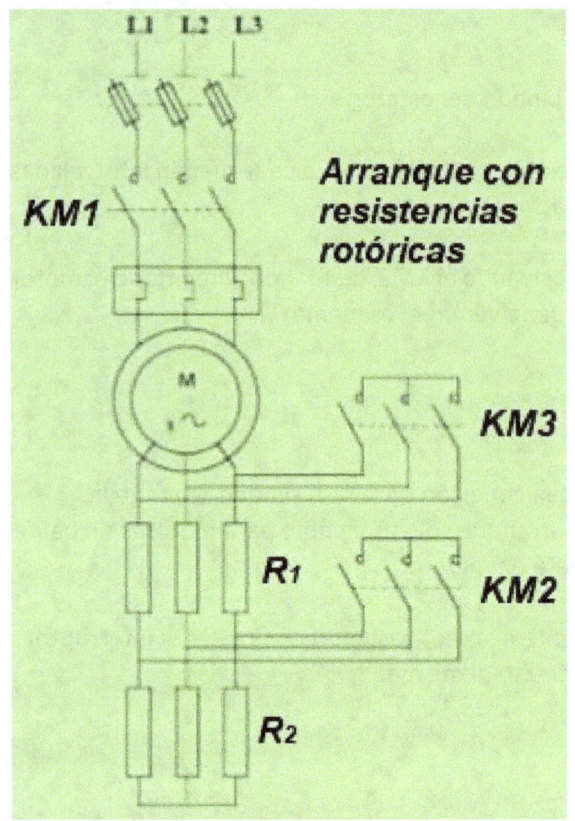

Este tipo de arranque se utiliza para motores con el rotor bobinado, aprovechando que sus bobinas son accesibles para situar resistencias en serie con ellas que limitan la corriente durante el arranque.

Se observa en la figura que hay tres escalones de arranque,

Primero cierra el contactor KM1, quedando colocadas las resistencias R1 y R2 en serie.

Después cierra el contactor KM2, quedando tan solo intercalada en serie la resistencia R1.

El último paso es el cierre del contactor KM3, momento en el cual quedan eliminadas todas las resistencias y el motor funciona ya con sus valores nominales una vez concluido el arranque.

- Arranque con arrancador suave

Este método de arranque se lleva a cabo con un dispositivo electrónico con el que el arranque está regulado, es decir, que se realiza a una velocidad suave, lo que se consigue limitando la corriente durante el proceso de puesta en marcha.

Aquí se muestra uno de los esquemas de montaje habiendo otros diferentes en los que el arrancador queda desconectado una vez el motor ya funciona con sus características nominales.

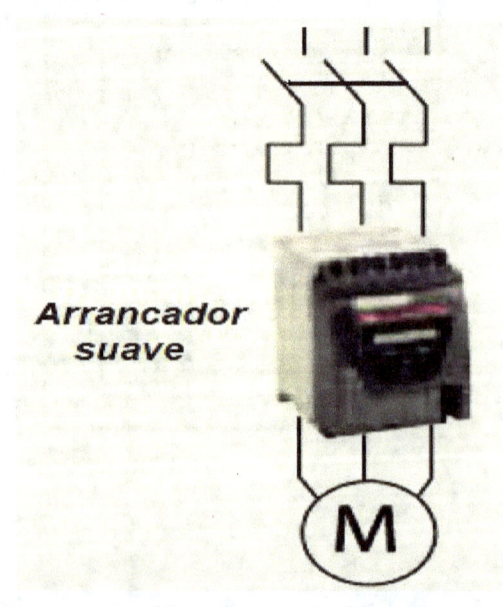

14.9. Inversión del sentido de giro

Para realizar la inversión del sentido de giro de un motor trifásico basta con permutar entre sí dos de las fases del motor.

Para ello se realiza el montaje de la figura que se puede ver debajo.

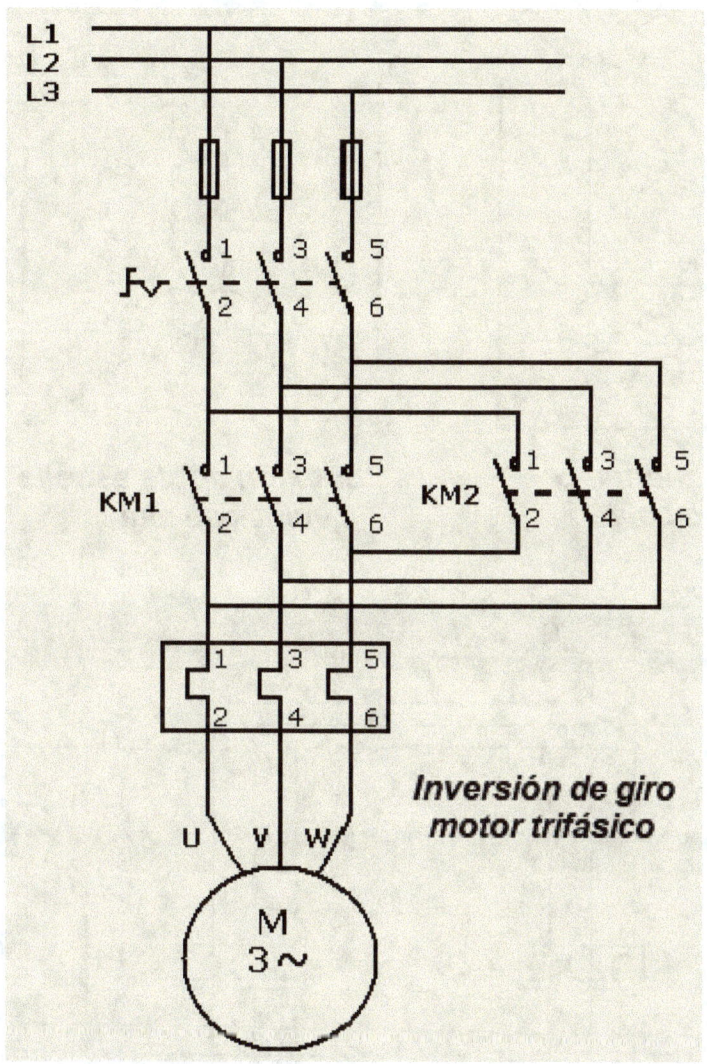

Como se aprecia en la figura, el motor se alimenta de la red mediante un interruptor, tras el cual se sitúan dos contactores, terminando con un térmico de protección de sobreintensidades antes del motor.

Si cerramos el contactor KM1, el motor girará en un sentido (las fases entran tal y como llegan de la red a las bornas del motor).

Si abrimos el contactor KM1 y cerramos a continuación el KM2, las fases de la línea L1 y L3 quedan permutadas entre sí a la entrada al motor, lo que ocasiona que el sentido de giro cambie respecto al inicial.

Inversión de giro motor trifásico

14.10. Regulación de velocidad

Partiendo de la fórmula que determina la velocidad de un motor trifásico:

$$n = \frac{60 \cdot f}{p}$$

Se deduce que, para variar la velocidad, tenemos dos opciones, variar la frecuencia de la red o variar el número de pares de polos.

- Motor con conexión Dahlander

Este motor tiene la particularidad de que las tres bobinas del estator tienen una conexión intermedia que permite conectarlas de dos maneras diferentes tal y como se aprecia en la figura, de manera que cuando estas tomas intermedias se unen entre sí, se forman un par de polos en lugar de dos, lo cual hace que la velocidad aumente al doble.

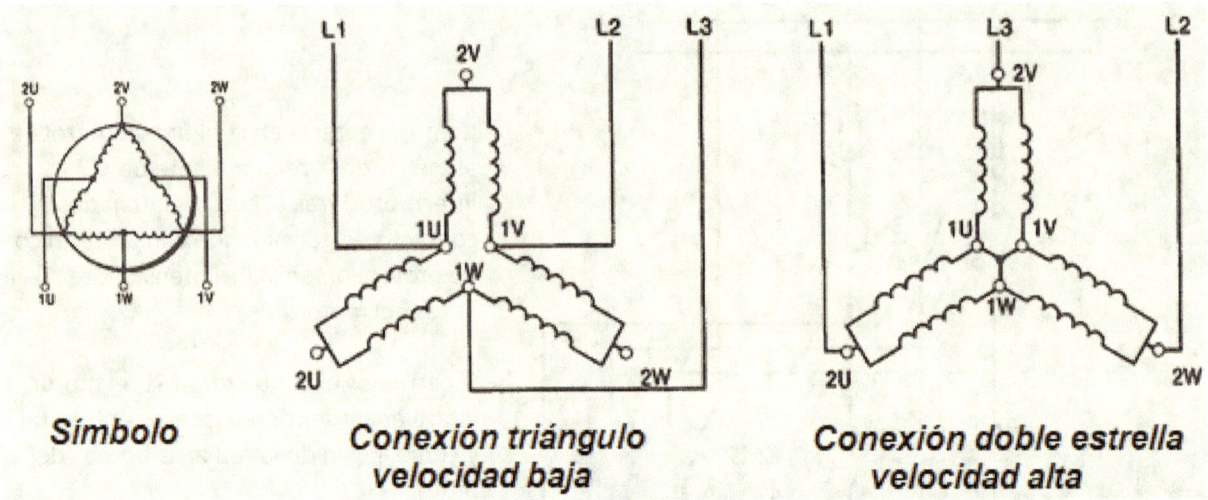

Símbolo

Conexión triángulo velocidad baja

Conexión doble estrella velocidad alta

En el esquema de la figura, se puede ver el montaje del circuito para alimentar este tipo de motor de dos velocidades.

En el montaje se observa que se utilizan tres contactores para poder cambiar de velocidad.

Para poder funcionar el motor con la velocidad baja, se cierra el contactor KM1, tras lo cual las bobinas quedan conectadas en triangulo (se puede ver la conexión de las misma en la figura anterior).

Si se desea que el motor trabaje a la velocidad alta, se deja abierto el contactor KM1 y se cierran los contactores KM2 y KM3, quedando las bobinas conectadas en doble estrella,

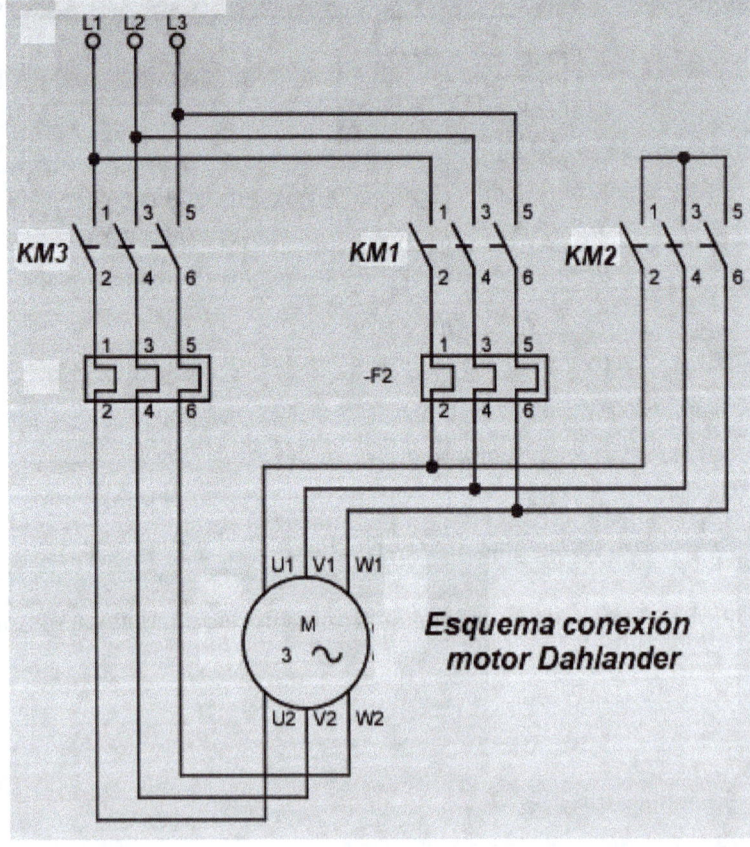

Esquema conexión motor Dahlander

- Variador electrónico de velocidad

La opción más utilizada hoy en día para veriar la velocidad de los motores trifásicos es actuar sobre la frecuencia, y esto se consigue utilizando variadores de frecuencia electrónicos que se conectan en serie con el motor provocando en su interior la variación de la frecuencia de la red, pudiendo programar estas variaciones tanto para el arranque como para la frenada del motor.

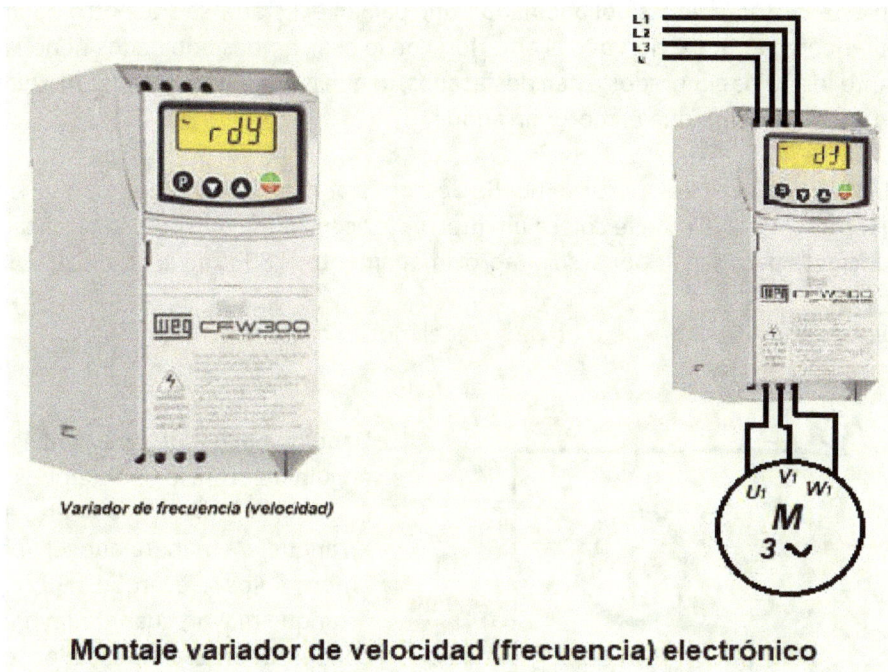

Montaje variador de velocidad (frecuencia) electrónico

14.11. Motores monofásicos

Cuando se trata de motores a utilizar en instalaciones domésticas, muy frecuentemente, solo se dispone de corriente alterna monofásica y, por tanto, se utilizan motores monofásicos.

- Motor monofásico con rotor de jaula de ardilla

Su funcionamiento es similar al trifásico de jaula, con la salvedad de que ahora el bobinado del estator es de una sola bobina. En este caso el campo inductor generado no es giratorio sino fijo y alternativo, variando con la frecuencia de la red de forma senoidal. Ello hace que las fuerzas que se producen en los conductores del rotor cambien de sentido constantemente, con lo que el motor no arrancaría.

Para conseguir que comience a girar, hay que hacer girar inicialmente el eje del motor para que se genere un par de fuerzas que actúe con el campo magnético del estator hasta que el motor alcance su velocidad nominal.
Este problema de tener que empujar el motor para que arranque se soluciona añadiendo diferentes elementos al motor:

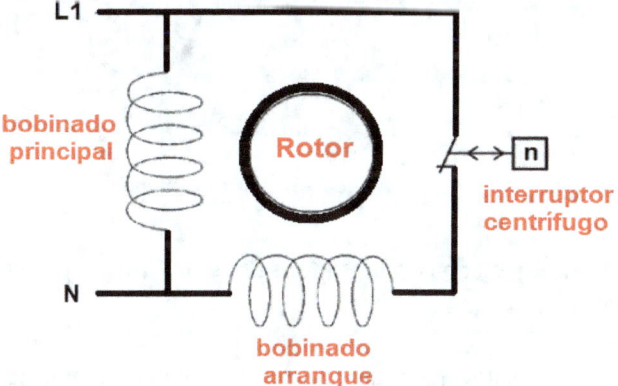

- Motor monofásico de fase partida

En este motor, además del bobinado principal, en el estator se sitúa otro bobinado llamado de arranque, que tiene menor sección que el anterior, con lo cual, ambos bobinados tienen impedancia diferente y por tanto los flujos generados están desfasados, lo que genera un flujo giratorio que provoca un par suficiente en el estator para que el motor arranque.

Una vez arrancado el motor se puede desconectar el bobinado de arranque, evitando así sus pérdidas eléctricas. Para ello, se le coloca un interruptor centrífugo que abre al alcanzar el motor una velocidad suficiente para seguir por sí solo (aproximadamente el 80 % de la nominal).

Si queremos invertir el sentido de giro del motor, basta con invertir los terminales de conexión del bobinado de arranque.

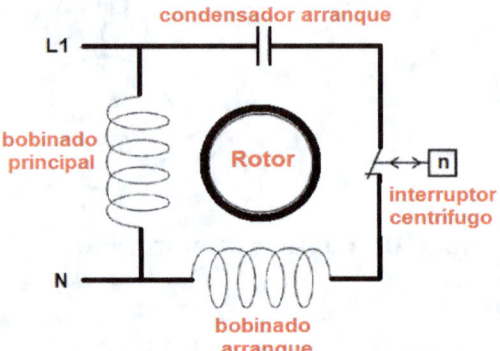

Dado que el par de arranque es débil por ser pequeño el ángulo de desfase entre ambos bobinados, se añade un condensador de arranque en serie con el bobinado de arranque, de manera que, el ángulo de desfase entre ambos flujos se acerque a 90° y genere un par de arranque mayor, cuanto mayor sea la capacidad del condensador. El condensador se desconecta a la vez que el bobinado auxiliar mediante el interruptor centrífugo.

En algunos motores, para evitar el interruptor centrífugo que genera ruidos, se dejan permanentes el bobinado auxiliar y el condensador. En este caso la capacidad del condensador es más pequeña y, por tanto, el par de arranque.

Una última variante es la de incorporar doble condensador, uno que se desconecte tras el arranque y otro que quede de forma permanente, de manera que se consiga un buen factor de potencia y un mejor rendimiento del motor, no llegando al de los motores trifásicos.

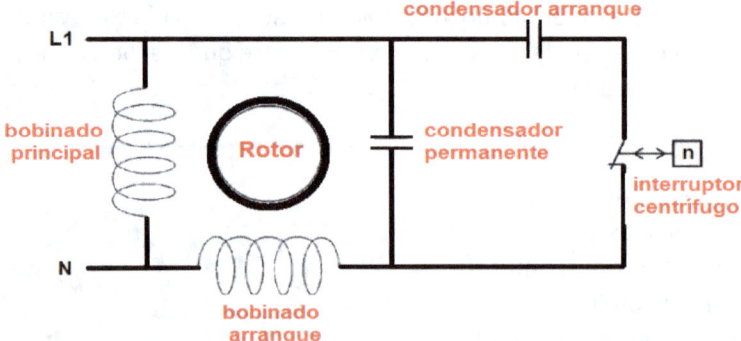

Los motores con condensador se pueden utilizar para máquinas herramientas donde necesitamos mayor par de arranque.

Los que no llevan condensador solo sirven para aplicaciones de escaso par de arranque, como pueden ser los ventiladores.

Motores con condensador permanente

- Motor monofásico de espira en cortocircuito

También llamado de espira de sombra, se utiliza en motores de potencias pequeñas que no superan los 200 W, y su rotor también es de cortocircuito.

La espira de cortocircuito de sombra está situada en ambos polos, una opuesta a otra, generando un flujo desviado del principal que genera el par suficiente para el arranque.

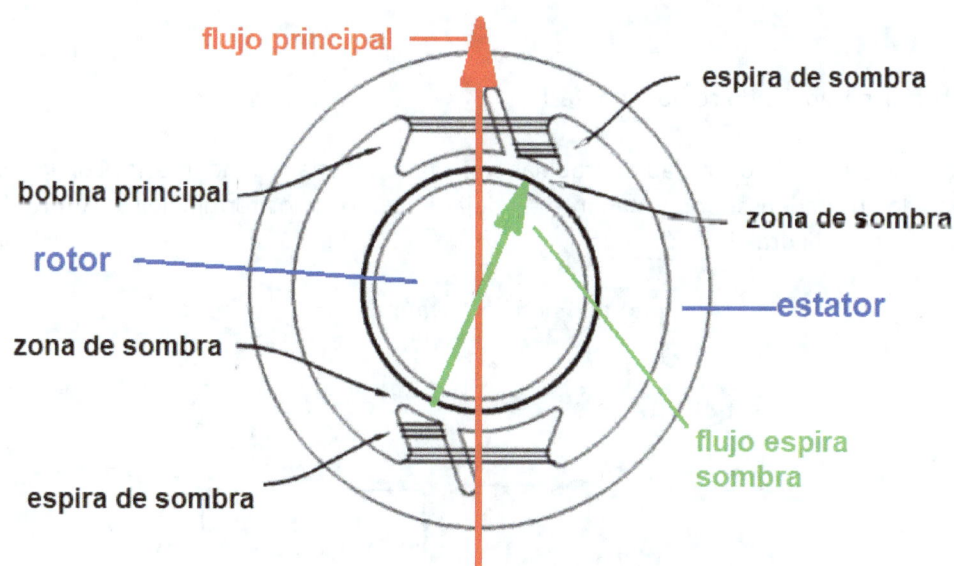

Motor con espira de sombra

- Motor universal de rotor bobinado

Se le denomina también motor serie por el hecho de que la bobina inductora está en serie con el inducido del rotor.

El nombre de universal viene de que funciona indistintamente con corriente continua y alterna.

Cuando se alimenta con corriente continua, se puede invertir el sentido de giro cambiando la polaridad de conexión de uno de los dos devanados, no de ambos.

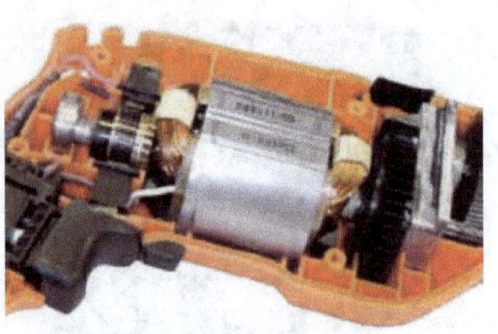

Motor universal de taladro

Cuando se alimenta con alterna, al cambiar la polaridad, lo hace a la vez en los dos devanados, con lo que no cambia el sentido de giro.

Si se les pone a trabajar en corriente alterna, estando fabricados para continua, tienen problemas por las corrientes parásitas y la histéresis que provocan excesivo calentamiento, por lo que si van a funcionar en alterna se fabrican de chapa de alta permeabilidad, evitando estos efectos de exceso de calentamiento.

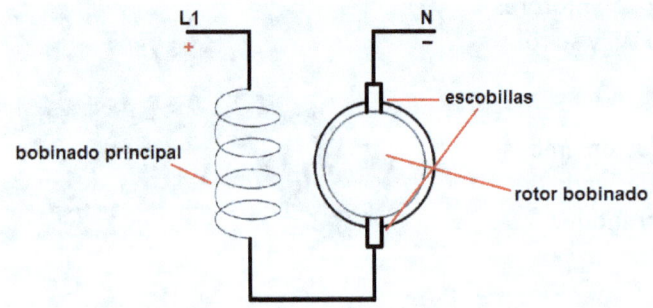

Al ser de rotor bobinado lleva escobillas, lo que puede provocar chispas indeseables, además de requerir mayor mantenimiento.

Tienen la ventaja de poder alcanzar grandes velocidades actuando sobre la tensión de alimentación (en corriente continua).

Esquema motor serie universal

- Motor trifásico trabajando como monofásico

Un motor trifásico tiene la posibilidad de trabajar conectado en una red monofásica con la condición de tener conectado un condensador permanente sin dejar ninguno de los terminales del motor libre, tal y como se aprecia en la figura.

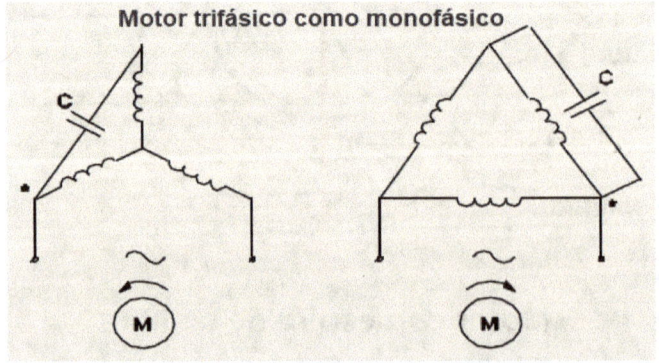

Se puede apreciar que el condensador debe conectarse entre la fase que queda libre y otra de las fases, pudiendo invertirse el sentido de giro al cambiar la otra fase a la que se conecta la que queda libre.

A continuación, se adjunta una tabla con la capacidad aproximada que debe tener el condensador junto con su tensión nominal, dependiendo de la tensión de la red trifásica a la que se conecta el motor.

Tensión de la red	Capacidad del condensador C	Tensión del condensador Uc
400 V	≈ 22µF/kW	≈ 450 V
230 V	≈ 70µF/kW	≈ 250 V

En este tipo de conexión monofásica el par de arranque alcanza entre un 25 % y un 30 % del par nominal del motor, y la potencia máxima entre un 70 % y un 80 % de la nominal.

Ejercicio resuelto

Queremos saber las características del condensador a colocar en un motor trifásico para poderle conectar a una red monofásica, siendo la potencia del motor de 5,5 kW y su tensión nominal de 400 V.

La tensión del condensador será aproximadamente de 450 V.

Calculemos ahora la capacidad del condensador atendiendo a los valores de la tabla para una red de 400 V:

$$C = \frac{22\ \mu F}{kW} \cdot 5{,}5\ kW \approx 121\ \mu F$$

14.12. Motores especiales

- Motor síncrono trifásico

Es un motor cuya constitución es la misma que la de un alternador trifásico y que, al contrario que los motores de inducción vistos anteriormente, funciona a una velocidad constante que coincide con la velocidad síncrona dependiente de la frecuencia de la red y el número de pares de polos del motor:

$$n = \frac{60 \cdot f}{p}$$

El problema que presentan es que no son capaces de arrancar por sí solos y para que lo puedan hacer, deben ayudarse de algún dispositivo auxiliar como puede ser un motor asíncrono, hasta que el rotor alcanza la velocidad de sincronismo.

Al meter corriente trifásica al estator se crea un campo giratorio que atraviesa el rotor. Si se hace girar este, el campo creado por sus polos magnéticos crea un par que hace girar el motor, haciéndolo a la misma velocidad del campo giratorio del estator.

Para conseguir el máximo par, el ángulo formado por el flujo del rotor debe ser perpendicular al del campo del estator en el giro de ambos.

La mayor aplicación de estos motores es para pequeña potencia, como pueden ser los utilizados en relojes, donde la velocidad debe ser constante (síncrona). En estos motores de pequeña potencia el rotor es un imán permanente.

- Servomotor

Son motores cuyo movimiento está regulado por un sistema electrónico, lo que les permite tener precisión, siendo muy empleados en máquinas herramientas como son los tornos de control numérico o en automatización robótica.

En el estator se sitúan imanes permanentes que actúan como inductor, siendo el inducido del rotor como el de un motor de corriente continua normal pero alimentado mediante sistemas electrónicos para dotarle de un control preciso de su movimiento.

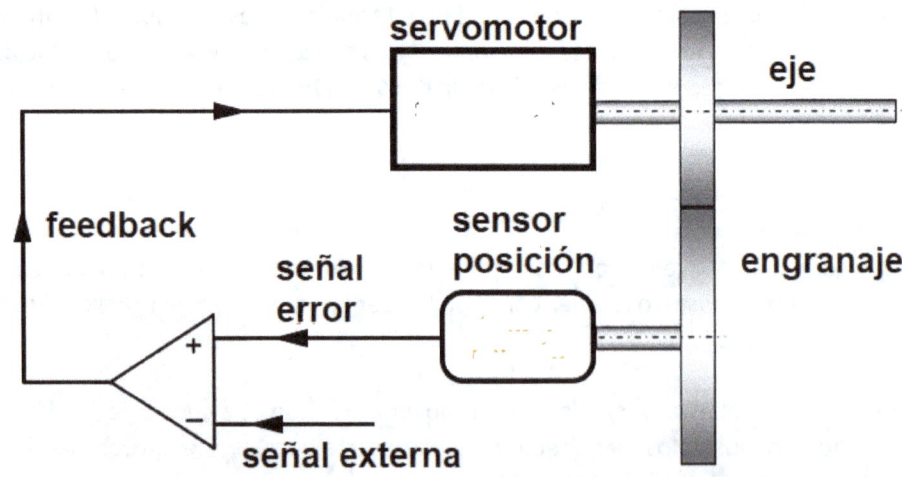

- Motor paso a paso

Es un motor en el que el estator dispone en su periferia de varias bobinas que actúan como un electroimán cuando se les aplica corriente mientras que, en el rotor se sitúa un imán que es atraído por el campo que genera la bobina del estator que se energiza cuando se le aplica corriente. Esto permite hacer que el rotor se mueva según la bobina del estator a la que se aplique tensión mediante impulsos que genera un sistema electrónico, consiguiendo que el motor gire de una posición a otra con precisión y ángulo determinados.

En la figura se puede ver un motor de dos posiciones, en el que se ha aplicado tensión a la bobina 1, que actúa como electroimán atrayendo el imán situado en el estator.

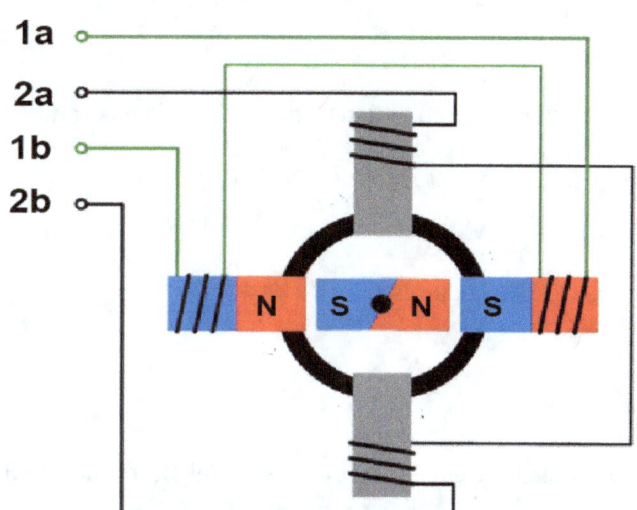

Motor de dos posiciones

- Alternador asíncrono

La constitución de este tipo de alternador es la misma que la de un motor asíncrono de inducción.

Para su funcionamiento como alternador se debe conectar a la red eléctrica de manera que cuando se le hace girar a una velocidad superior a la de sincronismo estará aportando energía a la red, mientras que, si la velocidad está por debajo de ella, estará funcionando como motor, absorbiendo energía de la red.

El ejemplo de mayor aplicación es el de los aerogeneradores o generadores eólicos, tan utilizados hoy en día y que tanta energía producen actualmente.

Se puede determinar la potencia inyectada a la red mediante la siguiente expresión:

$$P = M_r \cdot (\omega - \omega_s)$$

Siendo P la potencia aportada a la red en vatios W, M_r el par de rotación del alternador en N·m, ω la velocidad de giro del alternador en rad/s y ω_s la velocidad de sincronismo en rad/s.

Para que funciones como generador la velocidad de giro ha de ser superior a la de sincronismo (la potencia sale positiva). En caso contrario, potencia negativa, la velocidad es inferior a la de sincronismo y funciona como motor, absorbiendo potencia de la red.

Ejercicio resuelto:

Un generador eólico cuya velocidad de sincronismo es de 1000 r.p.m., está girando en un momento determinado a 1075 r.p.m., ejerciendo un par en su eje de 1200 N·m. Se quiere determinar la potencia que está aportando a la red en ese momento.

En primer lugar, pasamos las velocidades de giro a rad/s:

$$\omega_s = \frac{2\pi \cdot n_s}{60} = \frac{2\pi \cdot 1000}{60} = 104{,}7197\ \frac{rad}{s}\ ;\ \omega = \frac{2\pi \cdot \omega}{60} = \frac{2\pi \cdot 1075}{60} = 112{,}5737\ rad/s$$

Ahora ya podemos calcular la potencia aportada a la red:

$$P = M_r \cdot (\omega - \omega_s) = 1200 \cdot (112{,}5737 - 104{,}7197) == \mathbf{9424{,}8\ W}$$

14.13. Actividades

- Cuestiones

1. Señala las tres partes principales del alternador, indicando su función.

2. De qué depende la fuerza electromotriz que se produce en los conductores de un alternador.

3. De qué factores depende y cómo, la velocidad de sincronismo de un alternador.

4. Indica las condiciones para poder acoplar alternadores a la red.

5. Explica lo que es el motor de jaula de ardilla.

6. Explica lo que es el motor de rotor bobinado.

7. Define lo que es el deslizamiento en un motor.

8. En qué consiste el arranque estrella triángulo.

9. Qué significado tienen las siglas IEC 34-1 en la placa de características de un motor.

10. Cómo se invierte el sentido de giro de un motor trifásico.

11. En qué consiste un motor Dahlander.

12. En qué consiste un motor monofásico de fase partida.

13. Cómo se invierte el sentido de giro de un motor de fase partida.

14. Qué función tiene el condensador de arranque en un motor de fase partida.

15. Cuál es la función del condensador permanente de un motor.

16. Cuál es la función de la espira de cortocircuito de un motor monofásico.

17. Qué es un motor universal.

18. Cómo se consigue que un motor trifásico trabaje conectado a una red monofásica.

19. En qué consiste un motor síncrono trifásico.

20. Qué es un servomotor.

21. Qué es un motor paso a paso.

22. Cómo funciona un alternador asíncrono.

- Ejercicios

1. Determina el número de pares de polos de un alternador cuya frecuencia es de 60 Hz y gira a 1200 r.p.m.

2. Sabiendo que la tensión de línea de un alternador conectado en estrella es de 15000 V y su flujo máximo inductor es de 100 mWb, queremos saber el número de conductores por fase del alternador, siendo la constante constructiva del bobinado de 0,85 y la frecuencia de 50 Hz.

3. Determina la frecuencia de la red que alimenta un motor trifásico que tiene dos pares de polos, sabiendo que su velocidad es de 1720 r.p.m. Indica también el valor de su deslizamiento.

4. Tenemos un motor trifásico de 400 V que absorbe de la red una potencia de 4450 W, siendo su rendimiento del 89 %, su frecuencia de 50 Hz y de dos pares de polos. Sabemos que tiene un deslizamiento del 3,2 % y que en el arranque absorbe 4,5 veces la intensidad nominal, siendo su factor de potencia de 0,88. Queremos saber cuál es el par de rotación del eje, así como la intensidad que consume en el arranque.

5. Tenemos un motor trifásico que trabaja a 230 V con una potencia de 4,5 kW y queremos conectarlo a una red de 133 V monofásica. Queremos saber las características del condensador a colocar (capacidad y tensión).

6. El alternador de un aerogenerador tiene una velocidad de sincronismo de 1500 r.p.m. y en un momento determinado, su eje está girando a 1480 r.p.m. con un par en el eje de 1000 N·m. Queremos determinar su modo de funcionamiento y la potencia que genera o absorbe en ese momento.

UNIDAD 15
MÁQUINAS DE CORRIENTE CONTINUA

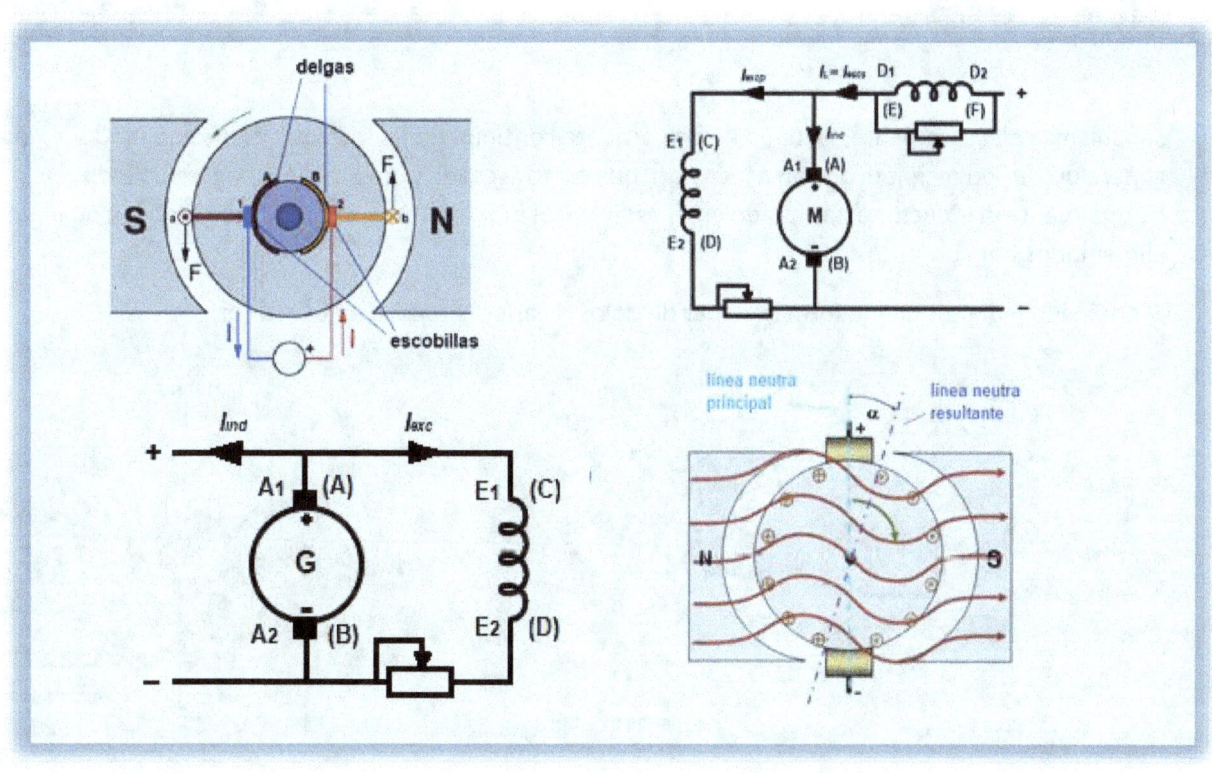

15. MÁQUINAS DE CORRIENTE CONTINUA

15.1. Constitución de la máquina de corriente continua

Las máquinas de corriente continua pueden funcionar como generador o como motor, dependiendo de que se le aplique movimiento a su eje (generador) o tensión a sus bornes (motor), y se produce transformación de energía mecánica en eléctrica o, al contrario, respectivamente.

Ya sea como generador o como motor, ambos está constituidos por dos elementos fundamentales, que son estator y rotor.

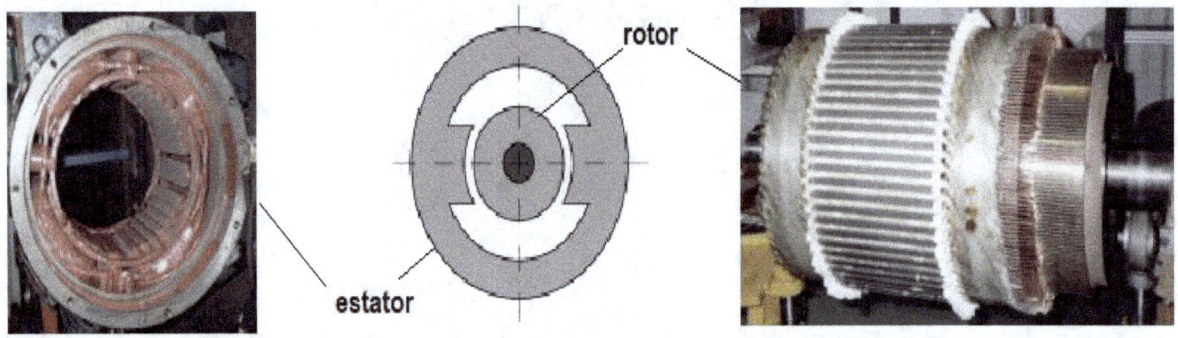

Si hablamos eléctricamente, la máquina de corriente continua tiene dos bobinados, uno inductor, que genera un campo magnético, y otro inducido, que es atravesado por el campo magnético inductor. Normalmente el inductor está situado en el estator y el inducido en el rotor, siendo ambos bobinados alimentados por corriente continua.

El bobinado inductor puede formar un par de polos o varios, situados en el estator.

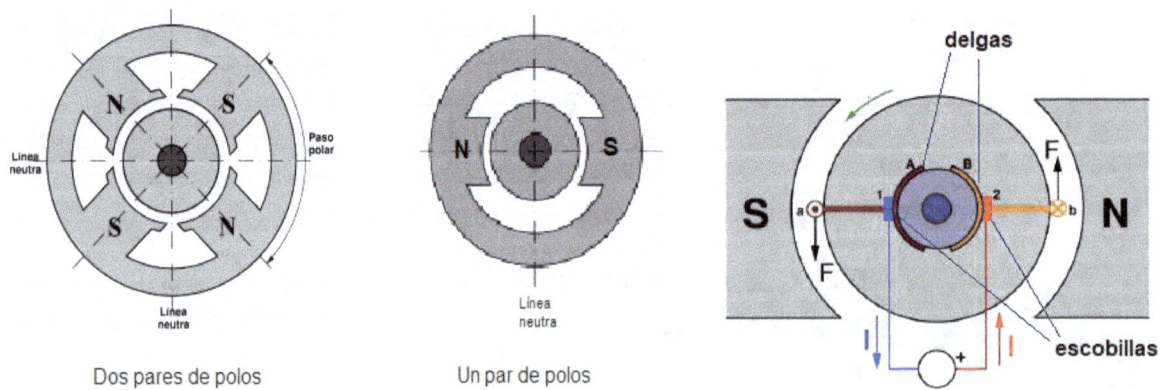

Los extremos de las bobinas del inducido terminan en unas delgas que están en contacto con una escobilla, por la que les llega la corriente si es motor, o la aportan si es generador.

Las bobinas del inducido van situadas en las ranuras que hay en el rotor, mientras que las del inductor se sitúan en las masas polares situadas en el estator.

En la foto de la figura podemos observar con más detalle todas las partes de una máquina de corriente continua.

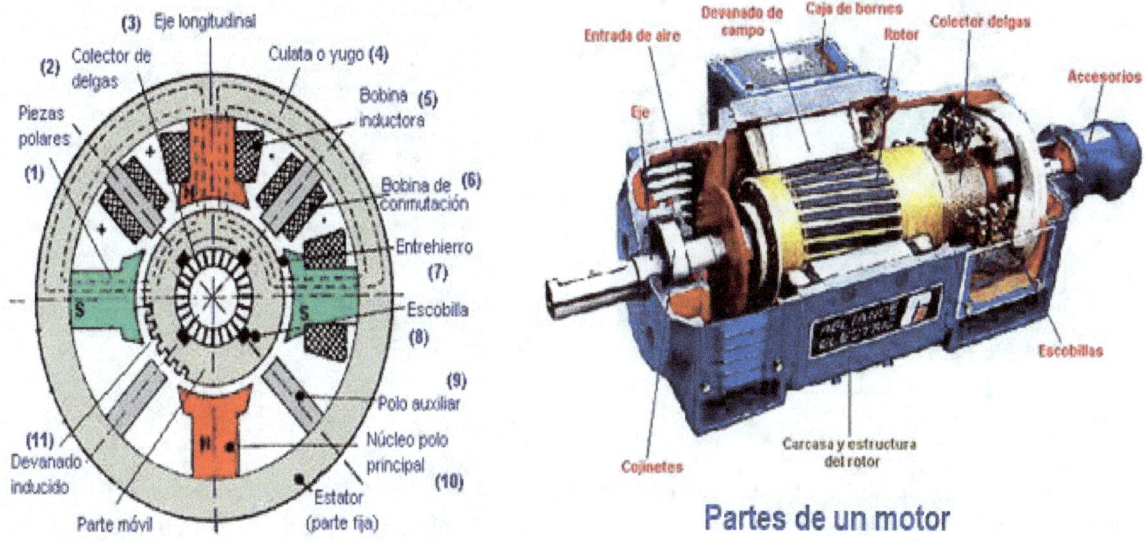

15.2. Funcionamiento como generador

Cuando la máquina de corriente continua funciona como generador se le denomina dinamo.

Para generar corriente, a la dinamo hay que aplicarle energía mecánica al eje para hacerlo girar, mediante un motor de combustión, una turbina, un generador eólico, etc…, haciendo que gire el rotor. Cuando éste gira, sus bobinas cortan el campo magnético generado por la bobina del estator, creando una fuerza electromotriz (principio de Faraday) que cambia de sentido cada vez que la bobina pasa de un polo magnético a otro del estator. Esta corriente sería alterna, pero para convertirla en continua, entra en funcionamiento el colector de delgas donde van situadas las escobillas, de manera que, en cada escobilla el sentido de la corriente siempre es el mismo, generando hacia el exterior una tensión continua.

Se puede comprobar en la figura inferior que cada delga va cambiando de polaridad de positivo a negativo, pero cada escobilla siempre va a tener el mismo signo (sentido de salida de la corriente hacia el exterior (corriente continua).

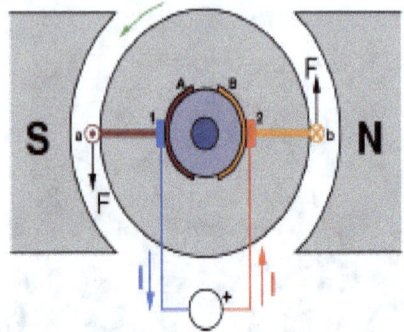 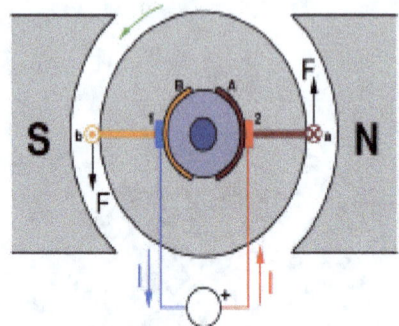

Posición 1: delga A a la izquierda, su corriente sale, escobilla positiva (azul)   Posición 2: delga B a la izquierda, su corriente sale, escobilla positiva (azul)

La fuerza electromotriz que produce la dinamo es proporcional al flujo inductor, es decir, al campo que produce la excitación de la bobina situada en el estator, así como a la velocidad a la que gira el eje, dependiendo también de otros parámetros que dependen de cómo esté fabricada la máquina y que son constantes, como número de conductores del inducido y número de pares de polos. Si representamos todos estos parámetros fijos mediante una constante K, se puede decir que la fuerza electromotriz de la dinamo viene dada por la expresión:

$$E = K \cdot N \cdot \Phi$$

Siendo *E* la fuerza electromotriz en voltios V, *N* la velocidad de giro del rotor en revoluciones por minuto (r.p.m.) y Φ el flujo inductor en weber Wb

Ejercicio resuelto:

Calcula la constante constructiva de una dinamo sabiendo que produce una fuerza electromotriz de 120 V, girando a 1500 r.p.m. y siendo el flujo inductor de 30 mWb.

Despejamos la constante de la expresión de la fuerza electromotriz:

$$K = \frac{E}{N \cdot \Phi} = \frac{120}{1500 \cdot 30 \cdot 10^{-3}} = \frac{120}{45} = 2,\widehat{6} \; \frac{V}{r.p.m.\cdot Wb}$$

15.3. Reacción del inducido

Cuando el campo inductor del estator atraviesa los conductores del inducido, por la ley de Lenz, aparece en ellos un campo que tiende a oponerse a la fuerza electromotriz que se produce en ellos, y que se suma vectorialmente al campo inductor principal. Ello origina que este campo se desvíe un ángulo, tal y como se puede apreciar en la figura siguiente.

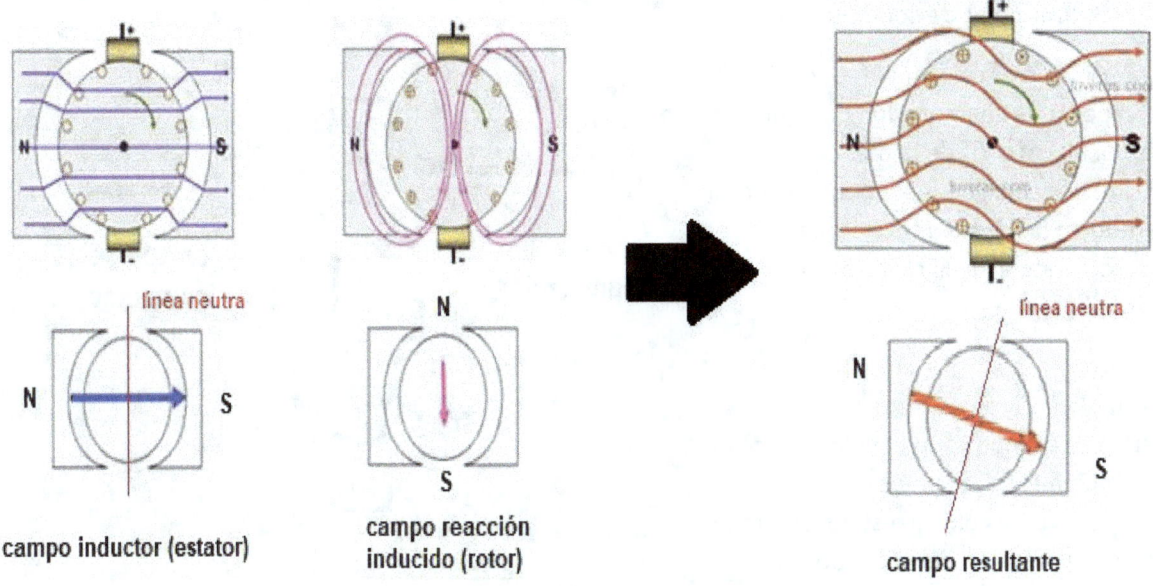

La línea neutra de los polos que antes era perpendicular al campo inductor principal, se ve desplazada a otra perpendicular al nuevo campo resultante.

Para evitar este efecto que es perjudicial, ya que produce chispas cuando las escobillas pasan de una delga a otra, se pueden utilizar dos soluciones:

- ✓ Desviar las escobillas

Este método consiste en desviar la posición de las escobillas de manera que quede su perpendicular en línea con la línea neutra del campo resultante. Esta solución valdría si no variase el flujo inductor, ya que, de hacerlo, el ángulo de deviación resultante cambiaría y habría que volver a mover la posición de las escobillas, algo poco operativo.

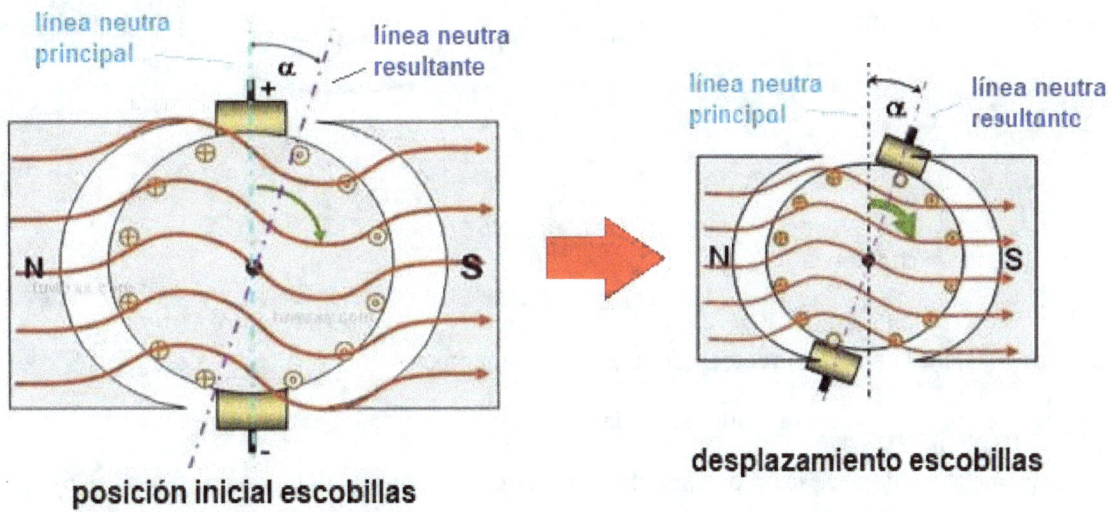

✓ Utilizar polos de conmutación

La otra solución es colocar al fabricar la dinamo polos de conmutación que quedan perpendiculares a los de la bobina de inducción principal, de manera que generan un campo en la misma dirección, pero de sentido opuesto al de la reacción del inducido.

La bobina de estos polos de conmutación está situada en serie con la del inducido, de manera que cuando varía el flujo de este, lo hace también el de los polos de conmutación para contrarrestar siempre el campo de la reacción del inducido.

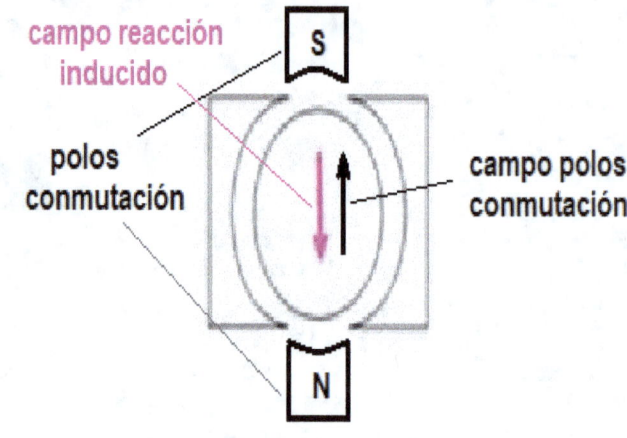

También se utiliza en ocasiones, cuando las dinamos tienen una potencia elevada, el llamado bobinado de compensación que se sitúa en serie con el principal para sumarse a este y compensar el flujo de dispersión que se produce en el entrehierro, que es el espacio de aire que existe entre los polos situados en la carcasa y el rotor o inducido.

En la figura se aprecian los tres tipos de bobinados de la dinamo.

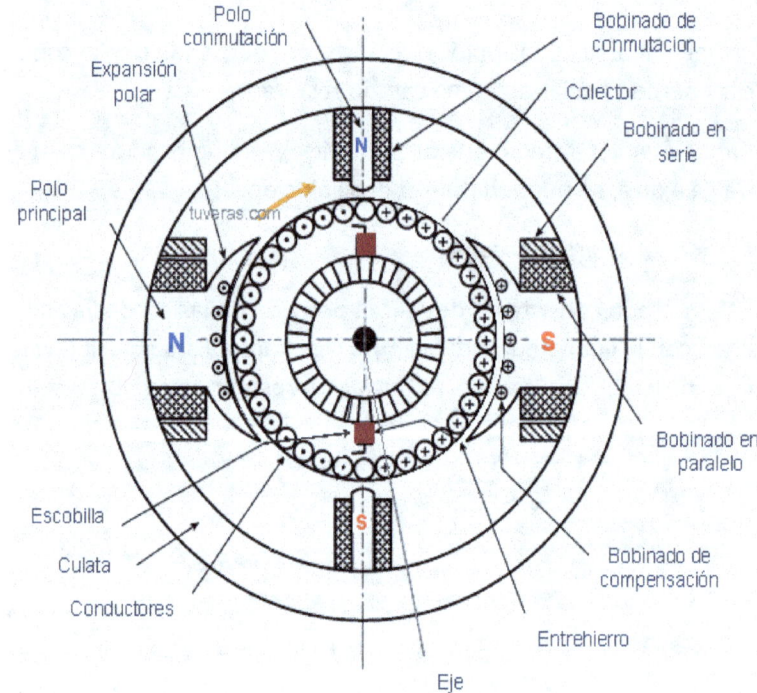

15.4. Tipos de excitación

Dependiendo de cómo estén situadas las bobinas del inductor y del inducido entre sí, tenemos diferentes tipos de excitación (inductor, carcasa) en las dinamos.

- Excitación independiente o autoexcitada

En este caso la bobina de excitación del inductor no está conectada a la del inducido, y está alimentada de manera independiente con otra fuente.

Se cumple la siguiente expresión:

$$E = U_b + I_{ind} \cdot r_{ind} + U_{esc}$$

En este tipo de dinamo, la tensión que da a la salida disminuye al aumentar la carga que se le conecta pues al aumentar la intensidad se produce mayor caída de tensión en la resistencia interna del inducido, como se desprende de la fórmula de la tensión en bornas:

$$U_b = E - I_{ind} \cdot r_{ind} - U_{esc}$$

Excitación independiente

Como se aprecia, también se tiene en cuenta la caída de tensión en las escobillas cuyo valor oscila alrededor de los 2 voltios.

Los siguientes tipos de excitación que veremos ahora se denominan autoexcitación, ya que la bobina inductora se alimenta de la propia tensión ue suministra la dinamo.

- Excitación en derivación o shunt

En este caso la bobina de excitación del inductor, está conectada en paralelo con el inducido, alimentándose de la propia tensión que produce la dinamo.

En este montaje, la bobina inductora debe ser de sección reducida para aumentar su resistencia y que no absorba la corriente de la dinamo ni actúe como un cortocircuito al estar en continua. Además, debe tener muchas espiras ya que al ser pequeña su corriente las necesita para generar el flujo suficiente para excitar el inducido.

Excitación paralelo (shunt)

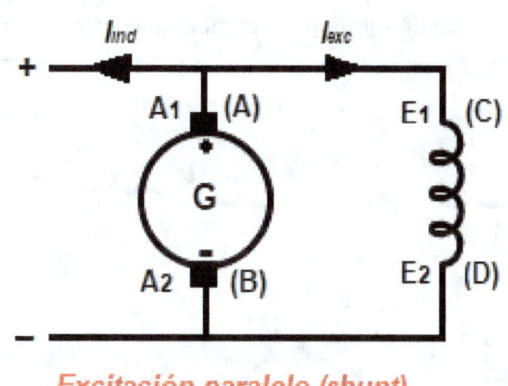

reostato de excitación

Añadiendo un reostato, llamado de campo, en serie con la bobina de excitación, se puede controlar su flujo y, por tanto, mantener la tensión de salida del generador en valores más o menos constantes, aunque aumente la carga.

Presenta el inconveniente de que, al aumentar la carga conectada a la dinamo, su tensión disminuye mucho más que en la independiente, pues al disminuir su tensión, disminuye el flujo de la excitación provocando mayor caída de tensión aún.

- Excitación en serie

En este caso la bobina de excitación del inductor está conectada en serie con el inducido, alimentándose de la propia tensión que produce la dinamo. Se comprueba que toda la corriente que genera la dinamo atraviesa la bobina de excitación, por lo que debe tener gran sección y pocas espiras.

Se aprecia en el esquema que si la dinamo está en vacío (sin carga conectada), no genera corriente y por tanto no hay excitación, lo cual es un inconveniente y además, al aumentar la carga conectada, también lo hace la excitación, provocando elevaciones en la tensión de la dinamo hasta que los núcleos de las bobinas se saturan y vuelve a caer la tensión con rapidez, lo que produce una instabilidad indeseada cuando está sometida a cargas variables.

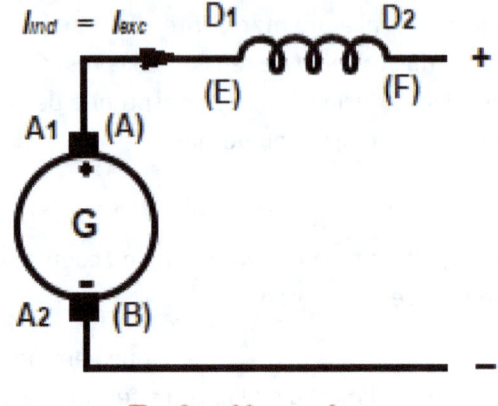

Excitación serie

- Excitación mixta o compound

En este tipo de montaje se combina la excitación serie y paralelo, con lo cual se aprovechan los beneficios de ambas y se reducen sus inconvenientes, aguantando bien los diferentes regímenes de carga, lo que lo hace ideal para la generación de energía.

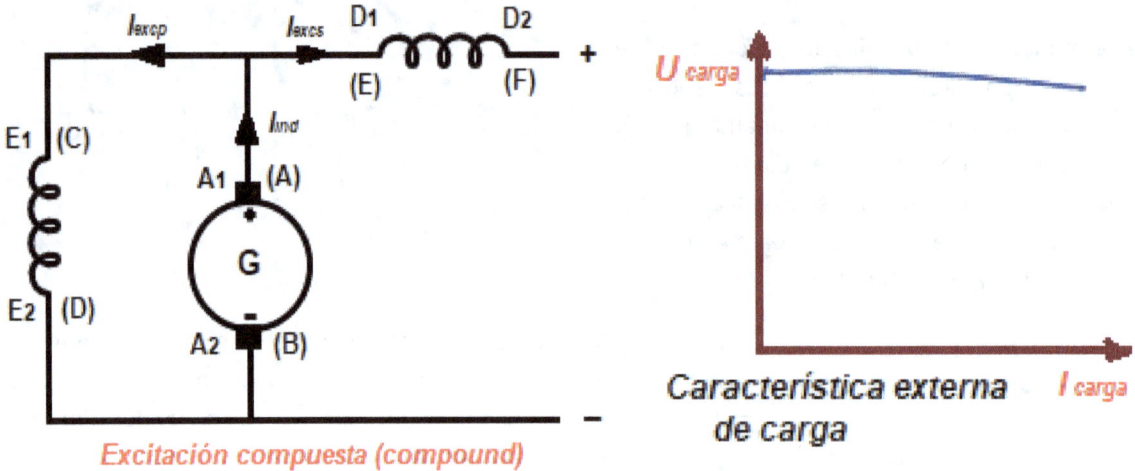

Excitación compuesta (compound)

Característica externa de carga

15.5. Ensayos de la dinamo

Mediante diversos ensayos, se pueden sacar diferentes curvas de funcionamiento de las dinamos, diferentes para cada tipo de excitación y características de funcionamiento (velocidad de giro, fuerza electromotriz, excitación, etc...). Para ello habrá que hacer diferentes montajes de los cuales se va a representar uno de ellos, concretamente para ensayar una dinamo de excitación independiente:

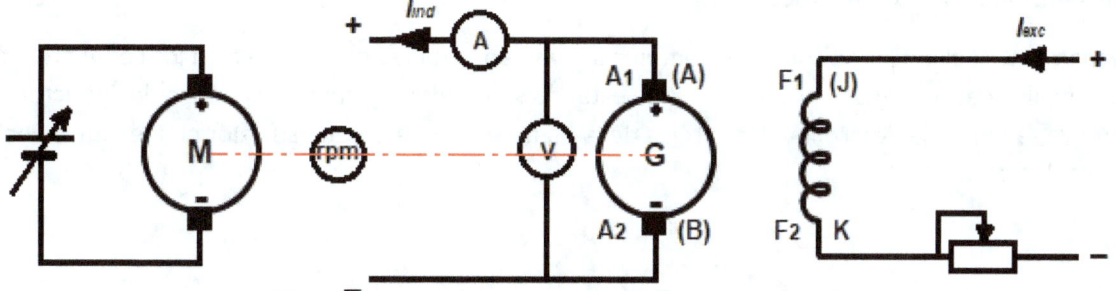

Ensayo dinamo excitación independiente

Se comprueba que dispone de un motor de corriente continua alimentado con tensión variable para poder variar la velocidad aplicada a la dinamo, además de un reostato en la excitación para poderla variar también.

A continuación, indicamos diferentes curvas que se pueden obtener en este montaje:

✓ Curva de vacío

Se mantiene la velocidad constante y se actúa sobre el flujo de la excitación comprobándose que cuando este es cero, aparece una pequeña tensión debida al magnetismo remanente. Se repite el ensayo variando la velocidad aplicada por el motor.

✓ Curva externa

En este ensayo se conectan cargas diferentes para ver como varía la tensión en bornas. Se comprueba que, si se realiza el ensayo con intensidades de excitación diferentes, la tensión en bornas cae al disminuir la excitación, como se aprecia en las diferentes curvas.

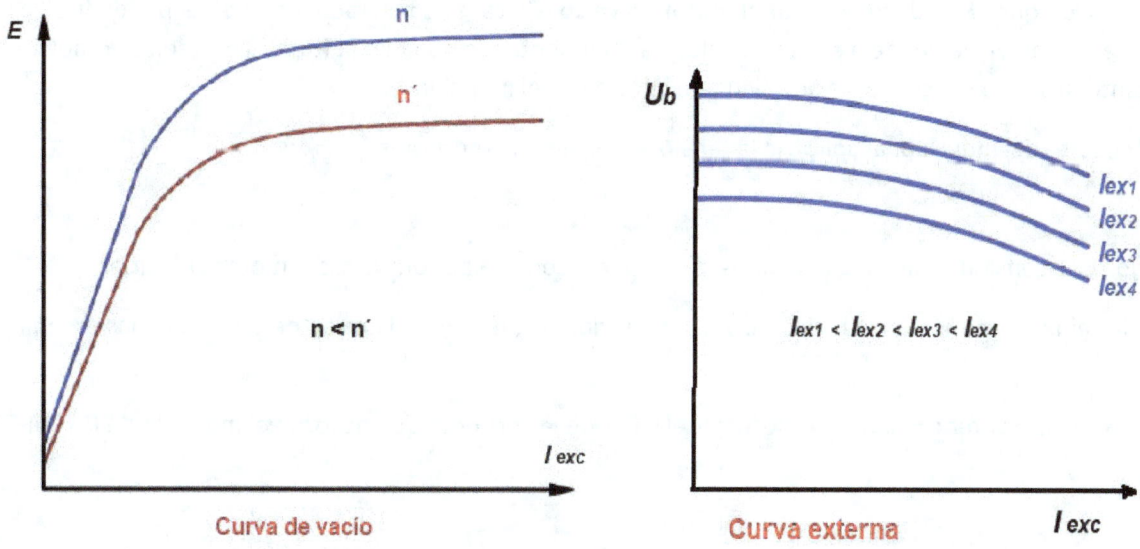

15.6. Funcionamiento como motor

El funcionamiento del motor de corriente continua se basa en la fuerza que aparece en los conductores del inducido al ser atravesados por una corriente estando sometidos al campo magnético del inductor, y que como ya sabemos se determina por la regla de la mano izquierda, siendo su valor el que determina la ley de Laplace:

$$F = L \cdot I \cdot B$$

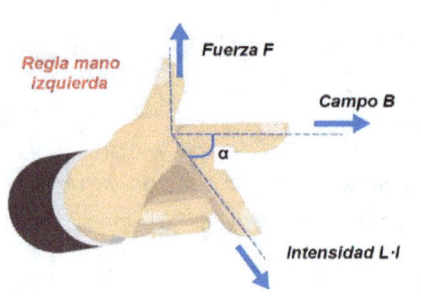
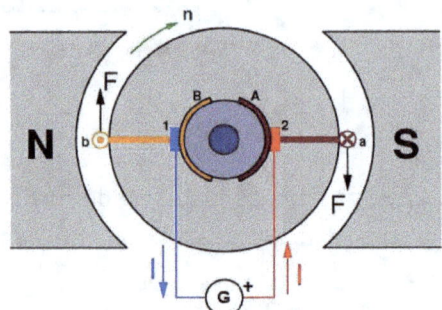

Aplicando la regla de la mano izquierda a los dos conductores de la espira de la figura, se aprecia que las fuerzas que aparecen en cada uno de ellos generan un par que provoca el giro del motor.

El motor está constituido por los mismos elementos que la dinamo, siendo una máquina reversible que puede trabajar como dinamo o como motor, según se le aplique movimiento al eje o corriente al inducido.

En el caso del motor, al aplicar corriente a la bobina del inducido, aparece en él una fuerza contraelectromotriz que dependerá de las características constructivas, de la velocidad de giro del motor, y del flujo inductor de excitación.

$$E' = K_1 \cdot n \cdot \Phi$$

Esta fuerza contraelectromotriz va a limitar la corriente del inducido al oponerse a la tensión de alimentación que la produce. Al estar el motor en vacío (sin carga conectada a su eje), el par de fuerzas que aparece en el eje tiende a elevar su velocidad, aumentando con ello la fuerza contraelectromotriz y, por tanto, disminuir la corriente de vacío que circula por el inducido.

En el circuito del inducido, al aplicarle la tensión de la línea, tendremos:

$$U_L = E' + I_i \cdot r_i + U_e$$

Siendo U_L la tensión de la línea en voltios, E' la fuerza contraelectromotriz del motor en voltios, $I_i \cdot r_i$ la caída de tensión en la resistencia del inducido en voltios y U_e la caída de tensión en las escobillas del motor.

De la expresión anterior, podemos despejar el valor de la corriente que absorbe el inducido de la red:

$$I_i = \frac{U_L - E' - U_e}{r_i}$$

Siendo I_i la corriente del inducido en amperios y r_i la resistencia del inducido en ohmios.

Cuando se produce el arranque del motor, la corriente se eleva mucho debido a que todavía no existe fuerza contraelectromotriz, siendo el valor de dicha corriente:

$$I_{i(arr)} = \frac{U_L - U_e}{r_i}$$

Esta elevación tan grande de la corriente puede llegar a deteriorar el motor o la línea que lo alimenta, y es por ello, que el Reglamento de Baja Tensión (REBT) pone limitaciones a esas corrientes en función de la potencia que tenga el motor, tal y como podemos apreciar en la tabla.

Potencia nominal del motor	Relación Ia/In
Desde 0,75 a 1,5 kW	2,5
Desde 1,5 a 5 kW	2,0
A partir de 5 kW	1,5

Para limitar esas corrientes en el arranque, el método más utilizado es la inclusión de resistencias limitadoras en serie con el inducido.

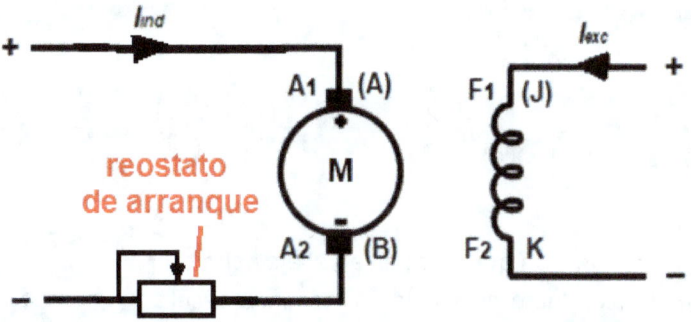

La resistencia del reostato se va disminuyendo hasta llegar a cero cuando alcanza la velocidad nominal.

Ejercicio resuelto:

Tenemos un motor de corriente continua que funciona conectado a 120 V y su resistencia del inducido es de 0,18 Ω, siendo de 2 voltios la caída de tensión de sus escobillas. Queremos saber la intensidad en el arranque y el valor de resistencia a colocar para limitar esa intensidad a 35 A.

Calculamos primero la intensidad en el arranque:

$$I_{i(arr)} = \frac{U_L - U_e}{r_i} = \frac{120 - 2}{0,18} = 655,\widehat{5}\ A$$

Ahora determinamos el valor de la resistencia total para limitar ese valor a 35 A:

$$R_T = \frac{U_L - U_e}{I'_{i(arr)}} = \frac{118}{35} = 3,3714\ \Omega$$

Ese valor total será la suma de la resistencia del inducido más la de arranque, y despejando:

$R_{arr} = R_T - r_i = 3{,}3714 - 0{,}18 = \mathbf{3{,}1914\ \Omega}$

- Rendimiento del motor

Como en cualquier máquina, el rendimiento será el cociente entre la potencia útil que proporcione en su eje a la salida y la potencia absorbida de la red eléctrica.

$$\eta\ \% = \frac{P_u}{P_e} \cdot 100$$

La potencia que reflejan las características del motor indica la potencia mecánica de salida en su eje, incluyéndose a veces su rendimiento. Por otra parte, la diferencia entre la potencia en el eje y la absorbida de la red coincide con las pérdidas totales del motor.

Ejercicio resuelto:

Determina el rendimiento de un motor que funciona a 200 V absorbiendo una intensidad de 30 A, siendo su potencia de 5 kW.

Vamos a calcular la potencia eléctrica que absorbe de la red:

$P_e = U_L \cdot I_{ab} = 200 \cdot 30 = 6000\ W = 6\ kW$

Ahora ya podemos calcular el rendimiento:

$\eta\ \% = \frac{P_u}{P_e} \cdot 100 = \frac{5000}{6000} \cdot 100 = \mathbf{83{,}\widehat{3}\ \%}$

15.7. Par motor

El par del motor es el par de rotación que originan en el eje del motor las fuerzas que aparecen en los conductores del inducido cuando circula corriente por ellos y son atravesados por el campo inductor de excitación, y viene determinado por la expresión:

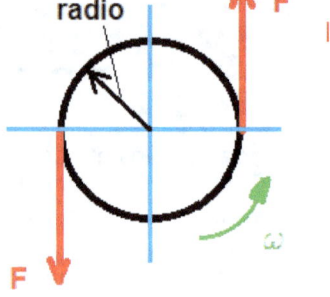

$$M_r = F \cdot r$$

Siendo M_r el par en N·m, F la fuerza en newton N y r el radio en metros m.

Otra manera de expresar el par útil en el eje de un motor es mediante la fórmula:

$$M_u = \frac{P_u}{\omega}$$

Siendo M_u el par en N·m, P_u la potencia útil del motor en vatios W y ω la velocidad de rotación del eje en rad/s.

Es habitual que la velocidad de giro de los motores venga expresada en revoluciones por minuto (r.p.m.). Por ello, vamos a ver la expresión que nos permite pasarla a velocidad angular en rad/s.

$$\frac{1\,rev}{min} \cdot \frac{2\pi\,rad}{1\,rev} \cdot \frac{1\,min}{60\,s} = \frac{2\pi}{60}\frac{rad}{s}$$

Por lo tanto, la fórmula para pasar a velocidad n en r.p.m. a ω en rad/s, será:

$$\omega = \frac{2\pi \cdot n}{60}$$

Ejercicio resuelto:

Tenemos un motor de 5 kW que gira a 2980 r.p.m. y tiene un diámetro de rotor de 25 cm. Queremos determinar la fuerza tangencial que actúa sobre dicho rotor, así como el par útil de rotación en el eje del motor.

Primero pasamos la velocidad de giro a rad/s:

$$\omega = \frac{2\pi \cdot n}{60} = \frac{2\pi \cdot 2980}{60} = 312{,}0648\,rad/s$$

Calculamos ahora el par útil de rotación del eje:

$$M_u = \frac{P_u}{\omega} = \frac{5000}{312{,}06} = \mathbf{16,02\,Nw \cdot m}$$

El radio del rotor será la mitad de su diámetro, es decir, 12,5 cm.

Suponiendo el par del rotor igual al del eje y despreciando las pérdidas mecánicas, despejamos la fuerza tangencial que ejerce el par:

$$F = \frac{M}{r} = \frac{16{,}02}{12{,}5 \cdot 10^{-2}} = \mathbf{128,1784\,Nw}$$

Si volvemos a la ley de Laplace en la que la fuerza depende del campo y la intensidad que circula por los conductores, tenemos que el par motor, al depender de las fuerzas, será proporcional al flujo inductor de excitación que atraviesa los conductores y la intensidad que circula por el inducido, es decir:

$$\mathbf{M = K_M \cdot \Phi \cdot I_i}$$

15.8. Características mecánicas

Para hablar de las características mecánicas, es fundamental hablar antes de la velocidad del motor y de qué factores depende. Para ellos vamos a partir de las dos fórmulas vitas de la fuerza contraelectromotriz y la corriente por el inducido:

$$\mathbf{E' = K_E \cdot n \cdot \Phi}$$

$$\mathbf{I_i = \frac{U_L - E' - U_e}{r_i}}$$

Si despejamos la fuerza contraelectromotriz de la segunda ecuación por su valor en la primera y luego despejamos la velocidad, tenemos (despreciando la caída de tensión en las escobillas:

$$\mathbf{n = \frac{U_L - I_i \cdot r_i}{K_E \cdot \Phi}}$$

De la ecuación se desprende, que para regular la velocidad del motor basta con actuar sobre la excitación, de forma que, si esta aumenta, la velocidad disminuye y viceversa.

También se puede actuar sobre la corriente del inducido, por ejemplo, colocando reostatos para regularla, como ya se ha visto anteriormente.

A continuación, veremos las diferentes maneras de comportarse los motores dependiendo del tipo de excitación que tengan.

- Excitación independiente

La conexión es exactamente igual que en la dinamo, con la salvedad de que ahora el inducido absorbe corriente y no la genera.

Vamos a ver su característica mecánica

Si combinamos las ecuaciones de la velocidad, despreciando caída de tensión en escobillas y de la intensidad despejada de la fórmula del momento:

$$n = \frac{U_L - I_i \cdot r_i}{K_E \cdot \Phi}$$

$$I_i = \frac{U_L}{K_M \cdot \Phi}$$

Sustituyendo la intensidad de la segunda fórmula en la primera, tenemos:

$$n = \frac{U_L}{K_E \cdot \Phi} - \frac{r_i}{K_E \cdot K_M \cdot \Phi^2} \cdot M$$

Lo que resulta una recta con pendiente negativa.

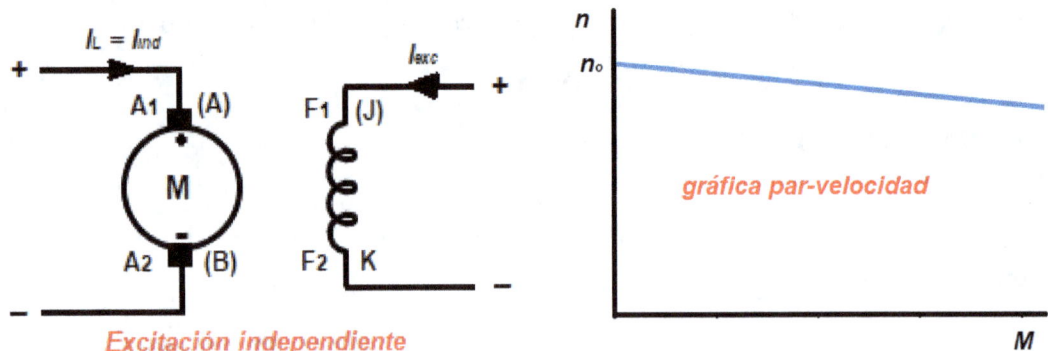

Excitación independiente

gráfica par-velocidad

- Excitación paralelo o Shunt

En este caso, no hay gran diferencia con la excitación independiente. Si nos fijamos en la fórmula de la velocidad:

$$n = \frac{U_L - I_i \cdot r_i}{K_E \cdot \Phi}$$

Observamos que, al estar la excitación en paralelo su tensión es la de la línea y permanece el flujo prácticamente constante, dependiendo la variación de la velocidad de la caída de tensión del inducido que es pequeña. Por ello, al aumentar la carga del motor y su intensidad del inducido, la velocidad desciende levemente, pero por otro lado al aumentar la carga, aumenta la reacción del inducido y disminuye el flujo de excitación, por lo que al final, la velocidad permanece prácticamente constante con la variación de carga (I_i).

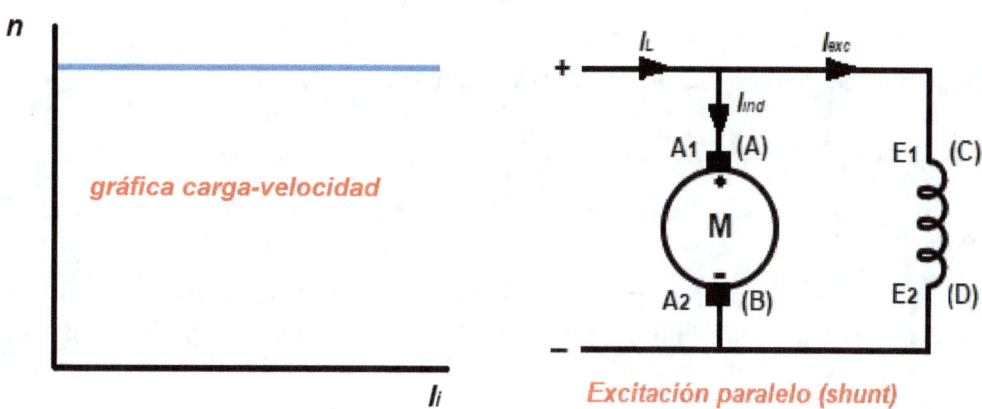

Ejercicio resuelto:

Tenemos un motor de corriente continua con montaje paralelo de 4,5 kW conectado a 120 V y con un rendimiento del 88 %. Estando sin carga en el eje absorbe una intensidad de 2,8 A girando a 1500 r.p.m. La resistencia del inducido es de 0, 025 Ω y la de la excitación de 120 Ω. Queremos calcular las intensidades por el inducido y por la excitación, además de la velocidad que tendrá cuando trabaje a su potencia nominal.

Calculamos primero la potencia que absorbe de la red a partir de su rendimiento:

$$P_e = \frac{P_u}{\eta} \cdot 100 = \frac{4500}{88} \cdot 100 = 5113,\widehat{63} \; W$$

Ahora calculamos la corriente absorbida de la línea:

$$I_L = \frac{P_e}{U_L} = \frac{5113,\widehat{63}}{120} = 42,61 \; A$$

La intensidad de excitación será constante al estar en paralelo con la tensión de línea:

$$\boldsymbol{I_{exc}} = \frac{U_L}{R_{exc}} = \frac{120}{120} = 1 \; A$$

La intensidad por el inducido con la potencia nominal será:

$$\boldsymbol{I_{ind}} = I_L - I_{exc} = 42,61 - 1 = 41,61 \; A$$

Al no variar la intensidad de excitación, la intensidad del inducido en vacío será:

$$I_{io} = I_{Lo} - I_{exc} = 2,8 - 1 = 1,8 \; A$$

Partiendo de la fórmula de la velocidad en vacío:

$$n_o = \frac{U_L - I_{io} \cdot r_i}{K_E \cdot \Phi}$$

Despejamos el término $K_E \cdot \Phi$:

$$K_E \cdot \Phi = \frac{U_L - I_{io} \cdot r_i}{n_o} = \frac{120 - 1,8 \cdot 0,025}{1500} = \frac{119,955}{1500} = 0,07997$$

Ahora ya podemos calcular la velocidad con la carga nominal:

$$n_n = \frac{U_L - I_i \cdot r_i}{K_E \cdot \Phi} = \frac{120 - 41,61 \cdot 0,025}{0,07997} = \frac{118,95975}{0,07997} = \mathbf{1487,55\ r.p.m.}$$

- Excitación serie

En este tipo de montaje, lo más determinante es que la corriente de excitación del inductor es la misma que absorbe de la línea el inducido y, por tanto, el flujo inductor es proporcional a dicha corriente.

Si nos fijamos en la expresión del par motor:

$$M = K_M \cdot \Phi \cdot I_i$$

Dado que el flujo es proporcional a la intensidad del inducido, podríamos escribir:

$$M = K_M \cdot \Phi \cdot I_i = K_M \cdot K_F \cdot I_i \cdot I_i$$

En definitiva, tenemos que el par es proporcional al cuadrado de la intensidad del inducido:

$$\boldsymbol{M = K \cdot I_i^{\,2}}$$

Esto se traduce, como se observa en la curva del par motor, que en el arranque el par alcanza valores muy elevados, lo que permite mover bien cargas pesadas como ocurre con los motores utilizados en tracción.

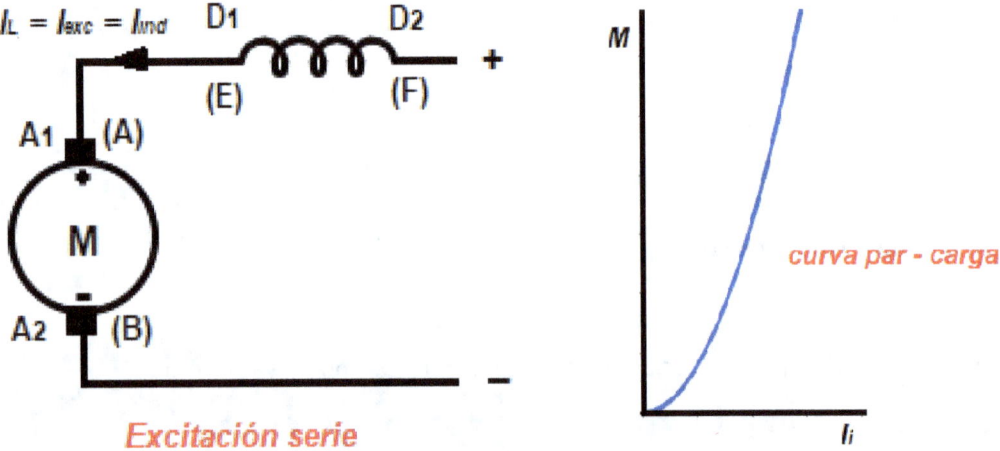

Excitación serie

curva par - carga

En este montaje, se corre el riesgo de que el motor se embale con cargas pequeñas al reducirse el flujo.

Ejercicio resuelto:

Tenemos un motor de corriente continua conectado en serie a una tensión de 120 V y girando a una velocidad de 1500 r.p.m. cuando trabaja a la potencia nominal. La resistencia del bobinado inducido es de 0,18 Ω y la del de excitación de 0,1 Ω, siendo de 105 V la fuerza contraelectromotriz con la carga nominal, y con 1,8 V de caída de tensión en las escobillas. Se quiere determinar la intensidad nominal que absorbe de la línea junto con la de arranque, la potencia que absorbe el motor de la red, la potencia eléctrica que se pierde, así como la velocidad de giro cuando trabaje a mitad de la intensidad nominal.

La intensidad absorbida de la línea, al estar en serie, se puede calcular como:

$$I_L = \frac{U_L - E' - U_e}{r_i + R_{exc}} = \frac{120 - 105 - 1,8}{0,18 + 0,1} = \frac{13,2}{0,28} = \mathbf{47,14\ A}$$

Para la intensidad de arranque, al no haber fuerza contraelectromotriz, tenemos:

$$I_{Larr} = \frac{U_L - U_e}{r_i + R_{exc}} = \frac{120 - 1,8}{0,18 + 0,1} = \frac{118,2}{0,28} = \mathbf{422,14\ A}$$

La potencia eléctrica que absorbe de la red vendrá dada por:

$$\mathbf{P_e} = U_L \cdot I_L = 120 \cdot 47,14 = \mathbf{5656,8\ W}$$

Las pérdidas de potencia eléctrica serán las generadas por las resistencias por efecto Joule, es decir:

$$\mathbf{P_{pe}} = I_L^2 \cdot (r_i + R_{exc}) = 47,14^2 \cdot (0,18 + 0,1) = \mathbf{622,21\ W}$$

Partiendo de la expresión de la velocidad nominal, aplicada al motor en serie:

$$n_n = \frac{U_L - I_L \cdot (r_i + R_{exc}) - U_{esc}}{K_E \cdot \Phi}$$

Despejamos el término:

$$K_E \cdot \Phi = \frac{U_L - I_L \cdot (r_i + R_{exc}) - U_{esc}}{n_n} = \frac{120 - 47,14 \cdot (0,18 + 0,1) - 1,8}{1500} = 0,07$$

Ahora ya podemos calcular la velocidad para la mitad de la intensidad nominal.

$$n = \frac{U_L - 0,5 \cdot I_L \cdot (r_i + R_{exc}) - U_{esc}}{K_E \cdot \Phi} = \frac{120 - 0,5 \cdot 47,14 \cdot (0,18 + 0,1) - 1,8}{0,07} = \mathbf{1645,72\ r.p.m.}$$

- Excitación mixta o compound

Es una combinación de serie y paralelo, al igual que ocurría con las dinamos.

Se evita el embalsamiento del motor en serie con cargas reducidas y se consigue un par elevado de arranque cuando es necesario, como ocurre en aparatos de elevación.

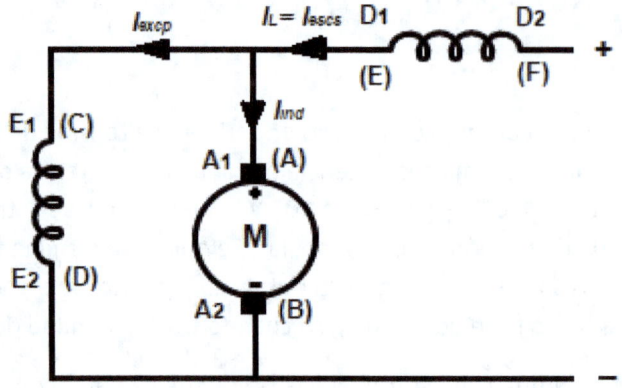

Excitación compuesta (compound)

En la figura inferior, se puede ver un resumen donde se comparan las principales características mecánicas de los motores en los diferentes montajes.

Reseñar, que la correspondiente al montaje derivación es de características similares a la de excitación independiente.

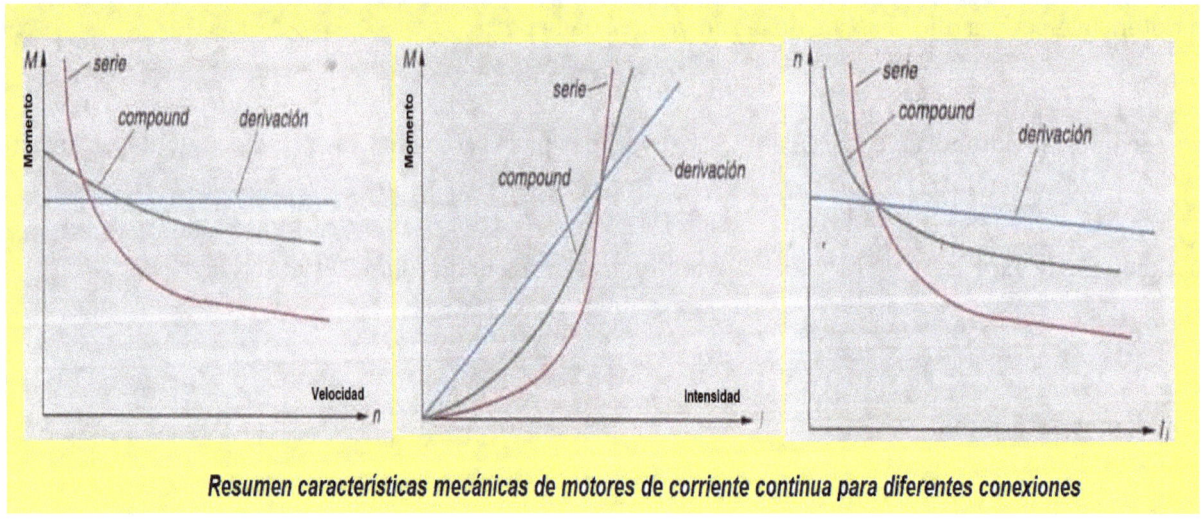

Resumen características mecánicas de motores de corriente continua para diferentes conexiones

15.9. Regulación de velocidad

La regulación de velocidad en los motores de corriente continua se consigue actuando sobre los parámetros que intervienen en ella, como se deduce de su expresión:

$$n = \frac{U_L - I_i \cdot r_i}{K_E \cdot \Phi}$$

Adaptándola a cada tipo de montaje en concreto.

La forma más rápida de hacerlo es actuando sobre el flujo inductor, hecho que se lleva a cabo colocando reostatos que permitan regularlo actuando sobre la intensidad de excitación.

En la figura se aprecian los diferentes montajes con su reostato.

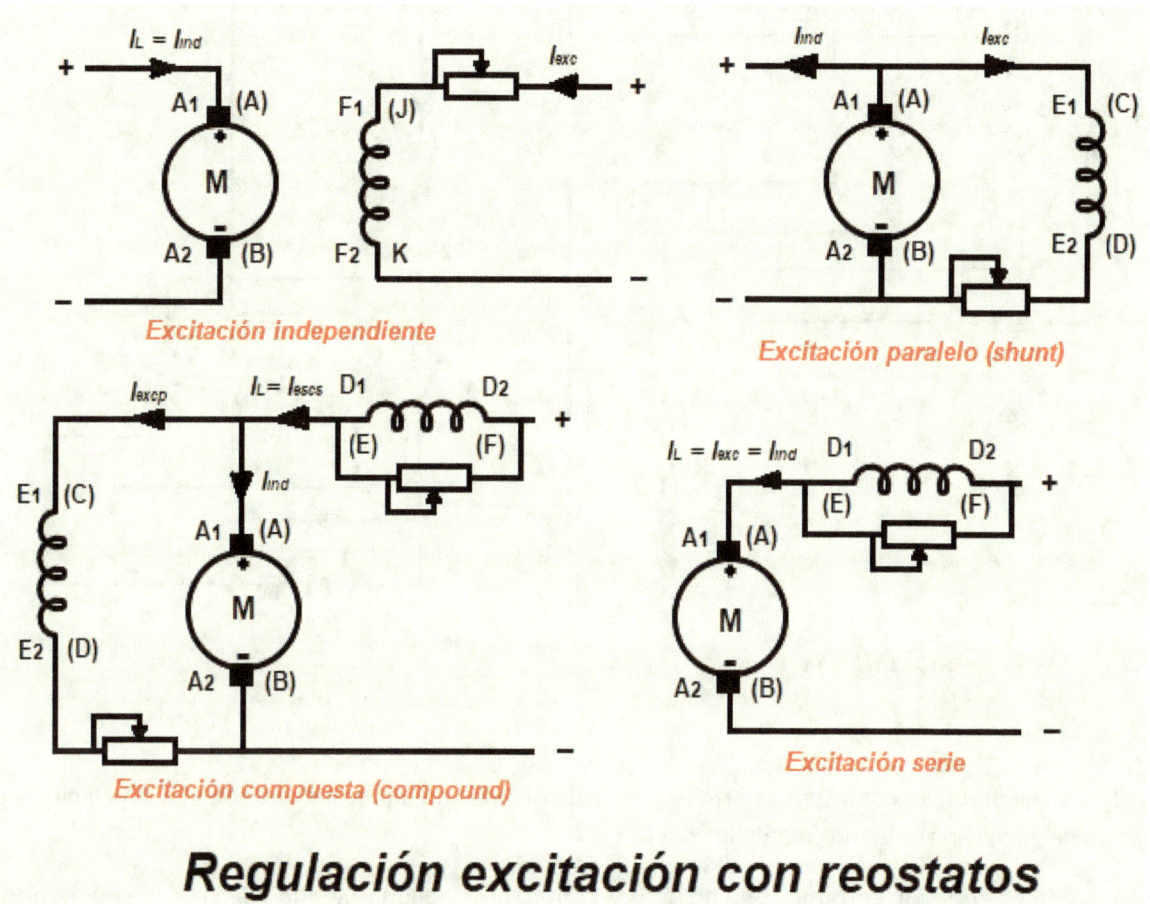

Hoy en día se utilizan reguladores electrónicos que controlan y adaptan la velocidad para conseguir las mejores condiciones de funcionamiento del motor.

15.10. Inversión del sentido de giro

Para invertir el sentido de giro de un motor, basta con fijarse en la regla de la mano izquierda para ver que variando el sentido de cualquiera de los dedos, índice (campo) o corazón (corazón), lo hace el sentido de la fuerza de los conductores y, por tanto, el sentido de giro del motor.

Esto se traduce en que, para variar el sentido de giro de un motor, basta con cambiar la polaridad del inducido o de la excitación. Si se cambia la polaridad de ambos, el sentido no cambia.

Para conseguir esto, se realiza el montaje de la alimentación mediante contactores que permiten hacer el cambio de la polaridad, cableando de forma adecuada el circuito.

También se puede realizar mediante reguladores electrónicos.

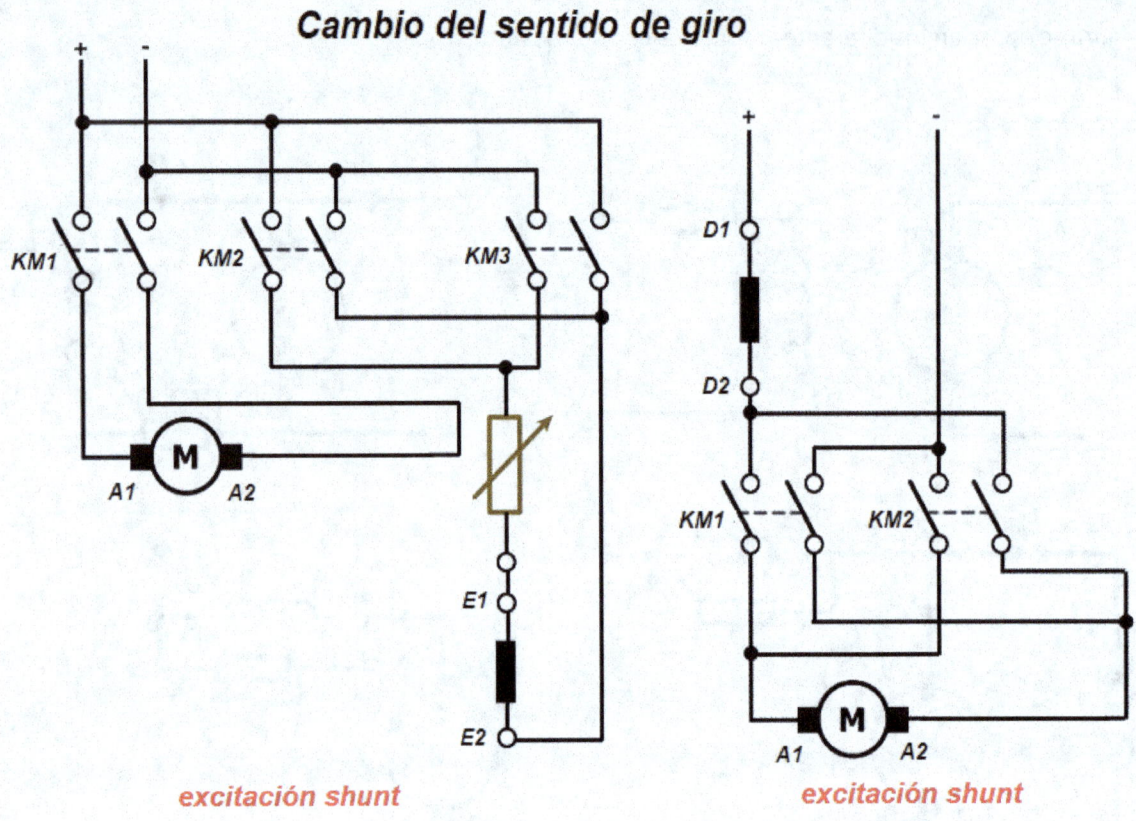

En el montaje Shunt, el contactor 1 permite alimentar el inducido, mientras que con el 2 y 3 elegimos el sentido de giro, cerrando uno solo de los dos.

En el montaje serie, solo cerramos uno de los dos contactores, según el sentido de giro que queramos.

15.11. Actividades

- Cuestiones

1. Señala las dos partes fundamentales de una máquina de corriente continua, explicando cómo son y su función.

2. Señala la diferencia entre dinamo y motor de corriente continua.

3. Para qué sirven las escobillas de una máquina de corriente continua.

4. De qué depende la fuerza electromotriz que produce una dinamo.

5. De qué manera se puede actuar ante la reacción del inducido para reducirla.

6. Indica los diferentes tipos de excitación de una máquina de corriente continua.

7. De qué depende la fuerza que aparece sobre los conductores del inducido de un motor de corriente continua.

8. Cómo se evita la elevación de la corriente en el arranque del motor de corriente continua.

9. Qué relación hay entre el par de un motor con su potencia y su velocidad de giro.

10. Qué método se utiliza para regular la velocidad de un motor de corriente continua.

11. Cómo se invierte el sentido de giro de un motor de corriente continua.

- Ejercicios

1. Queremos calcular la constante constructiva de una dinamo que produce una fuerza electromotriz de 100 V, siendo atravesada por un flujo de 35 mWb cuando gira a 1000 r.p.m.

2. Dibuja el esquema de una dinamo con excitación independiente.

3. Dibuja el esquema de una dinamo con excitación serie.

4. Dibuja el esquema de una dinamo con excitación Shunt.

5. Dibuja el esquema de una dinamo con excitación compound.

6. Queremos saber la tensión en bornes de una dinamo de excitación independiente cuya fuerza electromotriz es de 150 V y la resistencia del inducido de 0,2 Ω, sabiendo que genera una corriente de 25 A y la caída de tensión en las escobillas es de 1,8 V.

7. Tenemos un motor de corriente continua excitación en serie que trabaja a 400 V, siendo su resistencia del inductor de 0,12 Ω y la del inducido de 0,32 Ω., con una caída de tensión de 2 V en las escobillas. Sabemos que absorbe una potencia de la red de 4,5 kW y queremos saber la intensidad en el arranque y la resistencia adicional a colocar para disminuir este valor a lo que exige el Reglamento de Baja Tensión.

8. Calcular las pérdidas de un motor que tienen una potencia nominal de 5 kW y trabaja con un rendimiento del 89 %.

9. Qué fuerza actuará sobre la periferia del rotor de un motor cuyo diámetro es de 40 cm, siendo su potencia nominal de 5,5 kW y su velocidad nominal de 1440 r.p.m.

10. Tenemos un motor excitación Shunt que absorbe de la red una potencia de 35 kW que funciona a 300 V, cuya resistencia del inducido es de 0,45 Ω, la de excitación de 48 Ω. Deseamos averiguar la corriente que absorbe de la línea, las que circulan por el inducido y la excitación, así como su fuerza contraelectromotriz y su rendimiento, considerando despreciables las pérdidas mecánicas y en el hierro.

www.ingramcontent.com/pod-product-compliance
Lightning Source LLC
Chambersburg PA
CBHW062312220526
45479CB00004B/1141